U0366018

砌体结构设计禁忌手册

梁建国　黄靓　编著

施楚贤　主审

中国建筑工业出版社

图书在版编目（CIP）数据

砌体结构设计禁忌手册/梁建国．黄靓编著．—北京：
中国建筑工业出版社，2007
ISBN 978-7-112-09491-2

Ⅰ．砌… Ⅱ．①梁…②黄… Ⅲ．砌体结构-结构
设计-手册 Ⅳ．TU36-62

中国版本图书馆 CIP 数据核字（2007）第 111428 号

砌体结构设计禁忌手册

梁建国　黄靓　编著

施楚贤　主审

*

中国建筑工业出版社出版、发行（北京西郊百万庄）
各地新华书店、建筑书店经销
霸州市顺浩图文科技发展有限公司制版
北京市铁成印刷厂印刷

*

开本：787 × 1092毫米　1/16　印张：16¾　字数：406 千字
2008 年 1 月第一版　2010 年 3 月第三次印刷
印数：5501–7000 册　定价：**30.00** 元
ISBN 978–7–112–09491–2
（16155）

版权所有　翻印必究
如有印装质量问题，可寄本社退换
（邮政编码 100037）

本书是根据砌体结构设计中的一些问题，采用"禁忌"提示的方法，告诫读者这些问题不能那样做，那样做的后果是什么，而应该怎样做才是正确的。作者根据多年实践与研究的经验成果共梳理总结了173条禁忌，分为9章：砌体材料，砌体结构的设计方法，砌体结构基本构件，单层及多层砌体结构房屋，底层框架—抗震墙结构及内框架结构，高层配筋砌块砌体剪力墙房屋，条形基础、地下室及挡土墙，非结构砌体构件，砌体结构电算。

　　本书适合从事建筑结构设计、施工图审查工作的技术人员使用，也可供从事监理、施工、科研工作的专业人士及大专院校相关专业师生参考。

＊　　＊　　＊

　　责任编辑：武晓涛
　　责任设计：董建平
　　责任校对：陈晶晶　刘　钰

序

　　砌体及砌体结构是土木工程中广泛应用的一种材料与承重结构。随着我国墙体材料革新的不断深入，砌体结构的理论、设计与施工注入了新的内容，也带来新的要求。砌体结构由于结构形式简单，经常不被工程技术人员所重视，在以往的结构工程事故和地震破坏中，砌体结构所占比例很大。本书的出版有利于指导设计人员正确设计砌体结构。

　　本书作者潜心研究砌体结构的基本理论与设计方法，他们在编著本书时，改变了以往砌体结构设计参考书的常规写法，从实际工程设计中提炼出最容易出现问题和错误的地方，以"禁忌"提示的方法告诫读者这些问题不能那样做，警示那样做会出现的后果，在进行切中要害而准确的解释后提出了正确的处理办法。本书编写方法颇具特色，对工程技术人员在实际工程中处理疑难问题定有裨益。

施楚贤

2007 年 9 月

前　　言

砌体结构在我国是一种量大面广的、历史悠久的结构形式。虽然无筋砌体结构的结构形式简单、层数不多，但是其重量大、变形性能差、强度低，使得其抵御应力集中（如局部受压等）、变形（温度、湿度、地基不均匀沉降等）以及地震作用的能力很差。配筋砌体结构以及砌体与钢筋混凝土的组合结构（如组合墙、墙梁、底部框架结构、内框架结构等）在一定程度上改善了无筋砌体结构的性能，但由于结构体系和材料性质的改变，使结构设计更为复杂。因此，结构工程师应当了解结构的特性，掌握结构设计原理，正确理解设计规范。

本书在编写中力图将砌体结构设计中涉及到的常见的方方面面的问题进行归纳，指出问题的后果，并给予正确的解答。这里所说的正确解答，并不是指仅仅只满足规范的要求，而是从结构设计原理的角度，使设计的结构满足安全、适用、耐久、经济的性能。因为技术标准只是需要满足的最低要求，所以在正解中还包括了一些国外设计规范的内容以及我国最新的研究成果和新技术，推荐这些内容给读者，只是希望在工程设计中灵活运用，使结构性能满足或者超过规范的要求。

以往的结构设计指导书籍大多都是告诉读者如何设计好房屋结构，只是将规范的内容进行详细的解释和示例，而本书则是从反面出发，告诉读者一些设计误区以及其产生的后果和解决的办法。按照这种编写方法，有的问题将会牵涉到规范本身存在的局限，加上我国规范体系目前采用"规定性"的编写方法（而不是基于结构"性能"的编写方法），给本书的编写带来了很大的难度。好在有湖南大学博士生导师施楚贤教授的悉心指导和把关以及中机国际工程设计研究院总工程师张友亮教授级高工的指点，使得本书如期付梓，作者表示衷心感谢。

本书第一、二、三、四、七、八章由梁建国编写，第六章由黄靓编写，第五、九章由梁建国、黄靓共同编写，插图由汤峰、方亮、程少辉绘制，全书由梁建国统稿。

本书结合作者的实际工程经验，并参考了大量的文献资料编写完成，书中各章所附参考文献一定还有许多遗漏，还请原谅和指出。

由于作者的水平有限和工作经验的局限，难免有不少遗漏甚至错误，希望得到广大读者的理解，并恳请提出宝贵意见。

目 录

第一章 砌体材料

以往，我国量大面广的砌体结构中的块材大多数采用烧结普通黏土砖。随着社会的发展，我国提出了节土、节能、节材、节水、利废的可持续发展的战略要求，限制黏土制品作为墙体材料，所以各种新型砌体材料如雨后春笋般地出现。

我国的墙体材料经历了十几年的革新，取得了很大的成就，2000 年新型墙体材料产量 2100 亿块标准砖，占墙体材料总产量的 28％（1988 年约 5％），2005 年新型墙体材料产量约 3000 亿块标准砖，占墙体材料总产量的 40％。按照建材工业"十一五"规划，各种新型墙材产品年增长速度要保持在 10％以上，这个比例将达到 60％左右。

在新型墙体材料的应用中，也出现了一系列的问题，如墙体耐久性问题、开裂问题、外墙渗漏问题等等，需要设计人员严格把关，与研究人员、施工人员等共同配合，努力提高房屋的质量。

【禁忌 1.1】 不按规定称呼块体名称

【后果】 有些设计人员，甚至研究人员在设计图纸、论文、教材上随意按自己的理解去称呼块材名称，造成各种名称五花八门，容易产生误解。

【正解】 我国的块材名称应该遵循国家标准《墙体材料术语》（GB/T 18968—2003）去称呼。该标准是按照块材的分类来确定名称的。

1. 块材的分类

我国砌体结构中常用的块材主要有砖和砌块。

（1）砖

建筑用的人造小型块材，外形多为直角六面体，也有各种异形的。其长度不超过 365mm，宽度不超过 240mm，高度不超过 115mm。

1）按孔洞率不同分为：

普通砖（实心砖）：无孔洞或孔洞率小于 25％的砖。常用的普通砖为 240mm×115mm×53mm 的实心砖，也称标准砖。

微孔砖：通过掺入成孔材料（如聚苯乙烯微珠、锯末等）经焙烧，在砖内形成微孔的砖。

多孔砖：孔洞率等于或大于 25％，孔的尺寸小而数量多的砖。常用于承重部位，规格有 M 型、P 型及模数多孔砖。M 型砖的规格为 240mm×190mm×

90mm；P 型砖的规格为 240mm×115mm×90mm；模数多孔砖的规格主要有 190mm×240mm×90mm，190mm×190mm×90mm，190mm×140mm×90mm，240mm×90mm×90mm。图 1-1 为典型的烧结多孔砖。

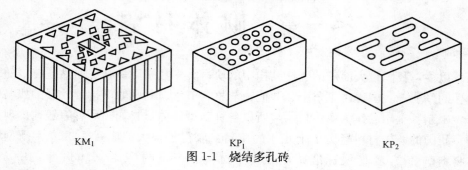

图 1-1　烧结多孔砖

空心砖：孔洞率等于或大于 40％、孔的尺寸大而数量少的砖。常用于非承重部位，主要尺寸有两种：290mm×190（140）mm×90mm 和 240mm×180（175）mm×115mm。有水平孔非承重空心砖和垂直孔承重空心砖。图 1-2 所示为典型的烧结空心砖。

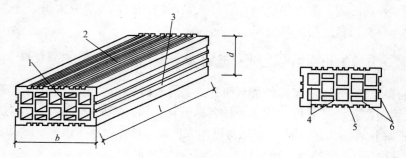

图 1-2　烧结空心砖
1—顶面；2—大面；3—条面；4—肋；5—凹线槽；6—外壁
l—长度；b—宽度；d—高度

2）按生产工艺不同分为：

烧结砖：经焙烧而制成的砖，常结合主要原材料命名，如烧结黏土砖、烧结粉煤灰砖、烧结页岩砖、烧结煤矸石砖等。

蒸压砖：经高压蒸汽养护硬化而制成的砖。常结合主要原料命名，如蒸压粉煤灰砖、蒸压灰砂砖等。在不致混淆的情况下，可省略蒸压两字。

蒸养砖：经常压蒸汽养护硬化而制成的砖。常结合主要原料命名，如蒸养粉煤灰砖、蒸养矿渣砖等。在不致混淆的情况下，可省略蒸养两字。

免烧砖：也称免烧免蒸砖，即压制成型后经自然养护而成的免蒸免烧砖。

碳化砖：以石灰为凝胶材料，加入骨料，成型后经二氧化碳处理硬化而成的砖。

3）按原材料不同分为：黏土砖、页岩砖、粉煤灰砖、煤矸石砖、混凝土砖、灰砂砖、煤渣砖、矿渣砖、石膏砖、硅藻土砖等。

（2）砌块

建筑用的人造块材，外形多为直角六面体，也有各种异形的。砌块系列中主规格的长度、宽度或高度有一项或一项以上分别大于 365mm、240mm 或 115mm，但高度不大于长度或宽度的 6 倍，长度不超过高度的 3 倍。

1）按砌块系列中主规格的高度分为：

小型砌块（简称小砌块）：系列中主规格的高度大于 115 mm 而又小于 380mm 的砌块。小砌块为目前我国常用的砌块品种。

中型砌块（简称中砌块）：系列中主规格的高度为 380～980mm 的砌块，不常用。

大型砌块（简称大砌块）：系列中主规格的高度大于 980mm 的砌块，少见。

2）按孔洞率大小分：

实心砌块：无孔洞或空心率小于 25％的砌块。如蒸压加气混凝土砌块、粉煤灰砌块等。

空心砌块：空心率等于或大于 25％的砌块。一排孔洞时为单排孔砌块（如图 1-3、图 1-4），两排孔或两排孔以上时为多排孔砌块。如普通混凝土小型空心砌块、烧结空心砌块等。

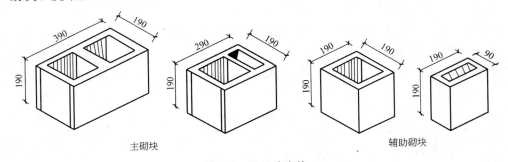

主砌块　　　　　　　　　　　　　　辅助砌块

图 1-3　承重墙砌块

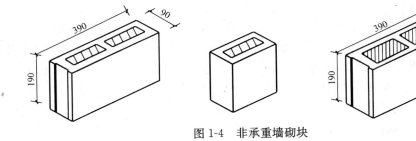

图 1-4　非承重墙砌块

3

3）按原材料和生产工艺不同分：

烧结砌块：经焙烧而制成的砌块，常结合主要原材料命名。如烧结黏土砌块，烧结页岩砌块，烧结粉煤灰砌块。

普通混凝土小型空心砌块：用水泥作胶结料，砂、石作骨料，经搅拌、振动（或压制）成型、养护等工艺过程制成的普通混凝土小型空心砌块，简称混凝土小砌块。多用于承重结构。

轻骨料混凝土小型空心砌块：用轻骨料混凝土制成的小型空心砌块。常用的轻骨料有粉煤灰陶粒和陶砂、页岩陶粒和陶砂、黏土陶粒和陶砂、超轻陶粒和陶砂、炉渣陶粒、膨胀珍珠岩、自然煤矸石、浮石、火山渣、煤渣、膨胀矿渣珠等。多用于非承重结构。

粉煤灰小型空心砌块：以粉煤灰、水泥、各种轻重骨料、水为主要组分（也可加入外加剂等）拌合制成的小型空心砌块，其中粉煤灰用量不应低于原材料质量的 20%，水泥用量不低于原材料质量的 10%。

硅酸盐砌块：以硅质材料和钙质材料为主要原料，经加水搅拌、振动（或浇筑）成型、养护等工艺过程制成的密实或多孔的砌块。根据原材料不同主要有：

① 蒸养粉煤灰砌块（以粉煤灰、石灰和石膏为胶结料，以煤渣为骨料），简称粉煤灰砌块；

② 蒸养煤矸石砌块（以自燃煤矸石、石灰和石膏为胶结料，以自燃煤矸石为骨料），简称煤矸石砌块；

③ 蒸养沸腾炉渣砌块（以沸腾炉渣、石灰和石膏为胶结料，以沸腾炉渣或砂为骨料），简称炉渣砌块；蒸养矿渣砌块（以粒化高炉矿渣、石灰和石膏为胶结料，以砂、石为骨料），简称矿渣砌块；蒸养液态渣砌块（以液态渣、石灰和石膏为胶结料，以液态渣或煤渣为骨料），简称液态渣砌块；

④ 加气混凝土砌块：以硅质材料和钙质材料为主要原料，掺加发气剂，经加水搅拌，由化学反应形成空隙，经浇筑成型、预养切割、蒸养（压）养护等工艺过程制成的多孔硅酸盐砌块。一般为实心砌块。

我国常用蒸压水泥石灰砂加气混凝土砌块、蒸压水泥石灰粉煤灰加气混凝土砌块、蒸压水泥矿渣砂加气混凝土砌块。

石膏砌块：以建筑石膏为主要原料，经加水搅拌、浇筑成型和干燥等过程制成的轻质建筑石膏制品，生产中允许加入纤维增强材料或轻骨料，也可加入发泡剂。主要用于建筑的非承重内隔墙。主要有石膏实心砌块和石膏空心砌块。

2. 块材名称的称呼方法

砖和砌块的名称一般遵循以下顺序来称呼：

（1）生产方法；

4

（2）原材料；

（3）规格类型。

如烧结页岩多孔砖、蒸压灰砂多孔砖、烧结煤矸石空心砌块、蒸养粉煤灰多孔砖等。

在不致混淆的情况下，有些是可省的。如烧结黏土砖、蒸压灰砂砖、自养煤矸石砖、碳化电石渣砖等均指普通砖；煤渣混凝土小型空心砌块、浮石混凝土小型空心砌块等均指自然养护或蒸汽养护。

【禁忌 1.2】 各类块体标记方式不正确

【后果】 设计人员在图上对块材不加标记，或者标记方式不正确，导致施工无法采用正确的材料。

【正解】 块材的标记通常按产品名称、类别、密度等级、强度等级、质量等级和标准编号顺序编写。实心砖、多孔砖及混凝土小型空心砌块可不标注密度等级。

烧结普通砖的类别按主要原料分为黏土砖（N）、页岩砖（Y）、煤矸石砖（M）和粉煤灰砖（F）；强度等级根据抗压强度分为 MU30、MU25、MU20、MU15、MU10 五个档次；强度、抗风化性能和放射性物质合格的砖，根据尺寸偏差、外观质量、泛霜和石灰爆裂分为优等品（A）、一等品（B）、合格品（C）三个质量等级。如：烧结普通砖，强度等级 MU15，一等品的黏土砖，其标记为：烧结普通砖 N　MU15　B（GB 5101）。

烧结多孔砖的类别按主要原料分为烧结多孔砖（N）、烧结页岩多孔砖（Y）、烧结煤矸石多孔砖（M）和烧结粉煤灰多孔砖（F）；强度等级根据抗压强度分为 MU30、MU25、MU20、MU15、MU10 五个档次；强度、抗风化性能合格的砖，根据尺寸偏差、外观质量、孔型及孔洞排列、泛霜、石灰爆裂分为优等品（A）、一等品（B）和合格品（C）三个质量等级。如规格尺寸 290mm × 140mm×90mm、强度等级 MU25、优等品的黏土砖，其标记为：烧结多孔砖 N　290×140×90　MU25　A（GB 13544）。

烧结空心砖和空心砌块的类别按主要原料分为黏土砖和砌块（N）、页岩砖和砌块（Y）、煤矸石砖和砌块（M）及粉煤灰砖和砌块（F）；强度等级根据抗压强度分为 MU10.0、MU7.5、MU5.0、MU3.5、MU2.5 五个档次；强度、密度、抗风化性能和放射性物质合格的砖和砌块，根据尺寸偏差、外观质量、孔洞排列及其结构、泛霜、石灰爆裂、吸水率分为优等品（A）、一等品（B）和合格品（C）三个质量等级。如规格尺寸 290mm×190mm×90mm、密度等级 800、强度等级 MU7.5、优等品的页岩空心砖，其标记为：烧结空心砖 Y（290×190×90）800　MU7.5　A（GB 13545）。

蒸压灰砂砖要求在名称后加记砖的颜色，彩色的（Co）、本色的（N），但不需要记类别。强度等级根据抗压强度和抗折强度分为 MU25、MU20、MU15、MU10 四个档次；根据尺寸偏差、外观质量、强度和抗冻性分为优等品（A）、一等品（B）和合格品（C）三个质量等级。如强度级别为 MU20、优等品的彩色灰砂砖标记为：LSB　Co　20A（GB 11945），这里的名称 LSB 是灰砂砖的英文名称 Lime-Sand Brick 的缩写。

对于以粉煤灰、石灰为主要原料，掺加适量石膏和骨料经坯料制备、压制成型、高压或常压蒸汽养护而成的实心粉煤灰砖，其产品名称为 FB（Fly Ash Brick 的缩写），要求在名称后加记砖的颜色，彩色的（Co），本色的（N），但不需要记类别。强度等级根据抗压强度和抗折强度分为 MU30、MU25、MU20、MU15、MU10 五个档次；根据尺寸偏差、外观质量、强度等级和干燥收缩分为优等品（A）、一等品（B）和合格品（C）三个质量等级。如强度等级为 MU20、优等品的彩色粉煤灰砖标记：FB　Co　20A（JC 239）。

混凝土多孔砖的名称为 CPB（Concrete Perforated Brick 的缩写）；强度等级根据抗压强度分为 MU30、MU25、MU20、MU15、MU10 五个档次；根据尺寸偏差、外观质量分为一等品（B）和合格品（C）两个质量等级。如强度等级 MU10、外观质量为一等品的混凝土多孔砖，其标记为：CPB　MU25　B（JC 943）。

普通混凝土小型空心砌块名称为 NHB（Normal Concrete Small Hollow Block 的缩写），强度等级分为 MU3.5、MU5.0、MU7.5、MU10、MU15、MU20 六个档次；根据尺寸偏差、外观质量分为优等品（A）、一等品（B）和合格品（C）三个质量等级。如强度等级为 MU7.5，外观质量为优等品（A）的砌块，其标记为：NHB　MU7.5　A（GB 8239）。

轻骨料混凝土小型空心砌块名称为 LHB（Lightweight Aggregate Concrete Small Hollow Block 的缩写）；按其孔的排数分为：单排孔（1）、双排孔（2）、三排孔（3）和四排孔（4）四类；其密度等级分为：500、600、700、800、900、1000、1200、1400 八个等级；强度等级分为 MU1.5、MU2.5、MU3.5、MU5.0、MU7.5、MU10 六个档次；根据尺寸偏差、外观质量分为一等品（B）和合格品（C）两个质量等级。如密度等级为 600 级、强度等级为 1.5 级、质量等级为一等品的轻骨料混凝土三排孔小砌块。其标记为：LHB（3）　600　1.5B（GB/T 15229）。

粉煤灰小型空心砌块是指以粉煤灰、水泥、各种轻重骨料、水为主要组分（也可加入外加剂等）拌合制成的小型空心砌块，其中粉煤灰用量不低于原材料重量的 20%，水泥用量不低于原材料重量 10%。这类砌块名称为 FB（Fly Ash Small Hollow Block 的缩写）；按其孔的排数分为：单排孔（1）、双排孔（2）、三排孔（3）和四排孔（4）四类；强度等级分为 MU2.5、MU3.5、MU5.0、

MU7.5、MU10、MU15 六个档次；根据尺寸偏差、外观质量、碳化系数分为优等品（A）、一等品（B）和合格品（C）三个质量等级。如强度等级为 7.5 级、质量等级为优等品的粉煤灰双排孔小型空心砌块，其标记为：FB2 7.5A（JC 862）。

蒸压加气混凝土砌块名称为 ACB（Autoclaved Aerated Concrete Block 的缩写），其规格尺寸见表 1-1；强度级别有：A1.0、A2.0、A2.5、A3.5、A5.0、A7.5、A10 七个级别；体积密度级别有：B03、B04、B05、B06、B07、B08 六个级别；砌块按尺寸偏差与外观质量、体积密度和抗压强度分为：优等品（A）、一等品（B）、合格品（C）三个等级。按产品名称、强度级别、体积密度级别、规格尺寸、产品等级和标准编号的顺序进行标记。如强度级别为 A3.5、体积密度级别为 B05、优等品、规格尺寸为 600mm×200mm ×250mm 的蒸压加气混凝土砌块，其标记为：ACB A3.5 B05 600×200×250A（GB 11968）。

蒸压加气混凝土砌块的规格尺寸（mm） 表 1-1

砌块公称尺寸			砌块制作尺寸		
长度 L	宽度 B	高度 H	长度 L_1	宽度 B_1	高度 H_1
600	100 125 150 200 250 300	200 250	L—10	B	H—10
	120 180 240	300			

【禁忌 1.3】 块材不符合最低强度等级要求

【后果】 不满足耐久性要求。

【正解】 我国的建筑结构设计采用基于概率的极限状态设计方法，结构的极限状态包括承载力极限状态和正常使用极限状态。因此砌体结构除了满足承载力极限状态设计要求，还应该满足正常使用要求。在砌体结构中，正常使用极限状态对应于结构或构件达到正常使用（裂缝或变形）和耐久性的某项规定限值，一般情况下可由相应的构造措施来保证。由于块材种类、强度等级及砌体所处的环境不同，砌体的变形、裂缝及耐久性会有区别，如果设计时只要求结构满足承载力，不注意块材的选择要求，将会影响结构的正常使用和耐久性。

在我国的材料标准及设计标准中，对块材的要求主要包括如下几个方面：

1. 五层及五层以上房屋的墙，以及受振动或层高大于 6m 的墙、柱所用材料的最低强度等级，应符合下列要求：

1）砖采用 MU10；

2）砌块采用 MU7.5；

3）石材采用 MU30。

需要说明的是，由于框架填充墙在《建筑结构可靠度设计统一标准》（GB 50068—2001）中的设计使用年限是 25 年，其最低强度等级可以适当降低，但现行《砌体结构设计规范》未作规定，建议采用空心砖时不低于 MU5.0，采用砌块时不低于 MU3.5。

2. 地面以下或防潮层以下的砌体，潮湿房间的墙，所用材料的最低强度等级应符合表 1-2 的要求。

地面以下或防潮层以下的砌体、潮湿房间墙所用材料的最低强度等级 表 1-2

基土的潮湿程度	烧结普通砖、蒸压灰砂砖		混凝土砌块	石 材	水泥砂浆
	严寒地区	一般地区			
稍潮湿的	MU10	MU10	MU7.5	MU30	M5
很潮湿的	MU15	MU10	MU7.5	MU30	M7.5
含水饱和的	MU20	MU15	MU10	MU40	M10

3. 优等品可用于清水墙和装饰墙，一等品、合格品可用于混水墙。中等泛霜的砖不能用于潮湿部位。

4. 蒸压灰砂砖、蒸压粉煤灰砖不得用于长期受热 200℃以上、受急冷急热和有酸性介质侵蚀的建筑部位，MU15 和 MU15 以上的蒸压灰砂砖可用于基础及其他建筑部位，蒸压粉煤灰砖用于基础或用于受冻融和干湿交替作用的建筑部位必须使用一等砖。

5. 对安全等级为一级或设计使用年限大于 50 年的房屋，墙、柱所用材料的最低强度等级应至少提高一级。

【禁忌 1.4】 基础采用空心块材

【后果】 易冻坏或易遭有害物质侵蚀。

【正解】 在 ±0.000 以下的基础中，若采用空心块材，如多孔砖、空心砌块，由于孔洞中积水，在冬季容易被冻坏；有孔的块材的外表面积较实心砖大，外界的有害物质（如酸、碱、盐等）的侵蚀作用加快。因此，孔洞将使得基础中的块材的耐久性降低，故《砌体结构设计规范》（GB 50003—2001）规定在冻胀地区，地面以下或防潮层以下的砌体，不宜采用多孔砖，如采用时，其孔洞应用水泥砂浆灌实。当采用混凝土砌块砌体时，其孔洞应采用强度等级不低于 Cb20

的混凝土灌实。

当不采用多孔砖和空心砌块时，除了可采用现浇钢筋混凝土墙外，还可采用烧结页岩砖、烧结煤矸石砖、烧结粉煤灰砖等非黏土烧结砖以及蒸压灰砂砖、蒸压粉煤灰砖等墙体材料，其块材强度等级应符合【禁忌 1.4】的要求，砂浆应采用水泥砂浆，且在稍潮湿、很潮湿和含水饱和的环境中，强度等级分别不低于 M5.0、M7.5 和 M10。注意采用水泥砂浆后砌体抗压强度设计值的折减。

【禁忌 1.5】 将非烧结块材和烧结块材同等对待

【后果】 不能因材施用。

【正解】 我国两千年前就开始使用烧结黏土砖作为墙体材料，其物理力学性能已经经过了历史的考验。最近很多新型墙体材料投入建筑市场，尤其是非烧结制品，在设计时，我们必须搞清楚其特性，然后因材施用，才能满足结构的承载力和正常使用要求。下面通过非烧结块材与烧结块材材料性能的对比，列出各类块材的特性和适用范围。

1. 蒸压灰砂砖

（1）蒸压灰砂砖的吸水速度低于黏土砖，而吸水率一般在 17% 左右。用它砌筑灰砂砖砌体的砂浆稠度应该大于砌筑黏土砖的砂浆，否则，易产生流淌，浪费砂浆，降低砌体的抗剪强度。由于灰砂砖吸水慢，施工时应提前 2d 左右浇水润湿，应该注意的是，砖上墙时含水率太大，干燥收缩较大，容易产生收缩裂缝。

（2）蒸压灰砂砖在水和侵蚀性介质中的稳定性是由其凝胶物质与侵蚀性介质的反应程度决定的。由于酸能使灰砂砖中的水化硅酸钙和碳酸钙分解，灰砂砖不耐酸，因而不能应用于有酸性介质的场合。

（3）温度高于 200℃时，蒸压灰砂砖中的水化硅酸钙的稳定性变差，如温度继续升高，灰砂砖的强度会随水化硅酸钙的分解而下降。因此，灰砂砖不能用于长期超过 200℃的环境，也不能用于受急冷急热的部位。

（4）由于灰砂砖表面光滑平整，砂浆与灰砂砖的粘结强度不如与烧结黏土砖的粘结强度高等原因，灰砂砖砌体的抗拉、抗弯和抗剪强度均低于同条件下的烧结砖砌体，在抗震地区使用时，其房屋总高度和层数应比烧结砖适当降低。建议采用高黏性的专用砂浆砌筑。

（5）灰砂砖的干燥收缩值比烧结砖大。传统使用的烧结黏土砖，干燥收缩值很小，常在 0.01mm/m 以下，而灰砂砖的干燥收缩值达到 3.92～4.27mm/m。故其伸缩缝间距为烧结砖房屋的 80%。

2. 自养粉煤灰砖

自养粉煤灰砖的强度低、耐水性差（软化系数大）、抗冻性、抗碳化能力差、干缩大，目前产品标准和应用技术规程尚未制订，因此，自养粉煤灰砖还处在进一步研究和开发阶段，不宜推广应用到房屋结构中。

3. 蒸养粉煤灰砖

蒸养粉煤灰砖的性能和蒸压粉煤灰砖相近，但性能指标比后者差。蒸养粉煤灰普通砖与蒸压粉煤普通砖执行同一本产品标准，但前者没有应用技术标准（我国《砌体结构设计规范》（GB 50003—2001）未将其列入），不宜推广应用到房屋结构中。

4. 蒸压粉煤灰砖

（1）压制成型的粉煤灰砖比黏土砖表面光滑、平整，并可能有少量起粉，所以与砂浆的粘结强度低于黏土砖，且抗剪强度较黏土砖低。为提高砖与砂浆的粘结力，应尽可能采用专用砌筑砂浆。在抗震地区使用时，其房屋总高度和层数应比烧结砖适当降低。

（2）蒸压粉煤灰砖的收缩值较大，其干燥收缩值为 0.7～1.1mm/m。故其伸缩缝间距为烧结砖房屋的 80%。

（3）蒸压粉煤灰砖经高温作用后，水化产物脱水分解，使结构疏松，强度下降。一般情况下，粉煤灰砖不宜用于温度高于 200℃ 的部位。

（4）粉煤灰砖的初始吸水能力差，须提前湿水，保持砖的含水率在 10% 左右，才能保证砌筑质量。但有研究表明，粉煤灰砖上墙含水率越大，干燥收缩越大，墙体容易开裂。

5. 混凝土多孔砖

混凝土多孔砖的物理力学性能和烧结黏土多孔砖相近，但是其实测干燥收缩率在 0.64～0.84mm/m 之间，高于普通黏土砖。

这种砖近几年在湖南、浙江、上海、江苏、天津、福建、湖北、江西等省、市发展较快，大部分用于建筑物的围护结构、隔墙，少量用于承重结构，有些地方为了配合应用，编制了地方应用标准，是一种有希望替代实心黏土砖、烧结多孔砖的新型墙体材料。

6. 小型空心砌块

小型空心砌块包括普通混凝土小型空心砌块和轻骨料混凝土小型空心砌块。其主要材料性能指标见表 1-3。从表中可以看出：

（1）普通混凝土小型空心砌块强度较高，轻骨料混凝土小型空心砌块强度相对较低。前者一般应用于承重结构，后者的物理力学性能满足应用要求时，可以用于承重结构，但一般用于框架填充墙。

（2）轻骨料混凝土小型空心砌块表观密度较小，一般用作填充墙材料，有利于减轻房屋自重，提高结构抗震性能。

（3）轻骨料混凝土小型空心砌块保温性能良好，广泛应用于北方地区及对保温性能要求较高的住宅建筑自承重外墙。

（4）干燥收缩值较大。设计时，在构造上应该注意采取措施。

各种轻骨料混凝土小型空心砌块的适用范围见表 1-4。

小型砌块的基本材性   表 1-3

砌 块 名 称	空心率（%）	干表观密度（kg/m³）	吸水率（%）	软化系数	抗压强度（MPa）	收缩值（mm/m）	导热系数 W/(m·K)
普通混凝土小型砌块	40～60	1300～1400	5～9	0.95～1.0	5.0～15.9	2～3	0.9～1.0
水泥煤渣小型砌块	40～60	750～1100	7～10	0.85～0.95	3.0～10.0	3～5	0.45～0.55
水泥炉渣混凝土砌块	45～50	950～1100	18～20	0.8～0.9	5.0～9.0	4～4.6	0.3～0.35
水泥浮石混凝土砌块	28～35	1030～1050	28～32	—	8.8～13.0		0.67～0.7
水泥电石渣小型砌块	40～49.6	1100～1200	6.8～8.0	0.9～0.98	5.0～9.0		
无砂页岩陶粒混凝土小型砌块	—	600～700	14～15	0.85～0.90	3.15		0.235
无砂黏土陶粒混凝土小型砌块	51.50	600～700	9.0～10.0	0.80～0.85	2.62		0.230
超轻陶粒混凝土小型砌块	37～38	600～750	7.0～7.5	0.80～0.90	2.5～3.0		
粉煤灰陶粒混凝土小型砌块	37～38	700	7.0～8.0	0.85～0.90	2.5～3.0		0.317

各类小砌块适用范围   表 1-4

强度等级	密度等级（kg/m³）	小砌块类别	适 用 范 围
1.5 2.5	≤800	超轻陶粒混凝土小砌块 膨胀珍珠岩粉煤灰混凝土小砌块 黏土陶粒混凝土小砌块 页岩陶粒混凝土小砌块	自承重保温外墙 框架填充墙、隔墙
3.5 5	≤1200	火山渣混凝土小砌块 浮石混凝土小砌块 自然煤矸石混凝土小砌块 煤渣石混凝土小砌块	承重保温外墙 框架填充墙、隔墙
7.5 10	≤1400	自然煤矸石混凝土小砌块 火山渣混凝土小砌块	承重外墙或内墙

7. 粉煤灰小型空心砌块

粉煤灰小型空心砌块质量轻、防火性能好、耐久性不亚于黏土砖，一般用于非承重墙。由于这类砌块尚未列入我国砌体规范，在没有有效标准可依时，设计人员应该慎用于承重结构。

8. 蒸压加气混凝土砌块

蒸压加气混凝土砌块表观密度约为黏土砖的 1/3，质量轻，抗震性好，导热系数低 $[0.14～0.28W/(m·K)]$，具有保温、隔热、隔声、耐火性好，易于加工，施工方便等特点，目前使用较多。主要用于低层建筑的承重墙、多层和高层建筑的间隔和填充墙以及工业建筑的围护墙。在缺乏安全可靠的防护措施时，不得用于建筑物基础和有侵蚀作用环境中，也不得用于水中、受酸碱化学物质侵蚀的部位或高湿度和温度长期高于 80℃ 的建筑部位。

9. 石膏砌块

石膏砌块具有十分均匀的微孔隙结构，密度小、重量轻、强度高、低能耗、低污染、重量轻、防火、隔热、吸声、收缩率小、可钉、可锯、可粘结，且具有一定的呼吸作用，用它砌筑建筑的内隔墙既可降低建筑物自重，又可改善室内小气候环境，舒服宜人，是一种绿色建筑材料。由于原料稀少，这种砌块的价格较高。

【禁忌1.6】 对块材上墙时含水率不能严格要求

【后果】 各种块材上墙时的含水率影响砌体的抗压强度、抗剪强度和砌体的干燥收缩，尤其是新型墙体材料，这种影响更大，若不严加控制，会造成墙体出现承载力降低或者出现干缩裂缝。

【正解】 这是一个施工技术的问题。但是由于新型墙体材料种类不断增多，块材性能与传统的普通黏土砖相差较大，尤其是对干燥收缩性能影响较大，施工人员受传统施工工法的影响，可能不能根据各类材料特性，采用正确的施工技术，因此，设计人员在设计或者在设计交底时应该有针对性地强调块材上墙合适的含水率。

1. 对砌体抗压强度的影响

对普通黏土砖砌体研究表明，砌体的抗压强度随黏土砖砌筑时的含水率的增大而提高（如图1-5）。这是因为在砌体中，砖面上多余的水分有利于砂浆的硬化，处于砖与砖之间的砂浆，如同在潮湿状态的有利条件下养护。由于砂浆强度的提高，砌体抗压强度亦提高。另外，当砖愈湿时，即使砖面上有流浆现象，由于砂浆的流动性好，能使砂浆在较粗糙的砖面上被铺设成均匀薄层，有利于改善砌体内的复杂应力状态，虽然砂浆强度有可能降低，但却使砖的强度进一步得到发挥，也使砌体抗压强度提高。而砖愈干时，砂浆刚铺砌在砖面上，大部分水分很快被砖吸收，不利于砂浆的硬化，使砌体强度降低。

图1-5中的影响系数为不同含水率砖砌体与按《砌体工程施工质量验收规范》（GB 50203—2002）砌筑砌体抗压强度的比值，当砖含水率在8%～10%时，这个比值为1～1.015。

2. 对砌体抗剪强度的影响

对普通黏土砖砌体研究表明，砖的含水率与砌体抗剪强度的关系存在一个最佳含水率。砌筑时，当砖含水率小于这个最佳含水率，砌体抗剪强度随砖的含水率增加而增加；当砖含水率大于这个最佳含水率，砌体抗剪强度随砖的含

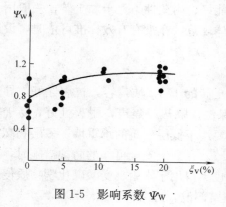

图1-5 影响系数 Ψ_w

水率增加而减少。试验数据证明，这个最佳含水率一般在8%~10%。

3. 对砌体干燥收缩的影响

通过灰砂（多孔）砖与普通黏土砖以及灰砂（多孔）砖砌体与普通黏土砖砌体的对比试验可以看出：

（1）从饱和到含水率10%，这一阶段收缩值小，而由含水率2%左右到绝干这一阶段，收缩曲线很陡，占总收缩值的1/3~1/2。

（2）灰砂砖和黏土砖在温度保持20±10℃，湿度60%±10%的恒温室中测得含水率、收缩率与时间的对比数据：黏土砖3d完成收缩率的84%，而灰砂砖仅为10%；黏土砖3d的收缩值是灰砂砖的4.6倍；在平衡含湿状态，灰砂砖的收缩值为黏土砖的1.8倍。

（3）灰砂砖和黏土砖砌体在恒温室中，灰砂砖砌体的收缩率跟上墙时的含水率有很大关系，含水率高的砌体收缩值大，含水率低的砌体收缩值小。灰砂砖砌体的收缩率不但比黏土砖砌体大，而且失水缓慢，收缩过程长，变形发生在"后期"。灰砂砖砌体较黏土砖砌体收缩值大。

很多新型墙体材料，如蒸压（养）制品，其干缩变形性能与灰砂砖类似，由于材料的内部结构不同和块材的吸水（放水）的规律不同，造成砌体的收缩值较大，如果控制不当，很容易出现干缩裂缝。

4. 正确控制块材上墙时含水率的方法

块材上墙时的含水率控制的原则：在保证砌体的抗压强度和抗剪强度基础上，尽量减少块材上墙时的含水率，以减少砌体干缩。

根据长沙、济南、合肥、福州、成都、昆明和沈阳7个地区黏土砖砌筑时的含水率调查，其平均值为9.2%，变异系数为0.617。实测表明全国各地之间的变化幅度较大，即使同一地区其变化也较大。但按x^2检验，可以95%的保证率接受全国砖砌筑时的含水率为正态分布（9.2%，5.69%）。考虑到施工中如砖浇水过湿，操作上有一定困难，不易做到，墙面也不易保持清洁，同时当含水率过大时砌体抗剪强度反而降低，因此作为正常施工质量的标准，砌筑砖砌体时，砖、多孔砖应提前1~2d浇水湿润，含水率宜为10%~15%。由于灰砂砖、粉煤灰砖最高吸水率为20%~26%，比黏土砖高（约15%~20%），但吸水速度慢，干缩变形大，且干缩变形发生在后期，砌筑时的含水率宜降低为8%~10%，应提前12~24h浇水润湿（雨天施工不宜浇水，并应适当遮盖砖垛）。

对普通混凝土小型空心砌块墙体，同样考虑到砌块上墙时含水率对砌体的干缩变形影响很大，《普通混凝土小型空心砌块》（GB 8239—1997）根据使用地区的环境湿度不同，采用控制砌块上墙时相对含水率（砌块上墙时含水率与其吸水率之比值）来控制砌体的干缩变形，如表1-5。

普通混凝土小型空心砌块相对含水率（％）   表 1-5

使 用 地 区	潮 湿	中 等	干 燥
相对含水率不大于	45	40	35

注：潮湿——系指年平均相对湿度大于75％的地区；

　　中等——系指年平均相对湿度50％～75％的地区；

　　干燥——系指年平均相对湿度小于50％的地区。

《轻集料混凝土小型空心砌块》（GB/T 15229—2002）中的规定，吸水率不应大于20％。干缩率和相对含水率应符合表1-6的要求。

轻集料混凝土砌块的相对含水率要求   表 1-6

吸 水 率（％）	相对含水率不应大于（％）		
	潮 湿	中 湿	干 燥
＜15	45	40	35
15～18	40	35	30
＞18	35	30	25

《粉煤灰小型空心砌块》（JC 862—2000）仅规定了"干燥收缩率应不大于0.06％"，对吸水率和相对含水率没有做出规定。

对于烧结黏土砖，砖的吸水速度较快，在上墙前保证其含水率在10％～15％是希望获得较高的砌体抗压强度和砌体粘结强度或抗剪强度。对于非烧结制品，早期吸水较慢，而且上墙时含水率越大，其干燥收缩变形越大，因此对这类块材，上墙含水率可要求比烧结黏土砖低。建议含水率为8％～12％。

在我国材料标准中，非烧结块材大多都参照2000年以前版本的ASTM标准，采用相对含水率指标来控制砖的含水率。以达到减少墙体干缩的目的。由于用相对含水率指标来控制材料的干缩，只有当该指标为块材上墙时的含水率时才有用，而出厂到上墙这段时间内块材的含水率不好控制，所以2000年以后的ASTM标准均取消了这个指标要求，改用控制块材的最大收缩值及其体积吸水率（最大含水率），并采用较严格的控制缝来解决干缩问题。

【禁忌 1.7】　砌筑砂浆和粉刷砂浆种类选择不当

【后果】　砌体灰缝饱满度达不到要求，降低砌体强度，外墙渗漏；粉刷砂浆开裂、空鼓。

【正解】　砂浆是由凝胶材料、细骨料和水配制而成的材料。在建筑工程中以薄层状态起粘结作用传递应力，起防护、衬垫和装饰等作用。

砂浆在建筑的各个部位，从结构到装饰，从屋面、墙面到地面，几乎无处不用。对于这样一种在建筑和构筑工程中应用量大面广的材料，我国一直采用传统的混合砂浆或者水泥砂浆，这种砂浆有很多缺点，造成当前建筑产生许多问题，有的已经成为了建筑通病。如建筑砂浆由于设计强度等级普遍较低，配制时所用水泥量较少（一般200～300kg/m³），而大部分材料为细骨料（黄砂），所以尽管拌制而成的砂浆强度较易满足要求，但其和易性、保水性和施工性相当差，灰缝饱满度很难满足要求，造成砌体强度降低，外墙渗漏；砌筑砂浆的粘结强度低，使得砌体的抗剪强度很低，造成砌体结构的抗震性能差；粉刷砂浆的粘结强度低，使得墙体粉刷空鼓；粉刷砂浆干缩变形大，使得外墙粉刷开裂，严重影响外墙防水和城市美观。

承重墙用混凝土砌块的强度等级一般要求 MU7.5 以上，标准砌块的孔洞率接近 60%，亦即实际承重肋的面积小于 40%，相当于混凝土实际强度达到 25MPa 以上，而砌筑砂浆的强度一般为 10MPa。因此，从强度匹配上来看不尽合理，但这并不是问题的关键所在。关键问题是粘结强度的严重不足。混凝土砌块的表面比较光洁，特别是吸水率远小于烧结普通砖，当采用普通砂浆时，等强度砂浆的粘结强度比烧结普通黏土砖的低得多，再加上实际粘结面积只有 40%，故真正的砌体抗剪强度只有烧结普通砖砌体的 50% 左右，再加上砌块自身的收缩比黏土砖大，且砌体吸水率比黏土砖小，砂浆自身收缩大，因此砌块建筑出现阶梯裂缝就成为必然。同样，粉煤灰砖、灰砂砖、混凝土砖和墙板的表面也相对较光洁，粘结强度远小于普通黏土砖，自身收缩也较大，因而极易产生界面裂缝。因此大力发展和推广应用新型砂浆很有必要。

常用的砌筑砂浆和抹面砂浆有：

1. 石灰砂浆：由石灰膏、砂和水按适当比例配制而成。属于气硬性材料，适用于砌筑强度要求不高，处于干燥环境的砌体和墙面、顶棚抹灰等，不宜用于基础等潮湿环境。

2. 水泥砂浆：由水泥、砂和水等材料按适当比例配制而成。这种砂浆的和易性较差，适用于砌筑潮湿环境或水中的砌体、湿度较大的场面及地面抹灰，制作薄壁件，如钢丝网水泥砂浆面层组合砌体。

3. 混合砂浆：掺加适量混合材料的水泥砂浆或石灰砂浆，节约水泥或石灰，并可改善和易性。常用的有水泥石灰砂浆、水泥粉煤灰砂浆、水泥黏土砂浆、石灰粉煤灰砂浆、石灰黏土砂浆。其抗压强度和粘结强度较低，耐水性和抗冻性一般次于水泥砂浆，不宜用于基础等潮湿环境，也不适宜于粘结性能较差的粉煤灰砖砌体、灰砂砖砌体和各种砌块砌体。

4. 聚合物水泥砂浆：聚合物砂浆按照掺入聚合物的状态不同有两大类：

（1）纤维增强砂浆

纤维增强砂浆是以砂浆为基材，以金属纤维、无机纤维或有机纤维为增强材料组成的一种复合材料。砂浆中掺入抗拉强度高、极限延伸率大、抗酸碱性好的纤维后，能够克服砂浆抗拉强度低、极限延伸率小、性脆的缺点。

纤维增强砂浆主要被应用于地下室外墙工程、屋面防水工程、外墙抹灰、水池等建筑工程中。

（2）聚合物胶乳水泥砂浆

聚合物胶乳水泥砂浆是以水泥和聚合物（如：丁苯胶乳、氯丁胶乳、苯丙胶乳等）共为胶结料与骨料结合而成。

这种砂浆具有优良的品质：由于聚合物胶乳的粘结性和柔韧性好，增大了胶乳水泥砂浆的抗拉、抗弯强度和伸长率，尽管抗压强度有所下降，但提高了材料的抗裂性；粘结强度高，能很好粘结水泥混凝土、砂浆、石料、瓷砖、钢材、玻璃、木料、塑料等建筑材料；由于聚合物胶乳网络及膜层的填隙性和良好粘结性，提高了气密性和水密性，因此胶乳水泥砂浆的吸水率低，防水性好，具有良好的抗渗、抗冻及抗碳化性能；因水灰比较小、密实度高，干燥收缩小；由于整合物胶乳的柔韧粘结作用，耐冲击性可增加 10～15 倍，耐磨性增加几到几十倍；对酸、碱、盐等腐蚀性介质有良好抵抗能力。

由于价格较贵，主要用于修补和防水等用途。

5. 抹面砂浆：建筑工程对抹面砂浆的强度要求并不高，但需要良好的保水性，具有与基层较强的粘结力，以便形成牢固的粘接和均匀密实的外观。为提高砂浆的粘结能力，通常抹面砂浆比砌筑砂浆所用的胶凝材料较多，有时还需要加入有机聚合物（如 108 胶等），以便在提高砂浆与基层粘结力的同时，增加硬化砂浆的柔韧性，减少开裂，避免空鼓或脱落。

由于抹面砂浆的暴露面积较大，很容易产生干缩。当对其抗裂性要求较高时，可按加入一些纤维材料来限制其收缩影响，以增强其抗拉强度，减少干缩和开裂。砂浆常用的纤维材料有麻刀、纸筋、稻草、玻璃纤维等。

6. 专用砂浆：粉煤灰砖、灰砂砖、混凝土小型空心砌块、加气混凝土砌块等新型墙体材料具有一个共同的特点就是粘结强度低、砌体抗剪强度偏低，主要原因是块材的表面光滑，降低了砌体的抗剪强度及抹灰的粘结力，造成墙体开裂、饰面空鼓、掉皮等质量问题。加气混凝土砌块由于吸水太快，影响了砌筑及抹面砂浆的水化，也会降低砌体抗剪强度及抹灰的粘结力。针对这些特征，目前国内研制了和易性好、粘结强度大、抗收缩能力强的各种专用砂浆。

在砌块砌体建筑中应采用黏聚性和保水性较好，强度较高的专用砂浆。我国经过多年的试验研究和工程应用，编制了国家建材行业标准《混凝土小型空心砌块砌筑砂浆》（JC 860—2000），为了区别普通砂浆，配筋砌块砌体的专用砂浆用 Mb 表示。具体配合比参见表 1-7。

混凝土小型空心砌块专用砂浆参考配合比　　　　表1-7

强度等级	水泥砂浆					混合砂浆（Ⅰ）					混合砂浆（Ⅱ）					
	水泥	粉煤灰	砂	外加剂	水	水泥	消石灰	砂	外加剂	水	水泥	石灰膏	粉煤灰	砂	水	外加剂
Mb7.5						1	0.7	4.6	√	1.02	1	0.42	0.15	6.6	1.00	√
Mb10.0	1	0.32	4.41	√	0.79	1	0.5	3.6	√	0.81	1	0.20	0.20	5.4	0.80	√
Mb15.0	1	0.32	3.76	√	0.74	1	0.3	3.0	√	0.74	1	0.9	—	4.5	0.75	√
Mb20.0	1	0.23	2.96	√	0.55	1	0.3	2.6	√	0.53	1	0.45	—	4.0	0.54	√
Mb25.0	1	0.23	2.53	√	0.54	1					1					
Mb30.0	1		2.0	√		0.52					1					

注：Mb7.5～Mb20.0用32.5级普通水泥或矿渣水泥；

　　Mb25.0～Mb30.0用42.5级普通水泥或矿渣水泥

　　传统的砂浆生产工艺是在施工现场搅拌的，由于现场搅拌受各种条件限制，使砂浆性能的变异性很大，很难控制砂浆质量。为了提高砌体结构的施工质量，我国正在推广商品砂浆的应用。商品砂浆又称干混砂浆或干粉砂浆，是由胶凝材料、细骨料、掺和料及外加剂等固体材料，按照一定配比通过干混工艺进行预拌而制成的一种干粉建筑材料。干混砂浆实际上就是干粉状态的预制砂浆，以袋装或散装的形式运到建筑工地、加水后即可直接使用。

　　干混砂浆的种类丰富，目前广泛应用在建筑工程中的主要有以下5种：

　　（1）砌筑砂浆，如普通砌筑砂浆、混凝土砌块专用砂浆、保温砌筑砂浆等；

　　（2）抹灰砂浆，如内外墙打底抹灰、腻子、彩色装饰砂浆、隔热砂浆等；

　　（3）地坪砂浆，如普通地坪砂浆、自流平砂浆等；

　　（4）粘结砂浆，如瓷砖粘结剂、填缝剂、保温隔热系统专用粘结砂浆等；

　　（5）特殊砂浆，如修补砂浆、防水砂浆、硬化粉等。

　　干混砂浆性能优越。现场人工配制砂浆无法保证高品质建筑对砂浆质量的要求，而干混砂浆由专业生产厂按照科学的配方，大规模自动化生产，质量可靠且稳定。通过在砂浆中添加纤维素醚、可再分散乳胶粉、早强剂、引气剂、增厚剂、消泡剂、分散剂及防霉剂等添加剂，可以提高砂浆的粘结性能和内聚力，降低成型砂浆的弹性模量，增强砂浆的弹性和抗弯曲强度，提高砂浆的耐磨性和耐候性，降低砂浆的吸水性和提高使用过程中的保水性，提高砂浆的保温、防水抗下垂等性能，甚至可提高砂浆的抗酸碱性能。

　　干混砂浆绿色环保。大规模集中生产干混砂浆，不仅原料损耗低、浪费少，而且对环境没有污染。干混砂浆采用定量包装，便于运输与存放。施工单位可以根据需要定量采购，既节约成本又方便施工管理。建筑工地没有了各种堆积如山的原料，减少对周围环境的影响。尤其在大中城市，预制干混砂浆可以解决由于交通拥挤、施工现场狭窄所带来的许多问题。

干混砂浆提高工效。采用自动化生产设备预制砂浆，使得制造砂浆的效率大大提高。国外干混砂浆生产厂年产量一般都在 15 万～30 万 t，产品品种丰富。干混砂浆加水搅拌即可使用，便于运输和存放，可以随时随地定量供货，方便施工管理。施工单位使用预制干混砂浆，不仅将大大加快施工速度，而且便于自动化施工机具的推广使用。

上海、北京、广州等经济发达城市也相继出台了推广使用预拌砂浆的相关政策，并配套、完善了有关技术标准和使用规范。

【禁忌 1.8】 非烧结砖砌体砂浆试块采用普通黏土砖做底模

【后果】 砂浆强度等级试验方法不对，砌体的实际强度与设计强度不符。

【正解】 以前我国绝大多数的砌体材料都采用普通黏土砖，所以为了方便起见，砂浆试模为 70.7mm×70.7mm×70.7mm 立方体，底模采用普通黏土砖（砖的吸水率不小于 10%，含水率不大于 2%），浇筑后，在标准养护条件下，养护至 28d，然后进行试压。用此办法来确定砂浆的强度等级。

目前，由于新型墙体材料的推广应用，各种砌体材料品种繁多，其性能不一致，尤其是砖的吸水速度各有不同，如灰砂砖和粉煤灰砖的吸水速度比黏土砖要慢得多，将影响到试块砂浆的硬化和强度。试验表明，同种条件下拌制砂浆，采用灰砂砖做底模的砂浆强度等级较采用黏土砖做底模的砂浆强度等级低 40%左右，导致砌体抗压强度约降低 10%。因此，我国砌体结构设计规范规定，确定砂浆强度等级时，应采用同类块体做砂浆强度试块的底模。如某房屋采用蒸压灰砂砖砌体，则在制作砂浆试块时，必须采用蒸压灰砂砖做底模。若采用烧结黏土砖做底模，其砂浆强度将偏高，实际强度达不到规范强度指标。对于多孔砖砌体，应采用砖的侧面做砂浆试块的底模。

为了消除底模对砂浆试块强度的影响，国外有的采用钢底模。

【禁忌 1.9】 混凝土小型空心砌块砌体灌孔混凝土采用普通混凝土

【后果】 混凝土小型空心砌块砌体灌孔混凝土要求具备良好的流动性，同时不能有太大的收缩变形，如果采用普通混凝土灌孔，将会使得灌孔不密实，或者干缩太大，灌浆与砌块之间出现裂缝，影响墙体的整体性。

【正解】 在无筋承重混凝土砌块墙中，部分或全部孔洞内部都灌填灌孔混凝土，增加受力面积，从而增加其强度或者满足构造要求。在配筋砌块墙体中，灌孔混凝土通常只是灌入含有钢筋的墙体孔洞中，灌孔混凝土使砌块同钢筋连成一体共同工作以抵抗所承受的荷载，在某些配筋承重砌块墙中，配有钢筋和未配钢筋的孔洞中都灌填灌孔混凝土，以进一步增加墙体抵抗荷载的能力。施工过程中，要求灌芯混凝土有良好的施工性能，较大的坍落度，不分层、不泌水，低干收缩性能和较高的强度。

混凝土砌块建筑不论是多层、中高层还是高层，均应采用砌块专用砂浆和灌孔混凝土，而不应采用普通砂浆和混凝土，并用 Mb×× 与 Cb×× 进行标示。这是确保砌块建筑结构工程质量和安全的关键，因而该项要求已纳入《砌体结构设计规范》（GB 50003—2001）的强制性条文中。

灌孔混凝土是由普通水泥、砂、碎石（豆石）和水以及根据需要掺入的掺和灌孔料和外加剂等按照一定比例配制搅拌而成的混合物。掺和料主要采用粉煤灰，外加剂主要包括减水剂、早强剂、促凝剂、缓凝剂、膨胀剂等。灌孔混凝土的强度等级划分为 Cb40、Cb35、Cb30、Cb25 和 Cb20 五个等级，相应于 C40、C35、C30、C25 和 C20 混凝土的抗压强度指标。为了保证块材和灌孔混凝土的强度匹配，砌块砌体的灌孔混凝土强度等级不应低于 Cb20，也不宜低于两倍的块体强度等级。

混凝土小型空心砌块灌孔混凝土参考配合比见表 1-8。

混凝土小型空心砌块灌孔混凝土参考配合比　　　　　　　表 1-8

强度等级	水泥强度等级	配 合 比					
		水泥	粉煤灰	砂	碎石	外加剂	水灰比
Cb20	32.5	1	0.18	2.63	3.63	√	0.48
Cb25	32.5	1	0.18	2.08	3.00	√	0.45
Cb30	32.5	1	0.18	1.66	2.49	√	0.42
Cb35	42.5	1	0.19	1.59	2.35	√	0.47
Cb40	42.5	1	0.19	1.16	1.68	√	0.45

灌孔混凝土需要有很大的流动性，流动性大才能使其填充于每一空隙。灌孔混凝土的坍落度视砌块吸水率、气温和湿度而变化。一般低吸水率砌块坍落度为 200mm，高吸水率砌块为 250mm（300mm 锥体）。

由于混凝土收缩性较大，加入某些填充料，使混凝土内部产生微膨胀是很必要的，但这些填料不得腐蚀钢筋。也可以使用经过试验证明流动性好的抗收缩专用材料。

灌孔混凝土的选择主要取决于灌浆空间的最小截面尺寸和灌浆的高度，细灌注混凝土通常是用于灌注小的、窄的空间。当孔内配有钢筋时，钢筋与砌块壁之间的净尺寸不得小于 6mm。通常优先选择粗灌浆，它更加经济，见表 1-9。

灌注混凝土分类	灌注最大高度(m)	灌注空间或灌孔的最小尺寸(mm) 空心砌块的孔
细灌注混凝土	0.3	38×50
	1.5	38×50
	2.4	38×75
	3.6	44×75
	7.2	75×75
粗灌注混凝土	0.3	38×75
	1.5	64×75
	2.4	75×75
	3.6	75×75
	7.2	75×100

　　我国的灌孔混凝土参照标准《混凝土小型空心砌块灌孔混凝土》（JC 861—2000）设计。

【禁忌 1.10】　灌孔砌体中灌孔混凝土与块体强度不匹配

　　【后果】　如果灌孔混凝土的强度过高，外部块体会过早地开裂，在砌体破坏时，混凝土中的压应力远低于其抗压强度，不能充分发挥材料的强度而造成浪费。灌孔混凝土强度过低时则不易发挥块体的强度。

　　【正解】　灌孔混凝土需要与块体的强度相匹配是一个灌孔混凝土和砌块间在受力时的共同作用问题，所以应使砌块材料强度与灌孔混凝土的强度相匹配。如块体为 MU10、MU15 和 MU20，相应的灌孔混凝土分别可选 Cb20、Cb30和 Cb40。

【禁忌 1.11】　砌块采用不合理的块型

　　【后果】　受力不合理或施工质量难以保证。

　　【正解】　目前常见的混凝土砌块块型及规格尺寸，系按砌块产品标准规定要求制作生产。但也有一些砌块未能按砌块标准要求制作，另立块型，在设计应用和研究过程中发现，这些砌块块型的设计尚存在着一些不合理乃至可能影响砌体安全方面的问题，值得引起重视。

　　1. 对于砌块的标准块型（图 1-6），"标准"仅给出主规格块型尺寸（含局部尺寸）的要求，未对端部凹槽尺寸和横肋尺寸的比例作出限制，按其生产的砌块存在以下问题：

由于砌块端部凹槽突出较大，中部横肋过小，出现组砌时上下横肋几乎架空（图1-7），这不但影响砌块强度，也很难达到《砌体工程施工质量验收规范》（GB 50203—2001）第6.2.2条水平砂浆饱满度90％的规定要求。这种组砌砌体的强度很接近于砌体仅在侧壁坐浆的砌体强度（图1-8）。根据美国砌体结构建筑规范条文注解，此时的砌体抗压强度约为全坐浆时强度的0.775倍，即强度降低了22.5％。显然这对非灌孔砌体当充分利用砌体强度的受力较大的部位，存在着较大的安全隐患。为此，解决的方法一是在块型设计时调整端横肋的尺寸，适当减少其厚度的凹槽突出尺寸，或通过调整砌块中部横肋的尺寸，包括上部局部夹腋，使上下肋尽可能的接触，以满足竖直方向直接受力的要求；另一个办法则是对现有块型不作改动，而是将砌体的强度乘以折减系数，如可取0.75。当砌体强度难以满足时，可将这部分砌体按《砌体结构设计规范》（GB 50003—2001）第3.2.1条第4款的规定用灌孔混凝土灌实。对用于高层的灌孔砌块所用的砌块端头宜为平头或凹槽深度≤5mm。

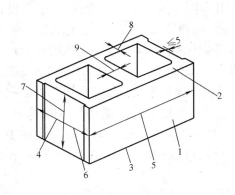

图1-6　砌块各部位名称

1—条面；2—坐浆面（肋厚较小的）；3—铺浆面（肋厚较大的）；4—顶面；5—长度；6—宽度；7—高度；8—壁；9—肋

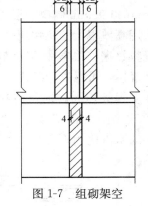

图1-7　组砌架空

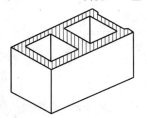 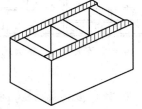 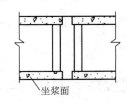

坐浆面

图1-8　砌块铺砌水平砂浆面

2. 不宜采用长度大于190mm的U形砌块。这主要由于该种砌块成型供料时底部难以密实，否则要加大底部尺寸，增加砌块重量，但设计使用效果不好。

3. 不应采用受力机理不好的砌块，如 L 搭扣砌块（图 1-9）。很明显这种砌块砌体在竖向荷载作用下，块材搭接非常薄弱，一旦沿竖向局部剪断，将会引起竖向裂缝贯通而失去承载力。这与砌块产品标准规定的纵横肋连接形成的整体受力模式是完全不同的，因此这种砌块不宜用于承重结构的墙体。

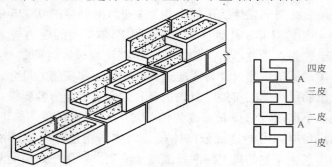

图 1-9　L 形砌块组砌

4. 不宜在受力较大的部位同时采用不同高度的砌块，如有些工程设计将 190mm 和 90mm 高砌块混用。国外虽有为达到清水墙的立面变化效果，混合交替采用高差很大的砌块组合（图 1-10），但至少作为承重墙体，我国尚无这方面的资料数据。根据《砌体结构设计规范》（GB 50003—2001）中不同块高砌体的强度规律，可以肯定的说：这种状况下的砌体强度要比标准条件下的低一些。如将强度等级相同，但块高相差一半的两组砌体按《砌体结构设计规范》（GB 50003—2001）的统计公式近似计算，两者的强度相差可达 40%。当砌体中块高较小的所占比例不大时，如 1～2 皮，可取降低系数 0.7，或局部采用灌孔砌体而不折减。

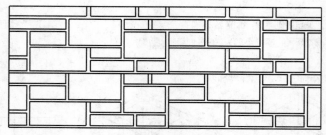

图 1-10　混合交替采用高差很大的砌块组合

【禁忌 1. 12】 　在设计施工图上不标注砌体施工质量控制等级

【后果】　砌体施工质量控制等级直接影响砌体强度设计值的大小，若在设计图上不表明以及在设计交底时不强调，会直接影响施工质量，降低结构的安全度。

【正解】 砌体工程施工技术、施工管理水平等对砌体的灰缝饱满度、砌筑时砖的含水率、灰缝厚度等方面有较大的影响，它们直接影响了砌体的强度，在对砌体设计强度取值时，若不考虑砌体施工水平的差异，而将材料性能分项系数 γ_f 按一个定值处理，这显然欠妥，它将带来砌体结构的安全隐患和工程质量事故。因此，为确保砌体工程的质量，并逐步和国际标准接轨，在对《砌体工程施工及验收规范》（GB 50203—98）进行修订时，参照国际上对砌体工程施工质量的控制内容（如质量监督人员、砂浆搅拌和强度试验结果、砌筑上人技术熟练程度等），结合我国国情，根据施工现场的质保体系、砂浆和混凝土的强度、砌筑工人技术等级方面的综合水平将砌体施工质量划为 A、B、C 三个等级，划分方法如表 1-10。

砌体施工质量控制等级 表 1-10

项　　目	施工质量控制等级		
	A	B	C
现场质量管理	制度健全，并严格执行；非施工方质量监督人员经常到现场，或现场设有常驻代表；施工方有在岗专业技术管理人员，人员齐全，并持证上岗	制度基本健全，并能执行；非施工方质量监督人员间断地到现场进行质量控制；施工方有在岗专业技术管理人员，并持证上岗	有制度；非施工方质量监督人员很少做现场质量控制；施工方有在岗专业技术管理人员
砂浆、混凝土强度	试块按规定制作，强度满足验收规定，离散性小	试块按规定制作，强度满足验收规定，离散性较小	试块强度满足验收规定，离散性大
砂浆拌合方式	机械拌合；配合比计量控制严格	机械拌合；配合比计量控制一般	机械或人工拌合；配合比计量控制较差
砌筑工人	中级工以上，其中高级工不少于 20%	高、中级工不少于 70%	初级工以上

规定的 A、B、C 三个等级不能与建筑物的重要性程度相对应，其实质的内涵是在不同的施工控制水平下，砌体结构的安全度不应该降低，它反映了施工技术、管理水平和材料消耗水平的关系。因此，《砌体结构设计规范》（GB 50003—2001）引入了施工质量控制等级的概念。当采用 C 级时，砌体强度设计值应乘强度调整系数 $\gamma_a=0.89$；当采用 B 级时，砌体强度设计值不调整，即 $\gamma_a=1.0$；当采用 A 级施工质量控制等级时，砌体强度设计值提高 5%，即 $\gamma_a=1.05$。

施工质量控制等级的选择主要根据设计和建设单位商定，并在工程设计图中明确设计采用的施工质量控制等级。但是考虑到我国目前的施工质量水平，对一般多层房屋宜按 B 级控制，配筋砌体不得采用 C 级。对配筋砌体剪力墙高层建筑，设计时宜选用 B 级的砌体强度指标，而在施工时宜采用 A 级的施工质量控制等级，这样做是有意提高这种结构体系的安全储备。

【后果】 砌体抗压强度设计值在有些情况下偏大，不调整将存在不安全隐患。

【正解】 砌体的强度设计值是强度标准值除以材料分项系数而得。材料的分项系数严格说来，应根据各种不同情况取用不同数值。所以有些国外标准，在正文中只给出砌体的强度标准值，按不同情况给出不同的材料分项系数，并不给出强度设计值。根据规范的实际使用情况，材料分项系数在大多数情况下采用比较固定的数值 1.6。为避免每次都除以 1.6 的麻烦，我国规范直接给出了标准值除以 1.6 以后的结果，即设计值，而对于其他情况则采用调整系数 γ_a 予以修正。砌体抗压强度设计值取值一般在下列情况下需要进行调整：

1. 有吊车房屋砌体、跨度不小于 9m 的梁下烧结普通砖砌体、跨度不小于 7.5m 的梁下烧结多孔砖、蒸压灰砂砖、蒸压粉煤灰砖、混凝土和轻骨料混凝土砌块砌体，取调整系数 $\gamma_a = 0.9$。这主要是考虑这三类房屋中存在以下不利因素：

（1）有吊车的房屋，吊车运行时有震动，设计时往往不予考虑，且在与屋架连接处实际存在弯矩作用（设计计算时，按铰支，忽略弯矩作用）。

（2）跨度较大的砌体结构，往往采用纵向承重结构方案或者纵横混合承重方案，横墙较少。这类房屋破坏时，容易发生连续倒塌，对生命和财产的危害性较大，而这种影响目前还无法在计算中反映。

（3）大梁支承于墙体结构中，按目前的传统设计方法是按铰支端考虑的。在设计层间墙体时，墙在垂直荷载作用下，对于刚性方案是简化为按两端简支的竖向构件计算。大梁对墙的弯曲影响通过梁对墙的偏心作用加以反映。这种计算简图在一般情况下是允许的，而且偏于安全。但当梁跨度较大时，梁和墙之间的约束弯矩增大，若仍按该简图计算，将偏于不安全。

（4）对于烧结多孔砖、蒸压灰砂砖、蒸压粉煤灰砖、混凝土和轻骨料混凝土砌块砌体，除了会承受梁端传来的弯矩作用外，其破坏一般呈脆性破坏，且达到极限状态后，破坏现象严重；残余承载力小于烧结普通砖砌体。

2. 对无筋砌体构件，其截面面积 $A < 0.3 m^2$ 时，γ_a 为 $A + 0.7$；对配筋砌体构件，当其中砌体截面面积 $A < 0.2 m^2$ 时，γ_a 为 $A + 0.8$。构件截面面积以 m^2 计。这是考虑到小截面构件，由于个别块体的强度变异可能显著影响到全部截面的强度。设计计算时，应该注意如下几个方面：

（1）在设计刚性方案多层无筋砌体结构房屋时，我们选取的计算简图一般取 1m 宽的墙板带来计算，如果墙厚是 240mm 的话，该构件计算截面面积为 $A = 0.24 m^2 < 0.3 m^2$，这不能作为强度调整的依据，因为构件的强度是否需要调整，

需要验算整个构件的截面面积是否超过 0.3m^2，若超过，则不需要调整。网状配筋砌体墙的强度调整也类似。

（2）对局部受压砌体构件，根据计算面积 A 确定 γ_a，而不是以局部受压面积 A_1 确定 γ_a。

（3）对灌孔混凝土小型砌块砌体，根据构件毛截面面积来确定 γ_a，但是该系数只对未灌孔砌体的抗压强度进行调整：

$$f_g = \gamma_a f + 0.6\alpha f_c \tag{1-1}$$

（4）对网状配筋砌体，有几种不同的理解方法：

1)
$$f_n = \gamma_a f + 2\left(1 - \frac{2e}{y}\right)\frac{\rho}{100} f_y \tag{1-2}$$

2)
$$f_n = \gamma_a \left[f + 2\left(1 - \frac{2e}{y}\right)\frac{\rho}{100} f_y\right] \tag{1-3}$$

3)
$$f_n = f + 2\left(1 - \frac{2e}{y}\right)\frac{\rho}{100} f_y \tag{1-4}$$

根据我国砌体结构设计规范，正确的理解是仅对砌体的强度设计值乘以调整系数。显然，上述三种调整方法只有 1) 是正确的。

（5）对组合砌体、组合墙、配筋砌块墙及配筋砌块连梁，一般可能是轴心受压构件，或者大偏心受压构件，或者小偏心受压构件，或者弯剪构件。偏心受压构件和弯剪构件可能会有水平裂缝发生，其受压面会小于构件截面面积。考虑到产生裂缝的构件中的局部受压面积上的压应力会有一定的扩散作用，且为了计算上的简化，其强度调整系数 γ_a 根据整个构件中砌体的截面面积来确定的，而不是根据砌体受压面积 A'，也不是根据整个构件截面面积来确定。

3. 当砌体用水泥砂浆砌筑时，对砌体抗压强度设计值乘调整系数 $\gamma_a = 0.9$；对轴心抗拉强度设计值、弯曲抗拉强度设计值、抗剪强度设计值乘调整系数 $\gamma_a = 0.8$。这主要是考虑到水泥砂浆由于其和易性较差，砂浆中应力分布均匀性差，砂浆强度相同时的水泥砂浆砌体强度较混合砂浆砌体强度低，因此需乘以调整系数。

应该注意的是：

（1）对配筋砌体构件，当其中的砌体采用水泥砂浆砌筑时，仅对砌体的强度设计值乘以调整系数 γ_a。

（2）灌孔混凝土小型空心砌块砌体仅对未灌孔砌体的抗压强度进行调整。

4. 施工荷载属于短暂荷载，结构的可靠度可适当降低，故当验算施工中房屋的构件时，γ_a 为 1.1。

5. 若同一构件同时碰到几种情况需要进行强度调整，则应该同时对砌体强度进行调整。如用水泥砂浆砌筑的网状配筋砌体，当构件截面面积 $A < 0.2\text{m}^2$ 时，其抗压强度设计值应为：

$$f_n = 0.9(A+0.8)f + 2\left(1-\frac{2e}{y}\right)\frac{\rho}{100}f_y \qquad (1-5)$$

6. 确定蒸压粉煤灰砖和掺有粉煤灰 15％ 以上的混凝土砌块的强度等级时，其抗压强度应乘以自然碳化系数，当无自然碳化系数时，可取人工碳化系数的 1.15 倍。

7. 单排孔混凝土和轻骨料混凝土砌块砌体对孔砌筑时的抗压强度设计值 f 按《砌体结构设计规范》（GB 50003—2001）表 3.2.1-3 采用。施工验收规范要求对孔砌筑，因错孔砌筑的砌体强度会有明显的降低，应按表中数值乘以 0.8；对独立柱或厚度为双排组砌的砌块砌体，应按表中数值乘以 0.7；对 T 形截面砌体，应按表中数值乘以 0.85。

8. 厚度方向为双排组砌的孔洞率不大于 35％ 的双排孔或多排孔轻骨料混凝土砌块砌体的抗压强度设计值，取单排组砌轻骨料混凝土砌块砌体的抗压强度设计值的 0.8；其抗剪强度设计值，取混凝土砌块砌体抗剪强度设计值乘以 1.1。

9. 当烧结多孔砖的孔洞率大于 30％，砌体抗压强度设计值按规范表 3.2.1-1 中数值应乘以 0.9。因为此时的多孔砖砌体在极限荷载作用下的脆性破坏程度较实心砖砌体严重，以此修正其对砌体强度的不利影响。

【禁忌 1.14】 混淆砌体沿通缝截面抗剪强度、静力作用下砌体抗剪强度和抗震抗剪强度

【后果】 若不能正确掌握砌体沿通缝截面抗剪强度、静力作用下砌体抗剪强度和抗震抗剪强度的作用和相互之间的关系，会使设计计算产生错误。

【正解】 现将几种砌体抗剪强度的物理意义分述如下：

1. 砌体沿通缝截面抗剪强度 f_{v0}，也称砌体双剪强度，它是衡量砌体灰缝抗剪强度的基本力学指标，类似与砌体抗压强度是衡量砌体抗压强度的指标。由于砌体在水平荷载作用下（如地震），大多数墙体的破坏形式都是发生在灰缝中，属于灰缝的剪切破坏，因此它也是衡量砌体抗剪强度的一个重要基本力学指标。

砌体沿通缝截面抗剪强度是依据《砌体基本力学性能试验方法标准》（GBJ 129—90），通过试验来确定的。砖砌体沿通缝截面的抗剪试验，一般采用由 9 块砖组成的双剪试件（图 1-11），采用竖向加载的方法进行试验。小型砌块砌体抗剪试验，一般使用加荷架沿水平方向对试件施加荷载（图 1-11）。

砌体沿通缝截面抗剪强度通常与砂浆强度等级、块材材质及施工质量有关。试验表明，在施工质量严格按照施工验收规范操作时，砌体沿通缝截面抗剪强度平均值与砂浆强度等级的关系为：

$$f_{v0,m} = k_5\sqrt{f_2} \qquad (1-6)$$

式中 $f_{v0,m}$——砌体沿通缝截面抗剪强度平均值；

f_2——砂浆抗压强度；

k_5——系数，对烧结普通砖、烧结多孔砖砌体取 0.125；对蒸压灰砂砖、蒸压粉煤灰砖砌体取 0.09；对混凝土小型空心砌块砌体取 0.069。

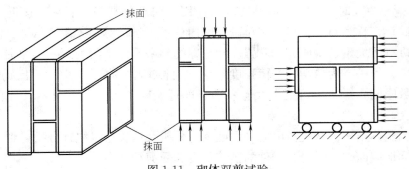

图 1-11　砌体双剪试验

试验表明，各类砌体抗剪强度的变异系数为 0.20，并根据可靠度指标要求，取材料强度分享系数 $\gamma_f=1.6$，则砌体沿通缝截面抗剪强度设计值 f_{v0} 与砂浆强度等级的关系为：

$$f_{v0}=0.42k_5\sqrt{f_2} \tag{1-7}$$

2. 静力作用下砌体抗剪强度是指在静力荷载作用下，砌体结构构件的抗剪强度。它决定了构件的抗剪承载力大小。在工程设计中，单纯静力受剪的情况是很难遇到的，一般是在受弯构件中（如砖砌过梁、挡土墙、配筋砌体剪力墙的连梁等）以及无拉杆的拱支座处在水平截面砌体受剪，前一种情况截面是受弯剪作用，后一种情况截面是受剪压作用（垂直水平灰缝作用有压力，平行水平灰缝作用有剪力），或者叫做剪压复合作用。由于受力不同，他们的设计计算方法不同。

（1）受弯构件

受弯构件的受剪承载力，应按下列公式计算：

$$V \leqslant f_{v0}bz \tag{1-8}$$

$$z=I/S \tag{1-9}$$

式中　V——剪力设计值；

　　　f_{v0}——砌体沿通缝截面抗剪强度设计值；

　　　b——截面宽度；

　　　z——内力臂，当截面为矩形时取 z 等于 $2h/3$；

　　　I——截面惯性矩；

　　　S——截面面积矩；

　　　h——截面高度。

（2）剪压复合受力构件

试验表明，垂直于灰缝的压应力 σ_0 与切应力 τ 的比值不同，剪切破坏的形态也不同。当 σ_0/τ 较小时，砌体将沿通缝受剪产生滑移而破坏，可称为剪切滑移破坏或剪摩破坏。当 σ_0/τ 较大时，砌体将产生阶梯形裂缝而破坏，称剪压破坏。当 σ_0/τ 更大时，砌体基本沿压应力作用方向产生裂缝而破坏，接近于单轴受压时破坏，称为斜压破坏。多年来，国内外不少学者对砌体在剪压复合作用下的性能进行了大量试验研究，其强度理论归纳起来不外乎两类，一类为主拉应力强度理论；另一类为剪切—摩擦强度理论（简称剪摩强度理论）。由于无筋砌体房屋层数限制，σ_0/τ 不可能太大，两种强度理论除了形式不同外，其计算结果相差不大。

我国砌体结构设计规范由剪摩强度理论分析及试验结果统计分析得到沿通缝或沿阶梯形截面破坏时受剪构件的抗剪强度和受剪承载力公式：

$$f_v = f_{v0} + \alpha\mu\sigma_0 \tag{1-10}$$

$$V \leqslant f_v A \tag{1-11}$$

当 $\gamma_G = 1.2$ 时

$$\mu = 0.26 - 0.082\frac{\sigma_0}{f} \tag{1-12}$$

当 $\gamma_G = 1.35$ 时

$$\mu = 0.23 - 0.065\frac{\sigma_0}{f} \tag{1-13}$$

式中　V——截面剪力设计值；

A——水平截面面积。当有孔洞时，取净截面面积；

f_{v0}——砌体沿通缝截面抗剪强度设计值，对灌孔的混凝土砌块砌体取 f_{vg}；

α——修正系数。当 $\gamma_G = 1.2$ 时，砖砌体取 0.60，混凝土砌块砌体取 0.64；当 $\gamma_G = 1.35$ 时，砖砌体取 0.64，混凝土砌块砌体取 0.66；

μ——剪压复合受力影响系数；

σ_0——永久荷载设计值产生的水平截面平均压应力；

f——砌体的抗压强度设计值；

σ_0/f——轴压比，且不大于 0.8。

3. 砌体抗震抗剪强度是指砌体房屋在地震作用下，砌体构件的抗剪强度。地震作用下的墙体同时承受自重产生的竖向压力和地震产生的水平荷载，在受力和破坏机理上和上述复合受力构件相同。我国《建筑抗震设计规范》（GB 50011—2001）认为，对于砖砌体，由于在地震中，多层房屋墙体产生交叉裂缝，是因为墙体中的主拉应力超过了砌体的主拉应力强度引起的，采用主拉应力强度理论；而对砌块墙体，墙体破坏是沿灰缝形成阶梯形交叉裂缝，所以采用剪摩强度理论。

我国《建筑抗震设计规范》（GB 50011—2001）及其他相关结构设计规范中，无筋砌体的抗震抗剪强度按下式计算：

$$f_{vE} = \xi_N f_{v0} \tag{1-14}$$

式中　f_{vE}——砌体沿阶梯形截面破坏的抗震抗剪强度设计值；

　　　ξ_N——砌体强度的正应力影响系数：

对砖砌体：
$$\xi_N = \frac{1}{1.2} \cdot \sqrt{1 + 0.45 \cdot \frac{\sigma_0}{f_{v0}}} \tag{1-15}$$

对混凝土砌块砌体：　　$\xi_N = 1 + 0.25\sigma_0/f_{v0}$　　　$(\sigma_0/f_{v0} \leqslant 5)$

　　　　　　　　　　　$\xi_N = 2.25 + 0.17(\sigma_0/f_{v0} - 5)$　　　$(\sigma_0/f_{v0} > 5)$

　　　σ_0——对应于重力荷载代表值的砌体截面平均压应力（与静力作用时不同）。

由以上可以看出，砌体的沿通缝抗剪强度是材料的基本力学指标，它的大小直接决定砌体的静力抗剪强度和抗震抗剪强度，而砌体的静力抗剪强度和抗震抗剪强度破坏特征相同，只是因为所采用的强度理论不同，在形式上不一样，但计算结果相差不大。

【禁忌 1.15】　混凝土小型空心砌块砌体强度不足时，片面提高材料强度等级来保证墙体的承载力

【后果】　不经济。

【正解】　设计多层混凝土小型空心砌块砌体房屋时，一般先按照不灌孔的无筋砌体设计，若承载力不够，可以适当对孔洞进行灌孔，若灌孔还不能满足，再在孔洞内进行配筋，形成配筋砌体。

单排孔混凝土砌块对孔砌筑时，灌孔砌体的抗压强度设计值 f_g 为：

$$f_g = f + 0.6\alpha f_c \tag{1-16}$$

$$\alpha = \delta\rho \tag{1-17}$$

式中　f_g——灌孔砌体的抗压强度设计值，并不应大于未灌孔砌体抗压强度设计值的 2 倍；

　　　f——未灌孔砌体的抗压强度设计值；

　　　f_c——灌孔混凝土的轴心抗压强度设计值；

　　　α——砌块砌体中灌孔混凝土面积和砌体毛面积的比值；

　　　δ——混凝土砌块的孔洞率；

　　　ρ——混凝土砌块砌体的灌孔率，系截面灌孔混凝土面积和截面孔洞面积的比值，ρ 不应小于 33%。

单排孔混凝土砌块对孔砌筑时，灌孔砌体的抗剪强度设计值 f_{vg} 为（灌芯率不小于 33%）：

$$f_{vg} = 0.2f_g^{0.55} \tag{1-18}$$

式中　f_g——灌孔砌体的抗压强度设计值。

由上面的公式可以看出，混凝土小型空心砌块砌体经过灌孔后，其抗压强度可以大大提高，如式（1-16）中的第二项；其抗剪强度比不灌孔提高更大，不灌孔砌体的抗剪强度对灌孔后的砌体抗剪强度几乎可以忽略不计。因此对于多层混凝土小型空心砌块砌体房屋，强度不足时，采用灌孔是最经济最理想的措施。

【禁忌 1.16】 冬期施工时，砂浆强度等级按常温施工时确定

【后果】 砂浆解冻后强度有所降低。

【正解】 我国有不少地区属于冬期施工的范围，根据施工规范的规定，预计连续 10 天内的平均气温低于＋5℃时，则为冬期施工的季节。

由于设计时往往不知道房屋具体施工的时间，因此很多设计图纸和设计人员不考虑房屋的冬期施工问题，但设计人员须在工程中加以处理。

冬期施工方法一般有冻结法、暖房法和掺有化学附加剂的方法三种。冻结法系用砂浆在冻结状态下的强度而使施工条件得以简化，但其缺点在于墙体化冻时，完全没有强度，所以此时墙体的许多部位需加固和支撑。稍一不慎会引起房屋的倾斜和倒塌。尤其在房屋层数越来越高，墙体材料的强度完全发挥的情况下更是如此。暖房法则由于实际施工条件要求较高，仅能作局部的处理，环境温度不可能有较多的提高，几乎极少使用。目前在我国主要是采用掺有化学附加剂的方法，尤其是掺加氯化钠为主，故常称"掺盐砂浆法"。本方法的特点在于砂浆中掺有化学附加剂后，砌体在负温下，砂浆强度仍能增加，往往在砌体解冻时，砂浆强度达到设计的要求。掺盐砂浆在负温下强度增加的规律，国内不少单位进行过研究和试验。他们认为其砂浆强度因受冻后的损失与冻结法相同，但近年来认为在平均气温－15℃以上施工时，可与夏季砌体的强度相同，在－15℃以下施工时，则需乘以 0.9 系数予以降低。由于实际施工条件的不同，解冻时砌体的强度及砂浆最后达到的强度一般说来总有所降低，这是由于砂浆中的水分在大气中的损失而使其凝结时不能有充分的水量。我国砌体结构设计规范提出按常温施工的砂浆强度等级提高一级时，砌体的强度和稳定性可不予验算的规定就是考虑了这个因素，也大大减少为验算冬期施工砌体强度而进行的核算工作。

掺盐砂浆法的缺点在于容易引起砌体材料，尤其是钢筋的腐蚀和化冻后墙体的"反霜"现象。建议采用碳酸钾、亚硝酸钠及其他复合附加剂，并规定对潮湿的车间、浴室、洗衣房和其他空气温度较大的房间以及空气温度超过 40℃的房间只允许用亚硝酸钠作为砂浆的抗冻附加剂。

对于毛石基础的冬期施工，目前一般仍主张在常温下进行。但有些地区也有采用掺盐砂浆法的实例，但此时宜及早回填两侧的填土以增强毛石基础的稳定性。

参 考 文 献

[1]　中华人民共和国国家标准.《烧结普通砖》(GB/T 5101—2003). 北京：中国标准出版社，2003

[2]　中华人民共和国国家标准.《烧结多孔砖》(GB 13544—2000). 北京：中国标准出版社，2000

[3]　中华人民共和国国家标准.《烧结空心砖和空心砌块》(GB/T 13545—2003). 北京：中国标准出版社，2003

[4]　中华人民共和国国家标准.《蒸压灰砂砖》(GB 11945—1999). 北京：中国标准出版社，1999

[5]　中华人民共和国国家标准.《普通混凝土小型空心砌块》(GB 8239—1997). 北京：中国标准出版社，1997

[6]　中华人民共和国国家标准.《轻集料混凝土小型空心砌块》(GB/T 15229—2002). 北京：中国标准出版社，2002

[7]　中华人民共和国行业标准.《混凝土多孔砖》(JC 943—2004). 北京：中国建材工业出版社，2004

[8]　中华人民共和国行业标准.《粉煤灰砖》(JC 239—2001). 北京：中国建材工业出版社，2001

[9]　中华人民共和国行业标准.《粉煤灰小型空心砌块》(JC 862—2000). 北京：中国建材工业出版社，2000

[10]　中华人民共和国国家标准.《蒸压加气混凝土砌块》(GB/T 11968—1997). 北京：中国标准出版社，1998

[11]　中华人民共和国国家标准.《砌体结构设计规范》(GB 50003—2001). 北京：中国建筑工业出版社，2002

[12]　韩怀强，蒋挺大. 粉煤灰利用技术. 北京：化学工业出版社，2001

[13]　于献青，董晓峰. 混凝土多孔砖试验证情况分析. 砖瓦，2003 年第 8 期

[14]　杨新亚，王锦华. 国内石膏砌块研究的现状及发展. 建筑砌块与砌块建筑，1999，(5)：23～25

[15]　王坚. 石膏砌块墙体的建筑物理力学性能. 建筑砌块与砌块建筑，2002 年第 5 期

[16]　何秉煌. 石膏砌块结构特征和建筑物理力学性能. 新型建筑材料，1998 年第 1 期

[17]　林文修. 灰砂（空心）砖含水率对砌体性能的影响. 硅酸盐建筑制品，1994/2

[18]　施楚贤主编. 砌体结构理论与设计（第二版）. 北京：中国建筑工业出版社，2003

[19]　施楚贤. 注册结构工程师砌体结构考试中的几个难点问题. 建筑结构，2002，(1)

[20]　冯秀荼，许忠永.《砌体结构设计规范》中的若干问题探讨. 华北航天工业学院学报，第 16 卷第 2 期，2006 年 4 月

[21]　李云飞等. 干混砂浆概述. 吉林建筑，2004 年第 5 期

[22]　钱义良. 砌体结构设计中若干问题（7、8）. 建筑结构，1992 年第 1 期

[23]　钱义良. 砌体结构设计中若干问题（9）. 建筑结构，1992 年第 2 期

[24]　苑振芳，刘斌，王欣. 混凝土砌块设计应用中的若干问题（上）. 建筑砌块与砌块建筑，2004 年第 1 期

[25] 梁建国，曾小军. 砌体结构中块材最低强度等级的限值. 建筑砌块与砌块建筑，2007年第 2 期

[26] 梁建国，李卫，陈行之. 烧结页岩粉煤灰砖砌体与墙片的抗剪性能. 四川建筑科学研究，1993 年第 1 期

[27] 梁建国. 蒸压灰砂砖的物理力学性能研究. 硅酸盐建筑制品，1989 年第 4 期

[28] 梁建国，梁辉，周江，彭茂丰. P 型烧结页岩粉煤灰多孔砖基本力学性能. 四川建筑科学研究，2004 年第 3 期.

[29] 梁建国，湛华，KP₁ 型烧结页岩粉煤灰多孔砖墙体抗震性能试验研究. 建筑结构，2004 年第 9 期.

第二章　砌体结构的设计方法

砖石是一种古老的建筑材料。最初，砖石结构构件的截面尺寸完全根据经验确定，截面尺寸偏大。大部分砌体结构由于古代工匠的精心修造及足够的安全储备一直保留至今，但也有许多砌体结构构件由于没有合理的设计方法造成材料的浪费或建筑物的倒塌。

19世纪，随着弹性理论的出现，砖石结构构件和其他材料的结构构件一样，采用容许应力法设计。前苏联在1939年以后将砖石砌体材料视为各向同性的理想弹性体，按材料力学的公式计算应力，使其不超过砌体的容许应力（即砌体材料的强度除以安全系数K）。但实际上，砌体是由块材和砂浆两种不同材料组成的，其受力性能相当复杂，既非各向同性，也不是理想弹性体。1943年的前苏联规范规定采用破坏阶段计算方法，使考虑塑性应力分布后的构件截面内力不小于外荷载产生的内力乘以安全系数K。上述两种方法中，安全系数K主要依靠经验确定，缺乏科学依据。

在20世纪50年代前苏联规范中规定按承载能力、极限变形及按裂缝的出现和开展的极限状态设计法。这种方法对荷载或荷载效应和材料强度的标准值分别以数理统计方法取值，但未考虑荷载效应和材料抗力的联合概率分布和结构的失效概率，故属半概率极限状态设计法。设计表达式采用了三个系数，又通称为三系数法。它远优越于容许应力设计法和破坏强度设计法。但三系数法在材料强度及部分荷载的取值上过分强调小概率，因而其结果有的与实际情况不相符。此外，它只以三个系数来反映影响结构安全的因素，故结构的安全度可能偏大或偏小。

我国在建国初期的砖石结构设计规范沿用前苏联规范，以后在大量试验研究的基础上，制定了适合我国情况的《砖石结构设计规范》（GBJ 3—73）。在这一设计规范中，采用多系数分析，单系数表达的半统计、半经验的方法确定。在总安全系数K中考虑了砌体强度变异和荷载变异的影响，还计入了材料缺乏系统试验对砌体强度变异的影响，砌筑质量、构件尺寸偏差、计算假定的误差等影响因素。对大多数砖石砌体的不同受力情况，安全系数K在2.3～2.5范围内。

由于结构自设计、施工直至使用，均存在各种随机因素的影响，这许多因素又存在不定性，即使采用上述定量的安全系数也达不到从定量上来度量结构可靠度的目的。为了使结构安全度的分析有一个可靠的理论基础，结构的可靠与否只能借助于概率来保证。结构的可靠度，是指结构在规定的时间内、在规定的条件下，完成预定功能的概率。结构可靠度愈高，表明它失效的可能性愈小。因而设计时要求结构的失效概率控制在可接受的概率范围内。1988 年颁布的《砌体结构设计规范》（GBJ 3—88）采用了以概率理论为基础的极限状态设计方法，从而使砌体结构的设计发展到一个新的阶段。

随着新型墙体材料的发展，对砌体结构设计规范涵盖的范围提出了新的要求，所以我国在 2001 年又颁布了新的《砌体结构设计规范》（GB 50003—2001）。在这本规范中除了增补了蒸压灰砂砖、蒸压粉煤灰砖、轻骨料混凝土小型砌块砌体和混凝土小型空心砌块的设计指标外，还增补了配筋砌块砌体剪力墙的设计方法和砌体结构构件的抗震设计等内容。在设计计算方法方面，考虑到我国结构可靠度指标与欧美的差别，适当做了提高。

【禁忌 2.1】 套用无效标准进行设计

【后果】 设计无效。

【正解】 为在一定的范围内获得最佳秩序，对活动或其结果规定共同的和重复使用的规则、导则或特性的文件，称为标准。该文件经协商一致制定并经一个公认机构的批准。标准以科学、技术和经验的综合成果为基础，以促进最佳社会效益为目的。

发达国家和地区借助由技术规范、技术标准和合格评定程序构筑了"三位一体"的技术性壁垒。大体分为以德国为代表的体系完整的欧洲模式和以美国为代表的自由竞争的北美模式。欧洲模式的标准体系完整并相互协调；而北美模式体现民间标准优先的原则，以技术取胜占领市场。但二者标准制约体制的基本框架是相同的，即都是 WTO/TBT 协议所规定的技术法规和自愿性标准相结合的技术控制体制，国家以制定、颁布和实施技术法规为主，辅之以技术标准和合格评定程序，技术标准都不具有法律强制性，由使用者自愿采用或在合同契约中约定使用。

《中华人民共和国标准化法》将我国标准分为国家标准、行业标准（含协会标准）、地方标准、企业标准四级。对需要在全国范畴内统一的技术要求，制定国家标准。对没有国家标准而又需要在全国某个行业范围内统一的技术要求，制定行业标准。对没有国家标准和行业标准而又需要在省、自治区、直辖市范围内统一的工业产品的安全、卫生要求，制定地方标准。企业生产的产品没有国家标准、行业标准和地方标准的，应当制定相应的企业标准。对已有国家标准、行业标准或地方标准的，鼓励企业制定严于国家标准、行业标准或地方标准要求的企业标准。另外，对于技术尚在发展中，需要有相应的标准文件引导其发展或具有标准化价值，尚不能制定为标准的项目，以及采用国际标准化组织、国际电工委员会及其他国际组织的技术报告的项目，可以制定国家标准化指导性技术文件。

中国标准分为强制性标准和推荐性标准两类性质的标准。国家标准编号中带"T"就是指推荐性标准。例如：《墙体材料术语》（GB/T 18968—2003）系指该标准为 2003 年起执行的推荐性国家标准。值得注意的是"T"的读音为汉语拼音中的"tui"。另外，编号从 50000 开始（如 GB 50001）的为工程建设国家标准。

自标准实施之日起，至标准复审重新确认、修订或废止的时间，称为标准的有效期，又称标龄。由于各国情况不同，标准有效期也不同。以 ISO 为例，ISO 标准每 5 年复审一次，平均标龄为 4.92 年。我国在《工程建设国家标准管理办法》中规定国家标准实施 5 年，要进行复审，即国家标准有效期一般为5 年。

工程建设中拟采用的新技术、新工艺、新材料，不符合现行强制性标准规定的，应当由拟采用单位提请建设单位组织专题技术论证，报批准标准的建设行政主管部门或者国务院有关主管部门审定。

相关标准代号：GB 代表中华人民共和国强制性国家标准，GB/T 中华人民共和国推荐性国家标准，GB/Z 中华人民共和国国家标准化指导性技术文件；CJ、DB、JC、JG 分别代表城镇建设、地方、建材、建筑工业行业强制性标准，若在强制性行业标准代号后面加"/T"则代表推荐性行业标准，例如建材行业的推荐性行业标准代号是 JC/T；中国工程建设标准化协会标准代号 CECS；DB ＋＊代表中华人民共和国强制性地方标准代号，DB ＋ ＊/T 中华人民共和国推荐性地方标准代号（＊表示省级行政区划代码前两位）；企业标准代号 Q＋ ＊（＊表示企业代号）。

由此可以看出，过期的标准不能套用，地方标准只能在相应地区使用，推荐性标准可以使用也可以不使用。

【禁忌 2.2】 违背国家相关法律、法规规定

【后果】 违法。

【正解】 勘察设计单位及其从业人员在从事建筑工程勘察设计活动中，应当严格遵守国家颁布的《建筑法》、《建筑工程质量管理条例》、《建筑工程勘察设计管理条例》、《建筑工程安全生产管理条例》和地方有关技术政策文件等的规定。在设计时常发现有下列问题违反上述法律法规规定的情况，值得注意。

1. 国务院 2000 年 1 月颁发的《建设工程质量管理条例》第二十一条规定"设计单位应根据勘察成果文件进行建设工程设计"。有些工程设计时的参数取值与勘察报告不符，如地基承载力特征值、桩基础和支护结构的计算参数、地下水

位等。出现该问题的原因主要在于设计者根据个人的经验确定设计参数，且未与勘察单位协调调整补充相关资料。

2.《中华人民共和国建筑法》第五十七条规定"设计文件选用的建筑材料，建筑构配件和设备，不得指定生产厂、供应商"。但有些设计中的外加剂、砌块、墙板、建筑构配件却指定了生产厂家。

3. 桩型及其施工工艺的选择与实际环境、地质条件不相适应，未考虑挤土、振动、噪声可能对周边造成的影响，不符合环保、施工安全的有关要求，如在市区使用锤击桩，在可能造成污染的环境区域内使用冲钻孔灌注桩且无泥浆处理系统，有砂碎卵石含水层、深厚淤泥层、垃圾填埋层以及化工厂等场地使用人工挖孔桩等。这些问题违反了《建筑工程安全生产管理条例》的相关规定。

4.《中华人民共和国建筑法》第五十六条规定"勘察、设计文件应当符合有关法律、行政法规的规定和建筑工程质量、安全标准、建筑工程勘察、设计技术规范"，"选用的建筑材料、建筑构配件和设备，其质量要求必须符合国家规定的标准"。但在一些设计文件所注明的"设计依据"中，常常会采用一些已经废止的规范和标准图集。

5. 属于《超限高层建筑工程抗震设防专项审查技术要点》（建质[2006] 220 号）中规定范围内的建筑，未根据《超限高层建筑工程抗震设防管理规定》（建设部令第 111 号），进行抗震设防专项审查。尤其建质[2006] 220 号文规定中的特别不规则超限工程未调整结构设计或者进行抗震设防专项审查。

【禁忌 2.3】 不能把握规范中用词的尺度

【后果】 不能灵活应用规范条文。

【正解】 规范中严格要求做到或明确须由计算决定的条款，必须严格遵守。规范用词通常有"必须"、"应"、"宜"或"可"，相应的反面用词有"严禁"、"不应"或"不得"、"不宜"，它们表示的严格程度是按这个顺序逐渐减弱的。"必须"和"严禁"表示非这样做不可，"应"和"不应"表示在正常情况下应该这样做，"宜"和"不宜"表示在条件许可时首先应这样做。对于用词为"可"、"宜"、"不宜"条款，从其含义解释"在条件许可情况下首先或尽量遵守"来看，这些条款并非十分原则性的规定，设计人员可根据实际情况，运用掌握的试验资料和经验，具体问题具体分析，在采取可靠或有效措施后，可以有所突破。再有，规范中的某些最小定量限制，并非是最佳选择，而是最低限制条件。为提高结构的总体质量，对关键部位采取适当加强措施，提高结构的整体安全度，虽多用些材料也是值得的。设计人员准确而灵活地执行规范，是做好设计的前提。

【禁忌2.4】 对设计规范适用范围不了解，新型墙体材料随便套用设计规范

【后果】 我国的砌体材料种类和品种繁多，而相应的设计施工规范的编制相对滞后，造成有部分材料缺乏设计施工规范；设计规范中对结构体系也有使用范围的约束。设计人员有时对规范的适用范围不了解，用错设计规范。

【正解】 1.砌体材料

我国现行国家标准和行业标准中与砌体结构设计有关的规范中，规定砌体材料的适用范围如表2-1所列。从表中我们可以看到，目前有部分材料组成的砌体还没有全国设计规范或规程，如混凝土多孔砖、蒸压灰砂多孔砖、蒸压粉煤灰多孔砖、蒸养粉煤灰（多孔砖）砖、加气混凝土砌块、蒸养（蒸压、自养）煤渣砖、蒸养（自养）煤矸石砖、矿渣砖等非烧结砖和一些砌块。有些材料已有地方标准（湖南、浙江等地混凝土多孔砖，重庆灰砂空心砖等），但只能在当地范围适用；有的材料正在编写行业或者协会应用标准，如混凝土多孔砖、蒸压粉煤灰砖（含多孔砖）、加气混凝土砌块等。在设计时，要是没有合法的设计标准可以遵循，建议设计人员慎重从事。

我国常用砌体标准使用范围 表2-1

	GB 50003—2001	GB 50011—2001	JGJ/T 13—94	JGJ 137—2001	JGJ/T 14—2004
烧结普通砖	√	√	√		
烧结多孔砖	√	√		√	
蒸压灰砂砖	√	√			
蒸压粉煤灰砖	√	√			
混凝土小砌块	√	√			√
轻骨料混凝土小砌块	√	√			√
料石	√				
毛石	√				

注：1.《砌体结构设计规范》（GB 50003—2001）；
　《建筑抗震设计规范》（GB 50011—2001）；
　《设置钢筋混凝土构造柱多层砖房抗震技术规程》（JGJ/T 13—94）（抗震设防烈度为6～9度地区）；
　《多孔砖砌体结构技术规范》（JGJ 137—2001）（抗震设防烈度为6～9度地区）；
　《混凝土小型空心砌块建筑技术规程》（JGJ/T 14—2004）（抗震设防烈度为6～8度地区）。
2.烧结普通砖包括烧结普通黏土砖、烧结普通页岩砖、烧结普通粉煤灰砖及烧结普通煤矸石砖等；烧结多孔砖包括用黏土、页岩、粉煤灰及煤矸石等烧结成的P型多孔砖和M型模数多孔砖；蒸压灰砂砖和蒸压粉煤灰砖仅指普通砖；混凝土小砌块包括单排孔、双排孔、多排孔的普通混凝土小型空心砌块和轻骨料混凝土小型空心砌块，其中轻骨料包括水泥煤矸石小型空心砌块、水泥煤渣小型空心砌块、火山渣小型空心砌块、浮石小型空心砌块、陶粒小型空心砌块。

2. 结构体系

（1）各类砌体结构房屋的层数和总高度限值见抗震规范第7.1.2条；

（2）各类砌体结构房屋的层高限值见抗震规范第7.1.3条；

（3）多层砌体结构房屋的总高度和总宽度的最大比值见抗震规范第7.1.4条；

（4）底层或底部两层框架—剪力墙砌体房屋：剪力墙可以是砌体也可以是钢筋混凝土；底部3层或3层以上属于超规范设计；

（5）多层的多排柱内框架砖砌体房屋：地震设防地区禁用单排柱到顶的内框架结构、底层内框架结构；非地震设防地区单排柱到顶的内框架结构一般不超过3层，底层内框架结构一般不超过2层；

（6）砌体和现浇钢筋混凝土混合承重的结构。

超出了规范的适用范围的结构，属于超规范、规程设计。对这类房屋的设计，若无配套的行业或地方标准，应按《建筑工程勘察设计管理条例》中第二十九条的规定要求进行设计审定。工程建设中拟采用的新技术、新工艺、新材料，不符合现行强制性标准规定的，可能影响建设工程质量和安全，应当由国家认可的检测机构进行试验、论证，出具检测报告，并经国务院有关部门或者省、自治区、直辖市人民政府有关部门组织的建设工程技术专家委员会审定后，方可使用。

【禁忌2.5】 **认为结构设计基准期就是结构的使用年限或者结构寿命**

【后果】 概念错误。

【正解】 设计人员，尤其是结构工程师必须搞清楚结构设计基准期、结构的使用年限和结构寿命三者之间的关系。

1. 设计基准期是为确定可变作用及与时间有关的材料性能取值而选用的时间参数。

结构的可靠性是指工程结构在规定的时间内、规定的条件下完成结构预定功能的能力。这里所谓的"规定的时间"，即指结构的设计基准期（Design Reference Period）。这是针对设计中可变荷载取值的一个时间概念，是进行结构可靠性分析时，考虑各项基本随机变量与时间关系所取用的基准时间，按照《建筑结构可靠度设计统一标准》（GB 50068—2001），建筑结构的设计基准期一般为50年。

如设计时需采用其他设计基准期，则必须另行确定在该基准期内最大荷载的概率分布及相应的统计参数。设计基准期是一个基准参数，它的确定不仅涉及可变作用（荷载），还涉及材料性能，是在对大量实测数据进行统计的基础上提出来的，一般情况下不能随意更改。例如我国规范所采用的设计地震动参数（包括反应谱和地震最大加速度）的基准期为 50 年，如果要求采用基准期为 100 年的设计地震动参数，则不但要对地震动的概率分布进行专门研究，还要对建筑材料乃至设备的性能参数进行专门的统计研究。

设计文件中，不需要给出设计基准期。

2. 设计使用年限是设计时选定的一个时期，在这一给定的时期内，房屋建筑只需进行正常的维护而不需进行大修就能按预期目的使用，完成预定的功能。它是借鉴了国际标准 ISO 2394：1998 提出的，又称为服役期、服务期等。

设计使用年限是《建筑工程质量管理条例》对房屋建筑规定的最低保修期限"合理使用年限"的具体化。结构在规定的设计使用年限内应具有足够的可靠性，满足安全性、适用性和耐久性的功能要求。

安全性指结构在正常设计、施工和使用条件下，应该能承受可能出现的各种作用（各种荷载、外加变形、约束变形等）；另外，在偶然荷载作用下，或偶然事件（地震、火灾、爆炸等）发生时或发生后，结构应能保持必需的稳定性，不致倒塌。

适用性指结构在正常使用时应能满足预定的使用要求，其变形、裂缝、振动等不超过规定的限度。

耐久性指结构在正常使用和正常维护条件下，在设计使用年限内应具有足够的耐久性，如钢筋保护层不能过薄或裂缝不得过宽而引起钢筋锈蚀，砌体不能因严重碳化、风化、盐蚀而影响耐久性。

我国《建筑结构可靠度设计统一标准》（GB 50068—2001）规定结构的设计使用年限应按表 2-2 采用。

设计使用年限分类   表 2-2

类　别	设计使用年限（年）	示　例
1	1～5	临时性结构
2	25	易于替换的结构构件
3	50	普通房屋和构筑物
4	100 及以上	纪念性建筑和特别重要的建筑结构

在设计表达式中，结构使用年限和结构构件的安全等级一起根据工程经验反映在结构重要性系数 γ_0 之中按下面方法进行调整：

对安全等级为一级或设计使用年限为 100 年及以上的结构构件，不应小于 1.1；

对安全等级为二级或设计使用年限为 50 年的结构构件，不应小于 1.0；

对安全等级为三级或设计使用年限为 1～5 年的结构构件，不应小于 0.9。

由于混合结构房屋中没有易于替换的砌体结构构件，框架填充墙可以理解为易于替换的结构构件但设计时该类构件一般不进行承载力计算，所以《砌体结构设计规范》（GB 50003—2001）未规定设计使用年限为 25 年的结构构件结构重要性系数的取值。

3. 结构寿命是指结构从开始使用到结构达到破坏极限状态为止的这一段时间。

由于结构本身质量、材料性能、作用荷载以及使用环境的随机性，结构的寿命实际上是一个随机变量。

结构设计基准期与结构寿命的区别和联系在于：结构寿命是结构性能的时间坐标，它反映的是结构的整个"生命过程"，而设计基准期是荷载或荷载效应统计参数的时间坐标，它保证结构在该时间内可在不低于某一可靠概率的条件下工作，并从总体上不应大于结构寿命。结构的设计基准期可视作结构寿命的一种特殊时段。

设计使用年限是房屋建筑在正常设计、正常施工、正常使用和一般维护下所应达到的使用年限。当房屋建筑达到设计使用年限后，经过鉴定和维修，仍可继续使用。因此，设计使用年限不同于建筑寿命。同一幢房屋建筑中，不同部分的设计使用年限可以不同，例如，外保温墙体、给排水管道、室内外装修、电气管线、结构和地基基础，可以有不同的设计使用年限。

【禁忌 2.6】 结构设计总说明中对结构安全等级等交代不清楚，或表述方式不正确

【后果】 建筑工程结构专业施工图设计中，结构设计总说明是很重要的内容，是设计总体的概括与施工应遵循的主要原则，总说明中关于工程概况的介绍是设计图纸应交代的问题之一。在施工图结构设计总说明中有许多对结构设计使用年限、施工质量控制等级、结构安全等级、抗震设防分类和结构抗震等级等忽略或交代不清，造成图纸不完整。

【正解】 结构设计总说明中应准确而合理地确定结构设计使用年限、施工质量控制等级、结构安全等级、抗震设防分类和结构抗震等级。结构设计使用年限已经在本章【禁忌 2.5】中做了说明，施工质量控制等级在【禁忌 1.12】中做了说明。下面主要论述结构安全等级、抗震设防分类和结构抗震等级的基本概念和关系。

1. 抗震设防分类

按照遭受地震破坏后可能造成的人员伤亡、经济损失和社会影响的程度及建筑功能在抗震救灾中的作用，我国国家标准《建筑工程抗震设防分类标准》（GB 50223—2004）将建筑划分为甲、乙、丙、丁四个抗震设防类别（与砌体结构相关的房屋结构抗震设防分类见表 2-3）。将不同的建筑区别对待，采取不同的抗震设防标准，是根据我国现有技术和经济条件的实际情况，达到既减轻地震灾害又合理控制建设投资的重要对策之一。

与砌体结构相关的房屋结构抗震设防分类   表 2-3

抗震设防分类	建 筑 类 型
甲类	• 三级特等医院的住院部、医技楼、门诊部； • 承担研究、中试和存放剧毒的高危险传染病病毒任务的疾病预防与控制中心的建筑或其区段
乙类	• 大中城市的三级医院住院部、医技楼、门诊部，县及县级市的二级医院住院部、医技楼、门诊部，抗震设防烈度为 8、9 度的乡镇主要医院住院部、医技楼，县级以上急救中心的指挥、通信、运输系统的重要建筑，县级以上的独立采、供血机构的建筑； • 消防车库及其值班用房； • 大中城市和抗震设防烈度为 8、9 度的县级以上抗震防灾指挥中心的主要建筑； • 县、县级市及以上的疾病预防与控制中心的主要建筑； • 使用要求为特级、甲级且规模分级为特大型、大型的体育场和体育馆； • 大型的电影院、剧场、娱乐中心建筑； • 大型的人流密集的多层商场； • 大型博物馆，存放国家一级文物的博物馆，特级、甲级档案馆； • 大型展览馆、会展中心； • 人数较多的幼儿园、小学的低层教学楼（采用抗震性能较好的结构类型时，可仍按本地区抗震设防烈度的要求采取抗震措施）； • 高层建筑（结构单元内经常使用人数超过 10000 人时）
丙类	• 住宅、宿舍和公寓； • 除甲、乙、丁类以外的一般建筑
丁类	• 储存物品价值低、人员活动少、无次生灾害的单层仓库； • 临时建筑

甲类建筑属于《防震减灾法》中重大建筑工程和地震时可能发生严重次生灾害的建筑，地震破坏后会产生巨大社会影响或造成巨大经济损失。严重次生灾害指地震破坏后可能引发水灾、火灾、爆炸、剧毒或强腐蚀性物质大量泄露和其他严重次生灾害。设计时，其地震作用应高于本地区抗震设防烈度的要求，其值应按批准的地震安全性评价结果确定；当抗震设防烈度为 6～8 度时，抗震措施应符合本地区抗震设防烈度提高一度的要求，当为 9 度时，抗震措施应符合比 9 度抗震设防更高的要求。

乙类建筑属于地震时使用功能不能中断或需尽快恢复的建筑，地震破坏后会产生较大社会影响或造成相当大的经济损失，包括城市的重要生命线工程和人流密集的多层的大型公共建筑等。设计时，地震作用应符合本地区抗震设防烈度的要求，且一般情况下，当抗震设防烈度为 6～8 度时，抗震措施应符合本地区抗震设防烈度提高一度的要求，当为 9 度时，抗震措施应符合比 9 度抗震设防更高的要求。建筑规模较小的乙类建筑，例如大型工矿企业和大型居住区的变电所、空压站、水泵房，大、中城市供水水源的泵房，以及为地震中自救能力较弱人群服务的层数很少的幼儿园、教学楼等，设计时通常采用砌体结构，即使这些砌体结构按提高一度的规定采取抗震措施，其抗震能力不如改变结构材料和结构类型更为有效，且其规模较小，改变材料和结构类型的耗资不致很大。因此，这些建筑由砌体结构改为抗震性能较好的钢筋混凝土结构或钢结构时，则可仍按本地区设防烈度的规定采取抗震措施。

丙类建筑属于除甲、乙、丁类以外的一般建筑，这类建筑物是大量的。例如工厂、机关、学校、商店、住宅等建筑物。地震作用和抗震措施均应符合本地区抗震设防烈度的要求。

丁类建筑属于抗震次要建筑，其地震破坏不致影响甲、乙、丙类建筑，且社会影响和经济损失轻微。一般为储存物品价值低、人员活动少、无次生灾害的单层仓库等。一般情况下，地震作用仍应符合本地区抗震设防烈度的要求，抗震措施应允许比本地区抗震设防烈度的要求适当降低，但抗震设防烈度为 6 度时不应降低。

2. 结构抗震等级

地震作用下，结构的地震反应具有下列特点：

(1) 地震作用越大，房屋的抗震要求越高。

(2) 结构的抗震能力主要取决于主要抗侧力构件的性能，不同的结构类型中主、次要抗侧力构件的抗震要求可以有所区别。

(3) 房屋越高，地震反应越大，其抗震要求应越高。

因此，综合考虑地震作用（包括区分设防烈度、场地类别）、结构类型（包括区分主、次抗侧力构件）和房屋高度等主要因素，《建筑抗震设计规范》（GB 50011—2001）划分结构抗震等级来进行抗震设计，是比较经济合理的。这样，可以对同一设防烈度的不同高度和不同结构类型的房屋采用不同抗震等级设计；同一建筑物中不同结构部分也可以采用不同抗震等级设计。《砌体结构设计规范》（GB 50003—2001）规定了砌体结构抗震等级划分，见表 2-4。

抗震等级的划分   表 2-4

结 构 类 型		设 防 烈 度					
		6		7		8	
配筋砌块砌体剪力墙	高度(m)	≤24	>24	≤24	>24	≤24	>24
	抗震等级	四	三	三	二	二	一
框支墙梁	底层框架	三		二		一	
	剪力墙	三		二		一	

注：1. 对于四级抗震等级，一般按非抗震设计采用；

    2. 接近或等于高度分界时，可结合房屋不规则程度及场地、地基条件确定抗震等级。

在实际工程中有几点应引起注意：

(1)《建筑抗震设计规范》(GB 50011—2001) 仅规定了现浇混凝土结构，装配式混凝土结构、单层钢筋混凝土柱厂房、钢结构房屋未规定；

(2) 多层无筋及配筋砌体房屋也未规定抗震等级，主要是考虑到多层砌体结构房屋的层数、总高度、高宽比受到规范限制，多层砌体结构房屋的结构形式大体相同，所以在规范中未再将其分为不同的抗震等级来设计，给设计人员提供了方便；

(3) 底框砖房、内框架砖房的钢筋混凝土结构部分都有抗震等级要求，这一点设计人员最容易忽略；

(4) 抗震等级的确定与设防烈度有关，因此对抗震设防类别为甲、乙、丁类的建筑，应按照相应的抗震设防标准调整设防烈度，再用调整后的设防烈度进行设计；

(5) 在整栋建筑中，部分结构构件因重要程度的不同，安全等级比整个结构要高。比如，在桩基础设计中，按 JGJ 94—94 第 4.1.1 条的规定，单桩基础的安全等级应比相应建筑安全等级提高一级，如采用与整栋建筑相同的安全等级则偏于不安全。

3. 结构安全等级

《建筑结构可靠度设计统一标准》(GB 50068—2001) 将结构安全等级共划分为一级、二级、三级三个级别，其等级的划分主要依据破坏可能产生的后果（危及人的生命、造成经济损失、产生社会影响等）的严重性，如表 2-5。

建筑结构的安全等级　　　　　　　　　　表 2-5

安 全 等 级	破 坏 后 果	建筑物类型
一级	很严重	重要的房屋
二级	严重	一般的房屋
三级	不严重	次要的房屋

结构安全等级与抗震设防类别是两个不同的概念。主要的区别在于：

(1) 当建筑物不处在地震区时，也就不存在"抗震设防类别"的划分问题。而对任何地区的任何结构都是有安全等级划分的。对处于地震区的建筑，根据其功能特性依照《建筑工程抗震设防分类标准》(GB 50223—2004) 有关条文可能划分为甲类或乙类等，但其安全等级则另要依照《建筑结构可靠度设计统一标准》(GB 50068—2001) 或国家另有规范规定的条文确定，可能是一级，也可能是二级。例如县市级二级医院的医技楼、门诊楼在地震区被划为乙类建筑，但其安全等级依然是二级。

(2) 在同一抗震设防地区，不同抗震设防类别的房屋的设计设防烈度不同，结构受到的地震作用不同，因此结构的强度、刚度和构造要求不同。它是通过调整设防烈度大小来调整设计结构物上地震作用，因此它决定了抗震设计时结构的抗震承载力大小和结构的构造要求。

（3）结构安全等级主要考虑的是结构破坏后的后果的严重性和结构耐久性要求，它与结构设计使用年限一起决定结构重要性系数的取值，决定了结构物上荷载作用效应设计值的大小，因此它决定了结构设计时结构可靠度指标的大小，但构造要求不受影响。非抗震区结构设计和地震区非地震作用组合时要考虑结构安全等级。

【禁忌2.7】 砌体结构房屋设计不考虑正常使用极限状态

【后果】 不能满足结构可靠度要求

【正解】 结构的极限状态分为承载力极限状态和正常使用极限状态两类。在钢筋混凝土结构中通常采用承载力计算来保证结构构件满足承载力极限状态的要求，用裂缝宽度和挠度等验算来保证结构满足正常使用极限状态要求。但是在砌体结构中，由于其自身的特点，如砌体是一种脆性材料，主要用作受压构件，设计计算时，只对砌体构件的承载力进行计算，不验算构件的裂缝宽度和变形，这不意味着砌体结构不需要满足正常使用极限状态要求，砌体结构构件是通过以下几方面来满足其正常使用要求的：

1. 墙、柱的高厚比验算

墙、柱的高厚比 β 是指墙、柱的计算高度 H_0 与墙厚或柱边长 h 的比值，它应该满足允许高厚比 $[\beta]$ 的要求。由于砌体墙、柱主要承受压力作用，所以除了满足强度要求外，还应保证其稳定性，包括墙柱在施工和偶然荷载作用下的稳定性和在使用荷载作用下的变形不致过大等，因此墙柱高厚比验算是保证结构稳定性的措施之一，在我国规范尚未提出明确的方法来计算墙柱变形的情况下，可以认为它是保证墙柱满足正常使用极限状态的部分手段。

墙、柱的高厚比应按下式验算：

$$\beta = \frac{H_0}{h} \leqslant \mu_1 \mu_2 [\beta] \tag{2-1}$$

式中　μ_1——自承重墙允许高厚比的修正系数，当 $h=240\text{mm}$ 时取 $\mu_1=1.2$；当 $h=90\text{mm}$ 时，取 $\mu_1=1.5$；当 $240\text{mm}>h>90\text{mm}$ 时，μ_1 可按插入法取值；

　　　　μ_2——有门窗洞口墙允许高厚比的修正系数，$\mu_2=1-0.4\dfrac{b_s}{s}$，$b_s$ 为在宽度 s 范围内的门窗洞口总宽度，s 为相邻窗间墙或壁柱之间的距离。当按公式算得 μ_2 的值小于 0.7 时，应采用 0.7。当洞口高度等于或小于墙高的 1/5 时，可取 μ_2 等于 1.0；

[β]——墙、柱的允许高厚比，应按表 2-6 采用。

墙、柱的允许高厚比 [β] 值   表 2-6

砂浆强度等级	墙	柱
M2.5	22	15
M5.0	24	16
≥M7.5	26	17

注：1. 毛石墙、柱允许高厚比应按表中数值降低 20%；

    2. 组合砖砌体构件的允许高厚比，可按表中数值提高 20%，但不得大于 28；

    3. 验算施工阶段砂浆尚未硬化的新砌砌体高厚比时，允许高厚比对墙取 14，对柱取 11。

在进行墙柱高厚比验算时应注意：

（1）验算带壁柱墙（整片墙）的高厚比时，h 应改用带壁柱墙截面的折算厚度 h_T，在确定截面回转半径时，墙截面的翼缘宽度按《砌体结构设计规范》第 4.2.8 条计算；当确定带壁柱墙的计算高度 H_0 时，s 应取相邻横墙间的距离。

（2）近年来由于抗震设计的要求，相当多的砌体结构房屋设有钢筋混凝土构造柱，并靠拉结筋、马牙槎等措施与墙体形成整体，使其墙体的刚度增加，承载力提高，其允许高厚比也会提高。按照弹性理论分析，考虑构造柱的材料特点、间距和断面大小后，其允许高厚比提高系数为：

$$\mu_c = 1 + \gamma \frac{b_c}{l} \tag{2-2}$$

式中　γ——系数。对细料石、半细料石砌体，$\gamma=0$；对混凝土砌块、粗料石、毛料石及毛石砌体，$\gamma=1.0$；其他砌体，$\gamma=1.5$；

　　　b_c——构造柱沿墙长方向的宽度；

　　　l——构造柱的间距。

当 $b_c/l > 0.25$ 时取 $b_c/l=0.25$，当 $b_c/l < 0.05$ 时取 $b_c/l=0$。

注：考虑构造柱有利作用的高厚比验算不适用于施工阶段。

（3）验算壁柱间墙或构造柱间墙的高厚比时，s 应取相邻壁柱间或相邻构造柱间的距离。设有钢筋混凝土圈梁的带壁柱墙或带构造柱墙，当 $b/s \geq 1/30$ 时，圈梁可视作壁柱间墙或构造柱间墙的不动铰支点（b 为圈梁宽度）。如不允许增加圈梁宽度，可按墙体平面外等刚度原则增加圈梁高度，以满足壁柱间墙或构造柱间墙不动铰支点的要求。

（4）当高厚比验算不满足要求时，优先采取的措施主要有：

① 加强楼（屋）盖刚度，如该装配式楼盖为现浇楼盖，改变房屋的静力计算方案；

② 调整或改变构件的支承条件，按规定在墙中设构造柱或圈梁；

③ 提高砂浆强度等级；

④ 调整或改变构件的类别，如将无筋砌体改为组合砌体或配筋砌体构件。

2. 无筋砌体受压构件最大偏心距要求

我国设计规范规定砌体受压构件的轴向力偏心距 e 不超过 $0.6y$（y 为截面重心到轴向力所在偏心方向截面边缘的距离）。这个限值的目的除了保证构件的受压承载力不至于太低外，更主要的是保证截面受拉边不出现过大的水平裂缝。

e 超出 $0.6y$ 的情况一般有可能发生在弹性工作方案的单层房屋中，如出现这种情况，建议采用变形性能较好的纵向配筋砌体或者钢筋混凝土结构。

3. 最低材料强度等级

见【禁忌 1.3】。

4. 墙、柱最小截面尺寸

墙、柱的截面尺寸太小，尤其是有振动荷载时，其稳定性很差。根据工程时间经验，为了提高结构稳定性和变形能力，承重的独立砖柱截面尺寸不应小于 $240\text{mm} \times 370\text{mm}$，毛石墙的厚度不宜小于 350mm，毛料石柱较小边长不宜小于 400mm，当有振动荷载时，墙、柱不宜采用毛石砌体。

5. 横墙的最大水平位移（横墙刚度）要求

横墙是刚性和刚弹性方案房屋传递水平荷载的主要构件，为了保证房屋的变形不至于太大，要求横墙具有一定的刚度。详见【禁忌 2.16】

6. 变形验算

对配筋砌块砌体剪力墙结构房屋，根据结构分析得到的位移进行变形验算。

【禁忌 2.8】 砌体结构构件的计算只按一种荷载组合计算

【后果】 以永久荷载为主的结构构件安全度不够。

【正解】 旧《砌体结构设计规范》（GBJ 3—88）中永久荷载分项系数 γ_G 和可变荷载分项系数 γ_Q 分别取 1.2 和 1.4，是个定值，即静力计算时只有一种组合。考虑到可靠度提高的要求，GB 50003—2001 对 GBJ 3—88 进行了修订，采用两种荷载组合的模式，但部分设计人员往往仍按照原来的习惯进行设计计算。

《建筑结构可靠度设计统一标准》（GB 50068—2001）规定结构构件的承载力极限状态设计表达式为：

$$\gamma_0 \left(\gamma_G S_{Gk} + \gamma_{Q1} S_{Q1k} + \sum_{i=2}^{n} \gamma_{Qi} \psi_{ci} S_{Qik} \right) \leqslant R \tag{2-3}$$

式中　γ_0——结构重要性系数；

　S_{Gk}——永久荷载标准值的效应；

　S_{Q1k}——在基本组合中起控制作用的一个可变荷载标准值的效应；

　S_{Qik}——第 i 个可变荷载标准值的效应，取 0.7；

　R——结构构件的抗力；

　γ_{Qi}——第 i 个可变荷载的分项系数；

ψ_{ci}——第 i 个可变荷载的组合值系数。

鉴于以永久荷载为主的砌体结构可靠度水平偏低，经过多次研究和试算，对以永久荷载为主的砌体结构的永久荷载和可变荷载的分项系数进行了调整，并增加了一组组合。砌体结构设计荷载效应的两个组合为：

$$\gamma_0\left(1.2S_{Gk} + 1.4S_{Q1k} + \sum_{i=2}^{n} \gamma_{Qi}\psi_{ci}S_{Qik}\right) \qquad (2\text{-}4)$$

$$\gamma_0\left(1.35S_{Gk} + 1.4\sum_{i=1}^{n} \psi_{ci}S_{Qik}\right) \qquad (2\text{-}5)$$

实际工程中，大多数多层砌体结构房屋可以不考虑风荷载作用，因此对量大面广的住宅、办公楼等砌体房屋，只有一个可变荷载（楼面活荷载），则可以简化为下面组合计算：

$$\gamma_0(1.2S_{Gk} + 1.4S_{Qk}) \qquad (2\text{-}6)$$

$$\gamma_0(1.35S_{Gk} + 1.0S_{Qk}) \qquad (2\text{-}7)$$

对于第二个组合的第二项系数为 $1.4 \times 0.7 = 0.98 \approx 1.0$。

经分析表明，采用两种荷载效应组合模式后，提高了以自重为主的砌体结构可靠度，两个设计表达式的界限荷载效应比 ρ（可变荷载产生的荷载效应与永久荷载产生的荷载效应的比值）为 0.367，且

当 $\rho \leqslant 0.367$ 时，由 $\gamma_G = 1.35$，$\gamma_Q = 1.0$ 组合控制；

当 $\rho > 0.367$ 时，由 $\gamma_G = 1.2$，$\gamma_Q = 1.4$ 组合控制。

由此可以看出，在进行无筋及配筋砌体结构构件（包括墙梁的钢筋混凝土托梁、框支墙梁的钢筋混凝土框架等）设计计算时，必须考虑两种荷载组合，否则就会有可能不满足可靠度的要求。

【禁忌2.9】 设计墙、柱及基础时，所有楼层按相同的可变荷载折减系数计算

【后果】 对多层砌体结构房屋，如 6 层房屋，可变荷载折减系数全部取 0.65 计算，将使得二层以上墙、柱偏于不安全。

【正解】 设计砌体墙、柱及基础时，考虑到所有楼面活荷载，同时满载的可能性不大，因此对活荷载的数值进行折减。民用建筑的楼面活荷载可按《建筑结构荷载规范》（GB 50009—2001）（2006 年版）第 4.1.2 条的规定，区分不同的房屋性质和不同部位的构件，采用相应的折减系数，如表 2-7。

活荷载按楼层的折减系数 表 2-7

墙、柱、基础计算截面以上的层数	1	2~3	4~5	6~8	9~20	>20
计算截面以上各楼层活荷载总和的折减系数	1.00 (0.90)	0.85	0.70	0.65	0.60	0.55

但应该注意以下问题：

1. 不同楼层的砌体墙、柱按表 2-7 采用不同的可变荷载折减系数。

2.《建筑结构荷载规范》（GB 50009—2001）（2006 年版）规定，只有设计住宅、宿舍、旅馆、办公楼、医院病房、托儿所和幼儿园的墙、柱和基础时，可按上表对计算截面以上各层的活荷载总和进行折减。其他用途的建筑物（如教室、试验室、会议室、食堂、车间、书库等）不适用，不能进行可变荷载折减。然而，仍有不少设计人员没注意建筑物的用途，盲目采用楼层折减方法对楼面活荷载进行折减。

3. 当屋顶存在小楼梯间时，计算程序通常会把墙、柱计算截面以上的层数加上 1，这直接导致大屋面下柱的活荷载折减系数由 1.0 变为 0.85，有时基础的活荷载折减系数还会降低一档。这样会导致墙、柱、基础的计算结果偏小，这是危险的。

4. 对多层住宅、宿舍等房屋的柱、墙及基础采用全部均布活荷载进行设计计算，使结构构件的截面加大、基础加大，造成浪费。

【禁忌 2.10】 当永久荷载对结构有利时，荷载分项系数仍取 1.2 或 1.35

【后果】 当永久荷载对结构承载力起提高作用时，若仍然按照永久荷载标准值乘以荷载分项系数 1.2 或 1.35 的荷载设计值来计算，将会高估结构的承载力，不安全。

【正解】 按照《建筑结构荷载规范》（GB 50009—2001）（2006 年版）规范，当永久荷载效应对结构不利时，永久荷载分项系数 γ_G 取 1.2 或 1.35；对结构有利时，取 1.0；验算倾覆和滑移时，对抗倾覆有利的砌体结构《砌体结构设计规范》取 0.8（比《建筑结构荷载规范》取的 0.9 小，偏安全）。在砌体结构中有以下几种情况需要考虑对荷载分项系数进行折减：

1. 砌体受剪构件承载力

无筋砌体受剪承载力随着竖向压力的增大而增大，《砌体结构设计规范》（GB 50003—2001）中公式（5.5.1）和表 5.5.1 也反应了这个规律，竖向压力对结构有利。按照荷载规范，这里的永久荷载分项系数 γ_G 应该取 1.0，但是砌体结构设计规范仍用永久荷载设计值产生的水平截面平均压应力来确定砌体的抗剪承载力，这主要是为了保证计算简单。该做法通过可靠度校准，在不考虑可变荷载作用的前提下，用永久荷载设计值来计算砌体抗剪强度能够满足可靠度要求。

对配筋砌块砌体剪力墙结构的斜截面抗剪承载力，竖向压力 N 对其抗剪承载力也有提高作用。规范中竖向力 N 取剪力墙轴向压力设计值。需要注意是，在某些情况下偏于不安全,建议:计算该设计值时,如果竖向力 N 为压力,须用永久荷载标准值进行计算;如果竖向力为拉力时,须用永久荷载设计值计算。

2. 砌体抗震承载力

与《砌体结构设计规范》(GB 50003—2001)考虑竖向压力对抗剪强度提高的方法不同,《建筑抗震设计规范》(GB 50011—2001)中竖向压应力值取重力荷载代表值在构件截面产生的平均压应力。对一般的民用建筑,荷载代表值为永久荷载标准值与可变荷载标准值的一半的总和,相当于取重力荷载分项系数 γ_G 为 1.0。对高层配筋砌块砌体剪力墙结构,竖向力 N 有可能为拉力,竖向拉力对结构抗震不利,须用重力荷载代表值乘重力荷载分项系数 $\gamma_G = 1.2$ 进行计算。

3. 挑梁抗倾覆验算

挑梁的抗倾覆力矩设计值,按下式计算:

$$M_r = 0.8G_r(l_2 - x_0) \tag{2-8}$$

式中　G_r——挑梁的抗倾覆荷载,为挑梁尾端上部 45° 扩展角的阴影范围(其水平长度为 l_3)内本层的砌体与楼面恒荷载标准值之和;

　　　　l_2——G_r 作用点至墙外边缘的距离。

上式中的系数 0.8 实际上是对永久荷载的荷载分项系数 γ_G。

如图 2-1 所示,A 点为倾覆点,挑梁倾覆时绕 A 点转动,公式(2-8)将全部挑梁上墙重 G_r 作为抗倾覆荷载来看待,对应的 γ_G 取值为 0.8,计算方法简单。但是如果以 A—A 为界把荷载 G_r 分为 G_{r1} 和 G_{r2},G_{r1} 在 A 点的左侧成为倾覆荷载,对应的 γ_G 应取 1.20。这时,挑梁的抗倾覆力矩设计值,按下式计算:

$$M_r = 0.8G_{r2}l_2 - 1.2G_{r1}\frac{x_0}{2} \tag{2-9}$$

式中　l_2——G_{r2} 至 A 点的距离。

该方法从概念上说比较清晰,但计算结果和规范方法相差不大,且计算方法较麻烦。

4. 挡土墙抗倾覆、抗滑移验算

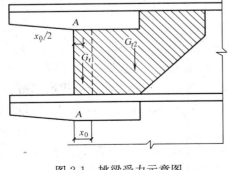

图 2-1　挑梁受力示意图

毛石重力式挡土墙的自重对挡土墙的稳定性(倾覆、滑移)是有利的,所以在设计验算时,取永久荷载(自重)分项系数 $\gamma_G = 0.8$。

5. 水池池壁抗弯强度

浅水池的池壁受力主要是池壁承受水压力产生的弯曲作用,而池壁的自重对其抗弯承载力是有利的,因此,设计计算时,永久荷载(自重)荷载

49

分项系数取 $\gamma_G = 1.0$。

【禁忌2.11】 选择不合理的结构方案

【后果】 不经济、不适用，甚至不安全。

【正解】 砌体结构由于其经济、保温隔热性能好、施工方便、取材容易等优点，广泛应用于我国的多层住宅、办公楼、学校等建筑的承重墙结构中。

设计方案包括建筑方案和结构方案或结构选型。有的设计单位只注重建筑方案做出多方案比较，反复推敲，而结构设计方案则较少，甚至仅一个方案，研究也不细致。施工图完成后，暴露出较多问题，甚至是结构方案本身不合理，而反过来修改方案已不可能。

结构选型往往直接影响建筑体型及空间、立面及平面布置等方面，是确立整体布局和建筑选型的核心环节，它需要结构工程师与建筑师相互理解，密切配合，以便共同创造建筑功能与内在结构和谐统一的作品。结构的选型，不仅要确定整体和各个部分的结构形式，还要围绕建筑功能要求这个中心，合理布置，妥善处理结构局部。砌体结构房屋的刚度不够、房屋超高以及减少房屋结构缝等做法是结构设计中频繁出现而又棘手的问题，有一定难度，而工程实践中越来越多见。

砌体结构选型既不能脱离静力设计，又要考虑结构的抗震，应将"静"、"动"两者紧密结合起来。结构选型的主要内容是楼屋盖类别和横墙间距，砌体结构静力计算的三种方案（刚性方案、弹性方案及刚弹性方案）主要依据这两项内容来区分的。除此之外，还应注意以下几点：①计算简图的选取要正确，符合实际情况；②荷载传递路线要简单、直接、明确；③采取概念设计及构造措施，加强结构整体性，增强结构延性，从而改善结构抗震能力。

另外在地震区进行混合结构的结构布置时，不但要考虑平面形状的均衡性，还要考虑到承重横墙的均衡量。若平面形状和承重横墙布置不均衡，在水平地震力作用下，会使房屋产生扭转，地震力分配亦不均匀，因此应在适当地方设置抗震缝，以保证水平荷载的传递。

砌体结构常见的结构体系主要有：

（1）横墙承重体系（如图2-2）。一般房屋多为矩形平面，其横向刚度远小于纵向刚度，因此有足够数量的横墙，是提高结构抗震性能的主要途径。由震害可知，墙体多为剪切破坏，因此，为了提高横墙的抗震能力，必须提高其抗剪强度。主要措施是提高材料的强度等级，增加横墙上的轴压力。为此，应尽量使横墙成为承重和隔断合二为一的墙体。

（2）纵横墙共同承重体系（如图2-3）。当有较大的房间时，设有沿进深方向的梁支承于纵墙上，使纵墙承重。楼板沿纵向搁置，故形成横墙承重，横墙间

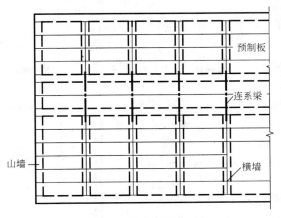

图 2-2 横墙承重体系

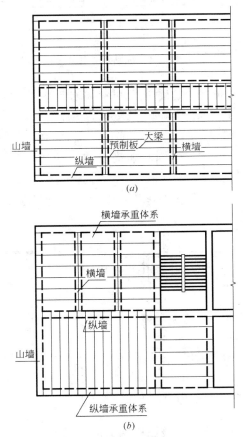

(a)

(b)

图 2-3 纵、横墙承重体系

距不大，一般可满足抗震要求，同时纵墙也因压应力的存在而提高了抗剪能力。另一方案是纵墙承重与横墙承重沿竖向交替布置，该种方案实际应用不多。

（3）纵墙承重体系（如图 2-4）。该种布置方案，横墙间距大、数量小，且轴压力较小，故对抗震不利，纵墙多易引起弯曲破坏，故应慎重选用。

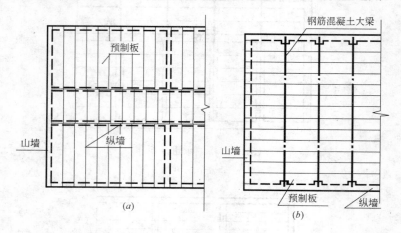

图 2-4　纵墙承重体系

（4）混合承重结构布置。这种布置可有多种布置方式，如内框架砌体结构（如图 2-5）、底层框架砌体结构（如图 2-6）及局部框架砌体结构等。这种结构体系由两种结构材料弹性模量和动力性能相差很大的两种结构体系组成，因而不是一种良好的抗震结构形式。但因其能满足建筑使用要求，提供较大的使用空间，且结构经济、方便施工，应用较多，有较强的生命力，实践中也有为数不少的设计合理、措施得当的工程实例，主要应用于非抗震地区和层数不高且地震烈度不大的地区。

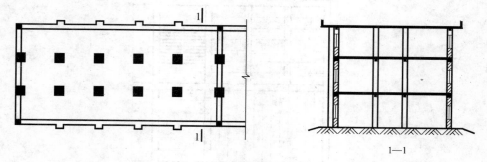

图 2-5　内框架承重体系

综上，应优先采用横墙承重或纵横墙共同承重的结构体系。

以上几种结构承重体系的优缺点和适用范围列于表 2-8，供设计人员设计时参考。

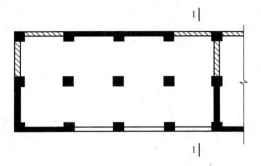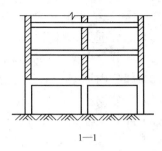

图 2-6　底层框架剪力墙承重体系

砌体结构承重体系的优缺点和适用范围　　　　　　表 2-8

结构体系	特　　　点	适　用　范　围
横墙承重结构体系	• 由于纵墙是非承重墙,对纵墙上设置门、窗洞口的限制较少,外纵墙的立面处理比较灵活; • 横墙间距较小,又有纵墙拉结,形成较好的空间受力体系,刚度大、整体性好,对抗风、抗震及调整地基不均匀沉降有利; • 由于在横墙上放置预制楼板,结构简单、施工方便,楼盖的材料用量较少,但墙体的用料较多	• 宿舍、住宅、旅馆等居住建筑和由小房间组成的办公楼等
纵墙承重结构体系	• 房屋的空间较大,布置灵活; • 由于纵墙承受的荷载较大,在纵墙上设置的门、窗洞口的大小及位置都受到一定的限制; • 纵横墙间距大,数量少,房屋的空间刚度不如横墙承重结构体系; • 与横墙承重体系相比,楼盖材料用量相对较多,墙体的材料用量较少; • 抗震性能较差	• 使用上要求有较大空间的房屋(如教学楼),但不常用; • 单层空旷混合结构房屋(如食堂、俱乐部、中小型工业厂房等)
纵横混合承重结构	• 结构布置灵活; • 空间刚度介于纵墙承重结构和横墙承重结构之间	• 教学楼、办公楼及医院等
内框架砌体承重结构体系(单排柱、多排柱、底层内框架)	• 开间大可以取得较大的空间,较钢筋混凝土全框架结构经济; • 横墙少,房屋的空间刚度及整体性较差; • 钢筋混凝土柱与砖墙的压缩性能不同,柱基础和墙基础的沉降量也不易一致,使构件产生大的附加内力; • 由砖砌体和钢筋混凝土两种不同材料的竖直承重构件组成,两者动力特性相差较大,振动时很不协调,地震震害比多层砖房和钢筋混凝土全框架房屋严重	• 单排柱到顶的内框架结构适合2~3层建筑(地震区禁用); • 底层内框架结构适合2层建筑(地震区禁用); • 多排柱内框架结构适合轻工厂房和商业用房
底层框架—抗震墙结构承重体系	• 底层满足大开间要求; • 上刚下柔,底层与二层刚度突变,易产生应力集中,抗震不利	• 底层或底部二层用作商业用途的住宅、办公楼

实际工程中，常见的选错结构设计方案的若干情况如下：

1. 在同一结构单元内由不同的结构形式组成：

（1）部分框架、部分砖混。

（2）部分全框架，部分内框架。

（3）部分内框架，部分砖混。

（4）部分框剪，部分内框架。

（5）部分全框架，部分内框架，部分砖混。

（6）底层部分全框架、部分砖混，上部砖混。

（7）底层部分内框架、部分砖混，上部砖混。

（8）底层部分全框架、部分内框架，上部砖混。

（9）底层部分全框架、部分内框架、部分砖混，上部砖混。

（10）部分全框架、部分底框上部砖混。

（11）部分全砖混、部分底框上部砖混。

2. 采用规范中没有的或不准使用的结构形式：

（1）采用底层内框架、上部砖混结构。

（2）采用多层砖柱内框架。

（3）采用底部三层或三层以上框架，上部砖混。

（4）采用底层开口多层内框架。

（5）采用单排柱内框架结构。

（6）采用砌体墙和现浇钢筋混凝土墙混合承重结构。

【禁忌2.12】 超出设计规范中规定的适用范围

【后果】 不符合规范要求。

【正解】 对多层和单层砌体结构房屋，实际工程中常发生以下超出规范适用范围的情况，在设计时值得注意。

1. 多层房屋

（1）房高超。包括房屋总高度超、总层数超或二者均超，及应按规范规定降低房高和层数但实际设计时未降低而超高等四种情况。当前常见的主要是多层砖房住宅或底商住宅超高，如7度区建8层砖混住宅或7层底框多层砖房等。

（2）层高超。某两层砖混结构厂房位于7度区层高6m显然有问题。抗震规范规定多层砖房层高不宜超过3.6m。

（3）高宽比超。如某新建私立中学位于7度区，要求建6层单面廊教学楼，并采用砖混结构。

（4）横墙间距超。主要有二种情况：

① 为满足使用功能要求，在地震区为降低工程造价而使用砖混结构。如某

两层厂房 8m 跨 36m 长，要求室内不要柱子及横墙，并采用砖混结构。

② 内横墙上下层不对正。表面上看各层横墙间距均不超，实质上横墙间距大大超过规范规定。

（5）多层大跨度采用砖混结构。

2. 单层房屋（包括车间、仓库、食堂、影剧院、俱乐部、大礼堂等）

（1）抗震设防区单层工业建筑超过下列范围采用砖柱（墙垛）承重：

① 单跨无吊车；

② 等高多跨无吊车；

③ 6～8 度区，跨度≤15m，柱顶标高≤6.6m；

④ 9 度区，跨度≤12m，柱顶标高≤4.5m。

（2）单层空旷房屋的大厅：

① 7 度区有挑台，或跨度大于 21m 或柱顶标高大于 10m 采用砖混结构；

② 8 度区有挑台，或跨度大于 18m，或柱顶标高大于 8m 采用砖混结构；

③ 9 度区单层空旷房大厅采用砖混结构。

某 7 度区单层空旷房选错结构方案的实例有：某两层大礼堂 27m 跨、2100 座，采用砖混结构；某体育馆 24m 跨，采用砖混结构；某大型商场四周为 3 层砖房，中部为 35m×35m 大厅，大厅屋盖支承在砖房上。对非抗震设防区的上述建筑也应采用钢筋混凝土结构。

【禁忌 2.13】　在抗震设防区，一部分采用砌体承重，而另一部分采用全框架或底层承重

【后果】 地震作用下产生较大扭矩，不利于抗震。

【正解】 在抗震设防区设计部分为大开间、部分为小开间的房屋时，大开间部分采用钢筋混凝土框架结构或底部一层（二层）框架结构，为了节省造价，小

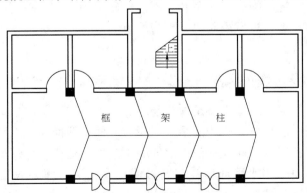

图 2-7　部分框架、部分砖混房屋

开间部分采用砌体结构，且在两部分之间不设防震缝。这类房屋常见的主要有部分为商店，部分为办公的房屋等（如图2-7）。

一个结构单元内采用两种不同的结构受力体系，结构体系不明，似砖混结构又非砖混结构，似框架结构而又非框架结构，传力途径不清楚。部分框架、部分砖混的结构体系由两种完全不同的结构体系组成，两种体系结构的整体刚度相差很大，房屋的刚度中心和质量重心相差很大，在地震作用下，将会产生扭转作用，不利于抗震。

对底框砖房中部分为底框或两层底框、部分为砖墙落地承重的建筑，平面刚度和竖向刚度二者都产生突变。平面上的刚度突变使得房屋的刚度中心和质量重心相差很大，在地震作用下，将会产生扭转作用；竖向的刚度突变，使得房屋在刚度较低的一层产生过大的变形。

【禁忌2.14】 采用底层内框架结构

【后果】 地震中易发生连续倒塌。

【正解】 底层内框架结构房屋：底层为单排或多排钢筋混凝土柱，底层的外墙采用加垛的砖墙承重。

底层内框架多层砖房上刚下柔、外刚内柔（指底层）；地震时有两类振动不一致（一是上部各层与底层不一致，二是底层钢筋混凝土内柱与外墙不一致）；底层既柔又脆，变形大，延性差，其抗震性能比单排柱到顶内框架房屋还差，是各类多层砖房中震害最重者。如唐山开滦第三招待所，是七层砖混结构（局部为八层），底层空旷为双排柱内框架，上部为砖墙承重，地震时倒塌严重。因此，在抗震设防区不宜采用底层内框架结构方案。

有的底框和内框砌体住宅采用大空间灵活隔断设计，其中几乎很少有纵墙。不少地方都采用钢筋混凝土内柱来承重以代替砖墙承重，实际上将砖混结构演变为内框架结构，这比底框砖房还不利，因内框砖房的层数、总高度控制比底框砖房更严，因此存在着严重抗震隐患。更为严重的是这种情况并未引起目前大多数结构工程师的重视。

【禁忌2.15】 抗震设防区多层开口房采用砖混结构

【后果】 房屋纵向刚度不满足规范要求。

【正解】 开口房是指多层砖混结构房屋有一面或两面无外纵墙及一面或两面无山墙；或上部各层有一面或一面以上外墙不落地。造成这种情况的原因主要是为满足立面造型而采用水平通窗、玻璃幕墙，或底层车库、底层商店等建筑方案，且要求使用砖混结构。有的一面开口、两面开口，有的三面开口、四面开口。如某底层车库多层砖混住宅，图2-8为底层车库的典型平面布置图，图2-9

为标准层平面布置图，形成两面开口房。又如某大学设计的 7 层砖混住宅设有一层地下室为自行车库，地下室平面比上部各层平面大，造成外墙不落地。更典型的例子是某娱乐城采用四坡顶，砖混结构，房四周大悬挑（屋顶挑出 2.75m，楼层挑出 4.5m，层高 5m），有三面立面开通窗无外墙，结构方案显然有严重问题。又如某县纺织厂新建 5 层办公楼从二层开始南北外纵墙均支承在悬挑梁上不落地，这样的例子大量存在。抗震设防区采用砖混结构开口房有如下问题：

（1）开口房因缺外纵墙或山墙，无法满足规范规定的抗震墙最大间距的要求。

（2）规范规定"各方向的水平地震作用应全部由该方向抗侧力构件承担"。开口房因缺外墙，抗震墙减少较多，很可能因墙体抗震强度不够无法满足规范要求。

（3）当因缺少外墙造成建筑平面墙体布置不均匀、不对称，地震时会产生扭转，加重震害。

（4）开口房外墙不落地，不符合《建筑抗震设计规范》规定的"纵横墙的布置宜均匀对称，沿平面内宜对齐，沿竖向应上下连续"的要求。

（5）开口房整体刚度差，对抗震及防止地基不均匀沉降均不利。如唐山地区商业服务楼Ⅲ区，建筑体型上凸下凹，共 4 层，二层以上外墙由悬挑梁支承，门洞口位置削弱了内纵墙与内横墙的联结，结构整体性极差，震时一塌到底。单墙伸缩缝实质上是缺山墙的开口房，唐山地震表明凡用此种缝的结构震害均非常严重。

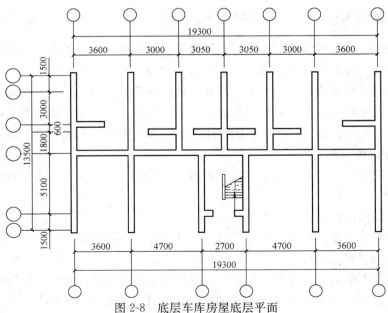

图 2-8　底层车库房屋底层平面

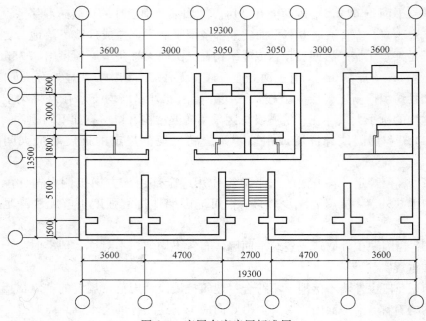

图 2-9　底层车库房屋标准层

实际工程中这类房屋很多,正确的做法应该设计成底层框架结构。有的为了节约造价,底层剪力墙采用砌体或配筋砌体剪力墙,但必须符合抗震规范的构造和计算要求。

【禁忌 2.16】 房屋横墙刚度不够

【后果】 房屋横墙刚度不够时,其抵抗水平荷载的能力很小,在决定砌体结构房屋的静力计算方案时,不能当作横墙来对待。

【正解】 房屋墙、柱的静力计算方案是根据房屋空间刚度的大小确定的,而房屋的空间刚度则由两个主要因素确定:一是房屋中屋(楼)盖的类别,二是房屋中横墙间距及其刚度的大小。因而作为刚性和刚弹性方案房屋的横墙,应同时满足下列要求:

(1) 横墙中开有洞口时,洞口的水平截面面积不应超过横墙截面面积的 50%;

(2) 横墙的厚度不宜小于 180mm;

(3) 单层房屋的横墙长度不宜小于其高度,多层房屋的横墙长度不宜小于 $H/2$(H 为横墙总高度)。

当横墙不能同时符合上述要求时,应对横墙的刚度进行验算。如其最大水平位移值 $u_{max} \leqslant H/400$ 时,仍可视作刚性或刚弹性方案房屋的横墙。换言之,满足上述三项要求的横墙，则能够满足最大水平位移值 $H/400$ 的要求。

在实际工程中，有的房屋横墙不能同时满足上述三项要求，如单边外廊式多层民用房屋，其进深较小，横墙长度往往小于 $H/2$，则对横墙的刚度需进行验算。

确定横墙的水平位移时，可将其视作竖向悬臂梁，将其弯曲变形和剪切变形叠加即得。横墙计算简图如图 2-10 所示，在水平集中力 F 的作用下，墙顶最大水平位移按下式计算：

$$u_{max} = u_b + u_v = \frac{FH^3}{3EI} + \frac{FH}{\xi GA} \tag{2-10}$$

式中 F——作用于横墙顶端的水平集中力；

H——横墙高度；

E——砌体的弹性模量；

I——横墙惯性矩；

ξ——考虑墙体剪应力分布不均匀和墙体洞口影响的折减系数；

G——砌体的剪变模量，$G = 0.4E$；

A——横墙截面面积。

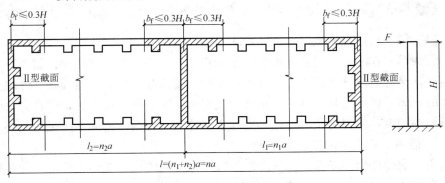

图 2-10 横墙的计算简图

横墙的惯性矩 I 按工形截面或槽型截面计算，其翼缘长度为 b_f，每边取 $0.3H$（图 2-10）。当横墙洞口的水平截面面积不大于横墙截面面积的 75% 时，A 和 I 可近似地以毛截面面积进行计算。此时的惯性矩较按毛截面计算的减小幅度一般在 20% 以内，它对弯曲变形的影响可予忽略。但截面面积取值的减小对剪切变形的影响则较大，可在 ξ 中进行计算。

将上述 ξ 和 G 值代入式（2-10）得

$$u_{max} = u_b + u_v = \frac{FH^3}{3EI} + \frac{5FH}{GA} \tag{2-11}$$

与剪应力分布不均匀系数一并考虑，取 $\xi = 0.5$。如横墙洞口较大，其 A 和 I

则应按实际截面。式中 F 的取值与房屋的静力计算方案有关，对于刚性方案房屋：

$$F=\frac{n}{2}F_1=\frac{n}{2}(W+R) \tag{2-12}$$

式中　n——与该横墙相邻的两横墙间的开间数；

　　　F_1——W 与 R 之和；

　　　W——每开间中作用于屋架下弦的水平集中风荷载；

　　　R——假定排架元侧移时每开间柱顶的反力。

对于刚弹性方案房屋，F 随其空间工作的程度而变化。当房屋的空间性能影响系数为 η 时，作用于柱顶的水平力为 ηF_1，横墙承担的水平力为 $(1-\eta)F_1$。

如图 2-10 所示有中间横墙时，F 可近似地按下式计算：

$$F=\frac{n}{2}F_1-\frac{1}{6}n\eta F_1 \tag{2-13}$$

图 2-10 若无中间横墙时，则对于每端横墙，F 可近似地按下式计算：

$$F=nF_1-\frac{1}{3}n\eta F_1 \tag{2-14}$$

【禁忌 2.17】　只重视横墙布置，而忽视纵墙，有时纵墙被掏空

【后果】　房屋纵向刚度不满足要求。

【正解】　在一些底层商业或底层车库砌体结构房屋中，底层通常需要开较大门洞，甚至有的设计全部掏空了纵墙；在教学楼等建筑中通常需要在外纵墙上开较大的窗洞，以满足采光要求。这些情况在设计时是很多见到的，它将大大削弱了纵墙的刚度，使得结构可能在静力计算和抗震设计两个方面不满足规范要求。

1. 静力计算中可能出现的问题

在工程设计中，习惯上将房屋短轴方向布置的墙称为横墙，长轴方向布置的墙称为纵墙。砌体房屋多数情况下横墙的刚度远小于纵墙的刚度。在确定砌体房屋静力计算方案时，只要横墙的刚度能满足刚性或刚弹性方案房屋的刚度要求，即可确定整幢房屋的静力计算为刚性和刚弹性方案。这样错误地认为《砌体结构设计规范》（GB 50003—2001）关于确定房屋静力计算方案规定中的"横墙"就是指建筑物短轴方向的墙，仅由建筑物短轴方向的墙的刚度确定整栋房屋的计算方案，在有些情况下会造成工程事故。

规范中的横墙应理解为抗水平位移的墙，而不论它是习惯上称的"横墙"或"纵墙"。有些情况下房屋长轴方向刚度远小于短轴方向的刚度，短轴墙完全满足刚性方案房屋横墙要求，这时确定整幢房屋静力计算方案主要取决于房屋纵向刚度，而不是横向的刚度，这时需要用纵墙来确定房屋计算方案。

某工程为五层砖混结构房屋（如图 2-11），底层为商店，2～5 层为住房，钢筋混凝土预制楼板支撑在横墙上，总高度16m，其底层横墙为无门洞口的实墙，间距很小（横墙最大间距 $s=3.5\text{m}<32\text{m}$），该房屋在短轴方向刚度较大，其刚度完全能满足刚性方案的要求，但不能以此就确定整幢房屋的静力计算方案是刚性方案。商店临街面墙是习惯上称的纵墙，为了使用需要，开了较大门洞，严重削弱了该墙的刚度。尽管纵墙满足最大间距 $s=4.8\text{m}<32\text{m}$ 的要求，但《砌体结构设计规范》（GB 50003—2001）规定作为刚性方案房屋墙体需满足：①洞口水平截面面积不超过墙截面面积的50%；②墙厚不宜小于180mm；③多层房屋的横墙长度不宜小于 $H/2$（H 为横墙总高度）。该纵墙②③条可以满足，①不能满足，需要对纵墙的刚度进行验算。

如其最大水平位移值 $u_{\max}<H/400$ 时，该墙能作为刚性方案房屋横墙，该幢房屋长短方向均可定为刚性方案，否则长轴方向不能定为刚性方案，按刚弹性方案房屋设计。如果该房屋只考虑了房屋短轴方向墙（即习惯上称的横墙）刚度，将可能得出完全错误的结果。

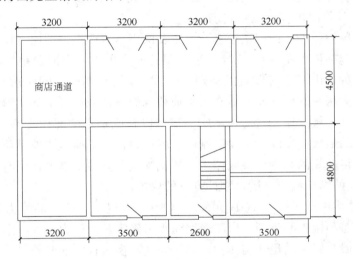

图 2-11　某多层砌体房屋底层平面

多层砌体房屋宜设计为刚性方案房屋，如上例中门洞太大，经计算纵墙不能满足刚性方案房屋横墙的要求，有的将该墙底层设计为钢筋混凝土框架，框架的最大水平位移值应满足 $u_{\max}<H/400$ 的要求，使得该幢房屋按刚性方案房屋设计。

2. 抗震设计中可能出现的问题

纵墙的大开洞，严重削弱了纵向墙体的刚度，这个情形与底框结构纵向刚度小的情况类似，但是它更为严重，因为砌体结构是一种以砖墙承重为主的结构体系，如果将承重的主要构件取消的话，整栋楼的安全就不能得到保证。因此，抗震规范规定了房屋局部尺寸限值（抗震规范表 7.1.6），并且对横墙较少的总高度和总层数接近限值时的砌体房屋的纵墙开洞做了规定：外纵墙上洞口宽度不超过 2.1m 或开间的一半。抗震设计时除了满足这些限制条件，还应该对房屋纵向进行抗震承载力的计算。

【禁忌 2.18】 抗震设防区刚性方案砌体结构房屋不验算横墙最大间距

【后果】 抗震设防区房屋要是不满足抗震规范中多层砌体房屋横墙最大间距要求的话，不能使地震荷载有效传递，造成结构不安全。

【正解】 抗震验算时的房屋最大横墙间距要求，是为了保证楼面水平地震力能有效地通过横墙传递到基础；而静力计算时的房屋最大间距要求是用来判断房屋是属于哪种静力计算方案，从而确定其计算简图，二者的概念不同。因此，抗震设防区砌体结构房屋尽管满足刚性方案房屋的条件，横墙间距较密，但在抗震验算时仍要验算其横墙最大间距是否满足抗震规范的要求。

1. 静力计算时的横墙间距要求

影响房屋空间性能的因素很多，但主要的因素有两个，即屋（楼）盖刚度和横墙间距（包括横墙刚度）。砌体规范根据这两个因素，将混合结构房屋静力计算方案分三种，由屋盖或楼盖的类别（1、2、3 类）和横墙间距按表 2-9 确定，其中刚性方案房屋的楼（屋）盖在水平荷载或地震荷载作用下的变形最小，几乎可以忽略不计，楼（屋）盖对墙体的支撑可以看成是不动的铰支座。由此可见，砌体规范中的最大横墙间距主要限制楼（屋）盖在水平荷载或地震荷载作用下的变形，保证将其间的水平荷载或作用全部或绝大部分传至横墙，同时保证与该楼（屋）盖相连的纵横墙或柱满足刚性方案的要求。

《砌体结构设计规范》（GB 50003—2001）中规定，房屋的静力计算方案是根据房屋屋盖和楼盖的类别、房屋横墙间距来确定，而作为刚性方案和刚弹性方案房屋的横墙，必须满足开洞面积、墙体厚度、横墙长度的三条要求。

房屋的静力计算方案　　　　　　　　　　　　　　　　　表 2-9

	屋盖或楼盖类别	刚性方案	刚弹性方案	弹性方案
1	整体式、装配整体和装配式无檩体系钢筋混凝土屋盖或钢筋混凝土楼盖	$s<32$	$32 \leqslant s \leqslant 72$	$s>72$
2	装配式有檩体系钢筋混凝土屋盖、轻钢屋盖和有密铺望板的木屋盖或木楼盖	$s<20$	$20 \leqslant s \leqslant 48$	$s>48$
3	瓦材屋面的木屋盖和轻钢屋盖	$s<16$	$16 \leqslant s \leqslant 36$	$s>36$

注：1. 表中 s 为房屋横墙间距，其长度单位为 m；
　　2. 当屋盖、楼盖类别不同或横墙间距不同时，可按《砌体结构设计规范》第 4.2.7 条的规定确定房屋的静力计算方案；
　　3. 对无山墙或伸缩缝处无横墙的房屋，应按弹性方案考虑。

2. 抗震横墙

由于砖墙在平面内的受剪承载力较大，在平面外（出平面）的受弯承载力很低，当多层砌体房屋横墙间距较大时，房屋的相当一部分地震作用需要通过楼盖传至横墙，纵向砖墙就会产生出平面的弯曲破坏。可见抗震横墙的设置、抗震横墙间距的大小，对提高砌体结构的抗震能力，减小震害是非常必要的。因此，多层砖房应按所在地区的地震烈度与房屋楼（屋）盖的类型来限制横墙的最大间距，如表 2-10。

抗震横墙最大间距（m）　　　　　　　　　　　　　　表 2-10

楼（屋）盖类别	6 度	7 度	8 度	9 度
现浇或装配整体式楼（屋）盖	18	18	15	11
装配式钢筋混凝土楼（屋）盖	15	15	11	7
木楼（屋）盖	11	11	7	4

注：1. 多层砌体房屋的顶层，最大间距可适当放宽；
　　2. 表中木楼（屋）盖的规定，不适用于小砌块砌体房屋。

抗震规范给出的房屋抗震横墙最大间距的要求是为了尽量减少纵墙的出平面破坏，但并不是说满足上述横墙最大间距的限值就能满足横向承载力验算的要求，横向抗震承载力尚应通过验算来确定。

抗震规范中砌体房屋最小墙厚是指结构抗震验算时可以承担地震作用的墙体厚度，小于此厚度的墙体只能算做非抗震的隔墙、计入荷载而不承担地震作用。例如，黏土砖房屋的最小墙厚为 0.24m，墙厚度小于此值，如 0.12m 或 0.18m 时，不论是否有基础，均只能算做非抗震隔墙。房屋抗震横墙是指符合最小墙厚要求的横向墙体，应满足抗侧力计算的要求。

抗震规范还规定"沿平面内宜对齐"用语为"宜"，表示稍有选择，条件许可时应首先这样做。符合厚度要求、即使不对齐或不贯通的横墙也属抗震横墙。

3. 两者的关系和区别

两者前提相同，都是保证将水平荷载或地震荷载传递给横墙，但考虑到地震作用下可能的弹塑性变形较静力时更大，因而其相应的横墙间距要求更严些。

抗震规范除了对抗震墙的厚度提出了明确要求外，对抗震横墙的概念及什么样的墙为抗震横墙并无明确具体的规定，这样在砌体结构房屋设计中，很难理解抗震横墙的概念，执行起来不好认定。

【禁忌 2.19】 将多层砌体结构房屋设计成弹性方案房屋

【后果】 弹性方案房屋的水平位移很大，对脆性的无筋砌体来说是不利的，或者不经济。

【正解】 刚性方案房屋不仅设计简单，而且经济，如果可能应使房屋在设计时成为刚性方案的房屋，目前设计的多层砌体房屋几乎都是刚性方案的房屋。刚性静力计算方案是一种能够较为准确反映房屋空间工作情况而同时计算又较简便的方法，在一般情况下较弹性方案能够节约材料。多层砖砌体结构房屋应避免设计成弹性方案的房屋，由于楼盖梁与墙、柱的连接不能形成钢筋混凝土框架那样的整体，所以梁与墙的连接一般假设为铰接，按这种计算简图，作为平面结构计算，在风荷载作用下侧移很大，不能满足使用要求，而且截面也要求很大。所以从变形和使用要求看，多层弹性方案房屋很难满足要求，此外，这种房屋空间刚度较差，容易引起连续倒塌，这也是抗震设防区多层房屋要求横墙间距较小的原因。

需要指出的是，有些设计人员从字面上理解三种静力计算方案，认为刚性方案房屋墙、柱断面大，刚性好，反之弹性方案则差。实际上，所谓刚性或弹性，是指柱顶侧移，刚性者空间工作好，柱顶侧移小。在同样的结构情况和平面尺寸下，房屋墙、柱刚度愈大，空间工作可能差些，侧移折减系数有可能大些。设计人员应正确理解这些概念。

【禁忌 2.20】 多层混合结构房屋承重纵墙计算简图选取不当

【后果】 纵向承重墙的窗间墙上支承有钢筋混凝土梁时，设计人员会根据实际需要在梁下设置刚性垫块（梁）、柔性垫梁或者构造柱，这些构件的加入将改变墙与梁的共同工作性质，不同的设计人员常常采取不同的计算简图，使内力计算结果产生较大误差。

【正解】 多层混合结构房屋承重纵墙计算简图主要取决于楼面水平构件与墙体连接处的节点构造及两者的刚度。对于通过楼面传递楼面荷载至墙的情况，根据目前工程常用做法，大致可分为下面三类。

（1）梁与墙体铰接：梁与墙体联结处未设置梁垫。梁端局压荷载在砌体中产生较大的局部竖向位移，在逐级荷载作用下，梁端顶面与砌体逐渐脱开，约束力矩与梁端局压荷载大体呈抛物线变化。在砌体临界破坏时，约束力矩基本消失，从而形成铰节点。

（2）梁与墙体刚接：梁与墙体联结处采用与窗间墙同宽的刚性整浇梁垫。梁端局压荷载在墙体中产生的竖向位移在整个窗间墙上基本均匀分布，梁端与上部砌体没有位移差，两者不能脱开，从而形成刚（框架）节点，但要有足够的上部荷载才能使得梁端转动与整个节点一致。根据试验，当墙上压应力超过 0.3MPa 时，就有可能视为刚节点。这对于采用楼面梁、纵墙承重的一般民用房屋，除屋面节点外，其他各层节点一般均能满足上部压力的要求。

实际上，真正做到完全刚节点的情况并不多，由于构造上的原因，节点或多或少有些松懈，但在目前没有搞清楚半刚性节点约束程度的情况下，可以近似地将梁端与梁垫整浇的情况视为刚节点，对于墙体来说，这是一种偏于安全的近似做法。

（3）梁与墙体半刚接：

① 梁与墙体的联结处采用布满窗间墙的柔性梁垫（如圈梁）。在这种情况下，梁端局压荷载在墙上的分布范围为 πh_0，且在此范围内的分布是不均匀的，因而在墙体中产生的竖向位移也是不均匀的，在梁端下面要大一些，这将使得梁端顶面与上部砌体略有脱开，形不成完全刚节点，但仍有一定约束存在，节点处于铰节点与刚节点之间的某种弹塑性状态。

② 若采用布满窗间墙的预制刚性梁垫，虽然可以使得由梁端局压荷载产生的竖向位移在窗间墙上基本均匀分布，但梁端的转动不受梁垫的约束，仅受梁端顶面砌体的约束，这种约束受到梁端顶面砌体局压强度的控制，也很难形成完全刚节点。

③ 至于在窗间墙上局部设置垫块，则约束程度还同梁垫长度及刚度有关，问题比较复杂，这方面的试验研究不多，但可以断定，总有一定数量的约束力矩存在，可以把上述的情况称为半刚性节点。

④ 梁下设有钢筋混凝土构造柱。

铰节点方案应用方便，为设计人员所欢迎，且应用多年，经受了时间的考验，应该说是一个比较成熟的计算方案。但是，同样的建筑，若用框架计算简图分析内力，则墙体的弯矩要成倍增加，墙体截面承载力校核往往通不过，有的还相差甚远。然而，大量按铰接方案设计的多层混合结构房屋能长时间地正常使用却是事实。分析计算结果也表明，尽管按框架分析内力使墙体两端的弯矩增加很多，但由于在校核截面承载力时，在两端部不考虑附加偏心距及计算高度的减小，使其截面承载力又有所提高，以致能通过验算。特别在墙体变截面处，按框架分析，墙体偏心产生的弯矩由上下层墙体及楼面共同承担；按铰节点方案分析，则由下层墙体单独承担。

因此，在梁跨度不大的情况下，按规范的铰接方案分析内力，用设计上惯用的、偏于安全的"错位"方法校核截面承载力仍是安全的。

【禁忌2.21】 多层房屋的梁跨度大于 9m 时，承重墙不考虑约束系数

【后果】 在刚性方案房屋中，通常把屋盖和楼盖视为纵墙的不动铰支座。在梁、板支撑长度不大，梁、板跨度较小时，这样的计算简图引起的误差很小；但当梁、板支撑长度较大，梁、板跨度较大时，梁端约束力矩也明显增大，如再按上述计算简图计算，有可能使墙体的计算偏于不安全。

【正解】 长期以来在砌体结构设计中墙梁（板）连接的计算简图采用铰接，

目前世界上大多数国家也采用这样的计算简图。它的优点是计算简单，同时认为墙梁（板）之间缺乏整体联系，墙在弯矩作用下可能出现开裂，而形成塑性铰。近十年来，经过大量的试验和有限元分析表明，墙和梁（板）间的约束弯矩还是很大的，它们之间的约束程度与梁（板）的跨度等因素有关，梁（板）的跨度越大，这种约束就越大。规范规定，对于梁跨度大于 9m 的纵墙承重多层砌体房屋，除了按铰接方法计算外，还须按考虑这种约束作用进行计算，而梁跨度小于 9m 时墙体只需要按照铰接方法进行设计。

如果梁端固结的单跨梁（板）的固端弯矩为 M，但考虑到实际墙梁（板）间节点变形，墙对梁（板）的约束弯矩为：

$$M_y = \gamma M \tag{2-15}$$

γ 为墙对梁（板）的约束系数，按下式计算：

$$\gamma = 0.2\sqrt{\frac{a}{h}} \tag{2-16}$$

式中 a——梁端实际支承长度；

h——支承墙体的墙厚，当上下墙厚不同时取下部墙厚，当有壁柱时取 h_T。

墙体由于梁端约束产生的弯矩可根据墙体线刚度分配到上层墙底部和下层墙的顶部。当上下墙的线刚度相等时，梁底分配的弯矩为约束弯矩的 1/2。

经过实际计算表明，当梁跨度为 9m 时，上述看来很大的约束弯矩并不一定大于采用铰支计算的计算方法。因为在按铰支计算时，规范规定还须考虑本层竖向荷载对墙柱的实际偏心影响。其偏心距为：

$$e = 0.5h - 0.4a_0 \tag{2-17}$$

设 N_l 为本层竖向荷载，则其对下层墙体引起的弯矩为：

$$M_l = N_l(0.5h - 0.4a_0) \tag{2-18}$$

梁上作用均布荷载时，梁的固端弯矩为：

$$M = 0.0833ql^2 = 0.167N_l l \tag{2-19}$$

若梁的支承长度为墙厚，则梁端约束弯矩为：

$$M_y = 0.2M = 0.0334N_l l \tag{2-20}$$

若上下墙的线刚度相等，则梁下墙顶分配所得弯矩为：

$$M_l = 0.5M_y = 0.0167N_l l \tag{2-21}$$

设两种计算方法得到的 M_l 相等，则有

$$0.5h - 0.4a_0 = 0.0167l \tag{2-22}$$

$$l = (0.5h - 0.4a_0)/0.0167 = 60(0.5h - 0.4a_0) = 30h - 24a_0 \tag{2-23}$$

由上式可以看出，当梁跨度 l 大于（$30h - 24a_0$）时，梁的约束弯矩影响超过铰接时的偏心弯矩影响，反之则小于铰接时的偏心弯矩影响。对于跨度在 9m

以上的梁，其全支承长度和折算厚度都有 490mm 以上。若梁高为 900mm，砌体抗压强度设计值为 2MPa，则有

$$a_0 = 10\sqrt{\frac{h_c}{f}} = 10\sqrt{\frac{900}{2}} = 210\text{mm}$$

$$30h - 24a_0 = 14700 - 5040 = 9660\text{mm} = 9.96\text{m}$$

此值大于梁的跨度 9m，意味着对这种情况墙的约束弯矩影响小于铰接的偏心弯矩。经测算，当墙厚为 370mm 时，上述结构的约束弯矩影响大于铰接的偏心弯矩。所以规范规定，当梁的跨度大于 9m 时，要按照以上两种方法同时计算，取最不利的结果。这一点在设计人员中是最容易忽略的。

需要指出的是，对于 9m 以上的大跨度梁的支承，许多设计人员都优先采用钢筋混凝土结构，也有的采用梁下设钢筋混凝土柱的组合砌体，采用无筋砌体结构的近年来越来越少了。

【禁忌 2.22】 墙体承载力不够时，选取不合理的方法解决

【后果】 不经济。

【正解】 提高墙体强度的方法有很多种，设计人员必须根据实际情况，优选最佳方案。

1. 提高块材强度等级

无论采用哪种块材，提高块材强度等级都会使墙体抗压强度得到提高，但在设计时应该注意：

（1）20 世纪 60 年代以来，国外的砌体块材质量大大提高。意大利的烧结黏土砖强度一般可达到 30～60MPa，法国、比利时、澳大利亚等国的砖抗压强度一般可以达到 60MPa，加拿大砖的抗压强度达 55MPa，德国砖的抗压强度为 20～140MPa（黏土砖）和 7～140MPa（灰砂砖），英国的卡尔珂龙多孔砖的抗压强度为 35MPa、49MPa 和 70MPa，英国砖的抗压强度最高可达 140MPa，美国商品砖的抗压强度为 17.2～140MPa，最高达 230MPa。由此可见，国外砖的抗压强度一般均达 30～60MPa，且能生产强度高于 100MPa 的砖。我国现有的烧结黏土砖，由于制作工艺的问题，强度普遍很低，烧结黏土砖一般为 MU10～15，甚至在有的地区还达不到 MU15，烧结页岩砖强度较高，可以达到 MU10～20，有的可以达到 MU30，蒸压灰砂砖和蒸压粉煤灰砖的抗压强度可以达到 MU10～20。所以设计时，不能随意提高块材强度等级，要结合当地的实际情况来决定。

（2）多层砌体结构房屋的墙体在水平剪力作用下，墙体的破坏大多沿砌体灰缝破坏或剪压破坏，块材强度等级对砌体抗剪强度影响不大，因此提高墙体块材强度等级一般不能提高砌体抗剪强度和砌体的抗震强度。

（3）蒸压灰砂砖和蒸压粉煤灰砖尽管抗压强度高，但由于砖表明光滑，砌体

的抗剪强度一般较低。

2. 提高砂浆强度等级

提高砂浆强度等级，不仅可以提高砌体抗压强度，还可以提高墙体的抗剪强度和抗震强度。但是普通混合砂浆的强度越高，水泥参量越大，砂浆的和易性越低，砌体的施工质量难以保证。对抗剪强度较低的砌体，如蒸压灰砂砖砌体、蒸压粉煤灰砖及混凝土砌块砌体，要求用专用砂浆砌筑。

我国建筑工程中常用的混合砂浆和水泥砂浆的强度等级一般为 M5.0～10。

3. 加大截面尺寸

加大砌体构件截面尺寸可以提高墙体的抗压强度和抗剪强度，但是增加了墙体的重量，占用房间有效使用面积，浪费材料。该方法不能作为提高墙体强度的首选。

4. 改用自重小的墙体材料

一般实心块材建造的多层砌体结构房屋，墙体自重大约占构件上荷载作用的40%左右，可见比例很大。若改用孔洞率为 25% 的多孔砖，在材料强度等级不改变的情况下，砌体的抗压强度和抗剪强度都不会降低，但是由于墙体自重减轻所产生的墙顶荷载作用大约降低 10%。

5. 采用水平配筋砌体

在砌体水平灰缝内配置钢筋网，由于钢筋网对砌体横向变形的约束作用而大大提高砌体的抗压强度，而且这种钢筋网在地震时还抗压，提高墙体的抗震强度，大大改善墙体的变形性能，起到平时抗压，震时抗震的作用。但是采用这种结构形式时应该注意：

① 采用点焊的钢丝网比绑扎的钢筋网效果要好。点焊的作用使得灰缝中钢筋得到有效锚固，使其强度可以得到较大的发挥。

② 绑扎钢筋网由于钢筋直径较大，水平灰缝一般太厚。

③ 设有水平钢筋的灰缝一定要饱满，以提高钢筋的抗腐蚀能力，提高结构的耐久性。

6. 采用加密构造柱的组合砌体

多层砌体结构房屋底部的砌体强度不足时，在墙体中增加构造柱的密度，使墙体、构造柱和圈梁一道形成组合砌体。这种组合砌体由于圈梁和构造柱所形成的"框架"对砌体变形的约束作用，使得砌体的抗压强度提高，抗剪强度也有所提高，更重要的是大大改善了无筋墙体的变形性能，对结构抗震有利。

这种结构形式由于施工符合我国的习惯，造价低廉，深受广大设计人员的欢迎。

参 考 文 献

[1] 中华人民共和国国家标准.《砌体结构设计规范》（GB 50003—2001）. 北京：中国建筑工业出版社，2001

[2]　中华人民共和国国家标准.《建筑结构抗震设计规范》（GB 50011—2001）. 北京：中国建筑工业出版社，2001

[3]　中华人民共和国国家标准.《建筑结构可靠度设计统一标准》（GB 50068—2001）. 北京：中国建筑工业出版社，2001

[4]　中华人民共和国国家标准.《建筑结构荷载规范》（GB 50009—2001）（2006 年版）. 北京：中国建筑工业出版社，2006

[5]　中华人民共和国国家标准.《建筑工程抗震设防分类标准》（GB 50223—2004）. 北京：中国建筑工业出版社，2004

[6]　施楚贤主编. 砌体结构理论与设计（第二版）. 北京：中国建筑工业出版社，2003

[7]　李明顺.《建筑结构可靠度设计统一标准》（报批稿）的主要特色. 建筑科学，第 16 卷第 6 期，2000 年 12 月

[8]　赵发光. 技术规范中分类标准的理解与应用中应注意的问题. 山西建筑，第 29 卷第 16 期，2003 年 11 月

[9]　武振等. 发达国家工程建设标准制约体制的启示. 建筑经济，总第 276 期，2005 年 10 月

[10]　邵卓民. 我国现行的建筑标准体系 [J]. 建筑结构，1997，（12）：46～56

[11]　马玉宏等. 建筑物重要性标定方法的研究. 广州大学学报（自然科学版），第 3 卷第 6 期，2004 年 12 月

[12]　李清富，赵国藩. 结构概率寿命估计. 工业建筑，1995 年 25 卷第 8 期

[13]　郑斌. 结构设计中若干问题的探讨. 福建建筑，2004 年第 3 期

[14]　戴国欣等. 结构设计荷载组合取值变化及其影响分析. 土木工程学报，第 36 卷第 4 期，2003 年 4 月

[15]　严家熹等. 无筋砌体的可靠度. 2000 年全国砌体结构学术会议论文集《现代砌体结构》. 北京：中国建筑工业出版社，2000

[16]　葛卫. 当前中小学教学楼的结构设计问题. 工程建设与设计，2002 年第 3 期

[17]　任振甲. 多层砌体房屋中构造柱的设置及功能分析. 工程抗震，1995 年 9 月第 3 期

[18]　畅君文. 建筑结构设计若干问题的认识. 结构工程师，第 20 卷第 4 期，2004 年 8 月

[19]　葛振军，杨峰. 抗震设计的常见问题剖析. 工程建设与设计，2002 年第 2 期

[20]　何炳根. 抗震设计中常见问题之我见. 浙江建筑，2000 年增刊（总第 99 期）

[21]　苏世灼. 浅议施工图审查中常见的几个问题. 福建建筑，2005 年第 5、6 期

[22]　汪恒在，汪跃勇. 地震区选错结构设计方案的若干情况及防止方法. 建筑技术，1997 年第 28 卷第 12 期

[23]　刘维飞. 多层砌体房屋纵墙刚度不容忽视. 山西科技，1996 年第 1 期

[24]　钟阳. 底层车库多层砌体房屋抗震设计方法. 工程抗震，2002 年 3 月第 1 期

[25]　梁建国，张望喜. 高强页岩组合砖墙体抗侧承载力试验研究 [J]. 建筑结构，2000 年第 8 期

[26]　梁建国，张望喜. 再论砖混结构中梁端有效支承长度的计算 [J]. 四川建筑科学研究，2000 年第 1 期

第三章　砌体结构基本构件

砌体结构的基本构件主要有：

1. 受压构件，包括轴心受压构件和偏心受压构件，常见的有墙、柱等。

2. 受剪构件，常见的有抗震砌体墙，还有其他特殊构件，如挡土墙、水池、洞口砖过梁等。

3. 受弯构件，如高层配筋剪力墙结构的连梁、挡土墙、水池、洞口砖过梁等。

4. 受拉构件，如水池。

5. 挑梁。

6. 墙梁。

设计计算砌体结构基本构件时，有的设计人员往往不能正确、全面地理解规范条文，从而带来安全隐患。

【禁忌 3.1】　矩形截面构件，当偏心方向在长边时忽视对短边验算

【后果】　短边方向有可能出现轴压破坏。

【正解】　当矩形截面构件荷载偏心方向在长边时（如图 3-1），一般来说，只有以下三种情况时会出现短边承载力比长边小：

（1）当矩形截面比较狭长，即截面高宽比 h/b 较大时；

（2）当偏心距 e 较小时；

（3）当构件计算高度 l_0 太大时。

构件长边方向为偏压构件，其极限承载力为：

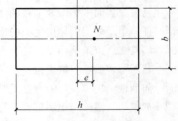

图 3-1　荷载沿长边方向偏心

$$N_u = \varphi f A \qquad (3-1)$$

式中　φ——高厚比 β 和轴向力的偏心距 e 对受压构件承载力的影响系数，可按下式计算：

$$\varphi = \cfrac{1}{1+12\left[\cfrac{e}{h}+\sqrt{\cfrac{1}{12}\left(\cfrac{1}{\varphi_0}-1\right)}\right]^2} \qquad (3-2)$$

$$\varphi_0 = \frac{1}{1 + \alpha\beta^2} = \frac{1}{1 + \alpha\left(\dfrac{H_0}{h}\right)^2} \tag{3-3}$$

e——轴向力的偏心距；

h——矩形截面的轴向力偏心方向的边长；

φ_0——轴心受压构件的稳定系数；

α——与砂浆强度等级有关的系数，当砂浆强度等级大于或等于 M5 时，α 等于 0.0015；当砂浆强度等级等于 M2.5 时，α 等于 0.002；当砂浆强度等级 f_2 等于 0 时，α 等于 0.009；

β——构件的高厚比；

H_0——构件计算高度。

构件短边方向为轴心受压构件，其极限承载力为：

$$N'_u = \varphi'_0 f A \tag{3-4}$$

这里，

$$\varphi'_0 = \frac{1}{1 + \alpha\beta'^2} = \frac{1}{1 + \alpha\left(\dfrac{H_0}{b}\right)^2} \tag{3-5}$$

当 $N_u \geqslant N'_u$ 构件不需要进行短边方向的轴心受压验算，即

$$\varphi \geqslant \varphi'_0$$

$$\frac{1}{1 + 12\left[\dfrac{e}{h} + \sqrt{\dfrac{1}{12}\left(\dfrac{1}{\varphi_0} - 1\right)}\right]^2} \geqslant \varphi'_0$$

$$\varphi'_0 \left\{ 1 + 12\left[\dfrac{e}{h} + \sqrt{\dfrac{1}{12}\left(\dfrac{1}{\varphi_0} - 1\right)}\right]^2 \right\} \leqslant 1$$

$$\frac{1}{1 + \alpha\left(\dfrac{H_0}{b}\right)^2} \left\{ 1 + 12\left[\dfrac{e}{h} + \sqrt{\dfrac{1}{12}\alpha\left(\dfrac{H_0}{h}\right)^2}\right]^2 \right\} \leqslant 1$$

由此，得

$$\frac{e}{H_0} \leqslant \sqrt{\frac{\alpha}{12}}\left(\frac{h}{b} - 1\right) \tag{3-6}$$

因此，当构件满足式（3-6）时，构件短边方向承载力大于长边方向的承载力，短边方向不需要按轴心受压进行验算。

【禁忌 3.2】　偏心受压构件的偏心距超过规定限值

【后果】　砌体构件会产生过大的水平裂缝，不安全。

【正解】　无筋砌体是一种脆性材料，尤其是当荷载较大和偏心距较大时，截面受拉边的拉应力很容易超过砌体的弯曲抗拉强度，产生水平裂缝，此时不但截面受压区减少、构件刚度降低，而且一旦水平裂缝过度、过快发展，构件很容易产生脆性断裂、倒塌，后果十分严重。此时如果采用控制截面受拉边缘的应力的

方法来设计，往往需要选用较大的截面尺寸，显然不经济。为了保证砌体结构裂缝不至于太大，提高砌体结构的可靠度，《砌体结构设计规范》（GB 50003—2001）规定受压构件偏心距 $e \leqslant 0.6y$。

在有些情况下，如砌体结构单层大跨度房屋，由于跨度很大，在柱顶往往产生很大的弯矩作用，砌体受压构件的偏心距可能不满足这个要求，设计时，通常采取如下措施：

1. 调整截面尺寸，设法增大 y 值。

2. 在梁或屋架端部设置中心垫块（如图 3-2a）或缺口垫块，缺口位于受压较大边（图 3-2b），以减小偏心距。

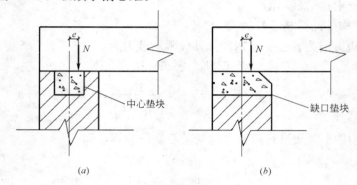

图 3-2　中心梁垫与缺口梁垫

3. 改变结构方案，提高构件的抗弯能力。如采用由砖砌体和钢筋混凝土面层或钢筋砂浆面层组成的组合砖砌体结构。

措施 1 经济合理性差，一般不宜采用，仅适用于截面尺寸少许增加即可满足要求的情况；措施 2 适用于偏心距较大，而且主要是直接由竖向荷载引起的情况，风和地震作用产生的弯矩，用该措施无效；措施 3 则适用于轴向力及偏心距均较大，且后者主要是由水平荷载产生的弯矩引起的情况。总之，这些措施在设计中应根据实际受力情况选用，使设计既安全又经济合理。

【禁忌 3.3】　刚性方案房屋，预制板沿横墙布置。圈梁隔层设置时，外纵墙的计算高度仍按一层高墙体计算

【后果】　有的情况下，计算高度偏小。

【正解】　刚性方案房屋，预制板沿横墙布置，纵墙不承重，但要进行高厚比验算。墙体高厚比主要与构件的计算高度 H_0 密切相关，而计算高度又与墙体的构件高度 H 和横墙间距 s 有关。

规范规定，房屋的构件高度确定方法是：

1. 在房屋底层，为楼板顶面到构件下端支点的距离。下端支点的位置，可取在基础顶面。当埋置较深且有刚性地坪时，可取室外地面下 500mm 处。上端未取在板（梁）底，偏于安全。

2. 在房屋其他层次，为楼板或其他水平支点间的距离。

3. 对于无壁柱的山墙，可取层高加山墙尖高度的 1/2；对于带壁柱的山墙可取壁柱处的山墙高度。

刚性方案房屋的计算高度 H_0 是按照弹性薄板稳定理论的方法来确定的。对于高为 H，宽为 s 的不动铰支承的构件，相当于四边均有拉结的薄板，按弹性稳定理论求得。

当 $\dfrac{s}{H} > 1.0$ 时，$H_0 = \dfrac{H}{1 + \left(\dfrac{H}{s}\right)^2}$；

当 $\dfrac{s}{H} \leqslant 1.0$ 时，$H_0 = 0.5s$；

因此，当 $\dfrac{s}{H} = 2.0$ 时，$H_0 = 0.8H$；当 $\dfrac{s}{H} > 3.0$ 时，$H_0 > 0.9H$。

为偏于安全，规范对刚性方案房屋中带壁柱墙或周边拉结墙的计算高度规定如下：当 $s \leqslant H$，取 $H_0 = 0.6s$；当 $s > 2H$，取 $H_0 = 1.0H$；当 $2H \geqslant s > H$，为了与上述取值衔接，取 $H_0 = 0.4s + 0.2H$（如 $s = H$ 时，$H_0 = 0.6s$；当 $s = 2H$，$H_0 = 1.0H$）。

预制板沿横墙布置，楼板与外纵墙没有可靠的连接，楼盖对外纵墙不能形成有效支承，如果在楼层没有圈梁，那么外墙相当于在该处是自由的。因此当圈梁按规范要求隔层设置时，这时外纵墙的高度 H 应该取无圈梁层楼盖上下两层墙高的总和，再按上述推导进行计算。

如某非抗震设防地区的多层横向承重的刚性方案砌体结构房屋，采用预制板，圈梁隔层设置。房屋横墙间距 3.9m，层高 2.9m。

若将该墙的构件高度取为层高

∵ $2H = 5.8m > s = 3.9m > H = 2.9m$

∴ $H_0 = 0.4 \times 3.9 + 0.2 \times 2.9 = 2.14m$

若将该墙的构件高度取为 $H = 2 \times 2.9 = 5.8m$

∵ $s < H$

∴ $H_0 = 0.6 \times 3.9 = 2.34m$

显然，前者低估了构件的计算高度，给设计计算留下不安全的隐患。

【禁忌 3.4】 只要设置构造柱就按带构造柱墙体验算高厚比

【后果】 有些情况构造柱不能提高墙体的允许高厚比，若考虑构造柱的作用，偏不安全。

【正解】 近年来由于抗震设计的要求，相当多的砌体结构房屋设有钢筋混凝土构造柱，并靠拉结筋、马牙槎等措施与墙体形成整体，使其墙体的刚度增加，承载力提高。设有构造柱的墙体，由于刚度增强，其允许高厚比比无筋墙体高。

实际工程中，设构造柱的墙体的配筋率一般都小于0.2%，因此这种墙体纵向弯曲的影响可按无筋砌体考虑。根据压杆稳定理论，无构造柱和有构造柱纵向变形曲线为（图3-3）：

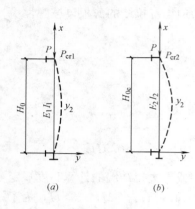

图 3-3　墙体失稳临界曲线
(a) 无构造柱；(b) 有构造柱

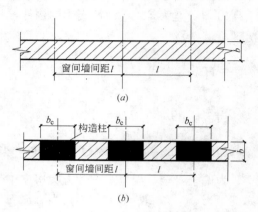

图 3-4　墙体构造简图
(a) 无构造柱 $H_0 I_1 E_1$；(b) 有构造柱 $H_{0c} I_1 E_1$

$$y_1 = H_0 \sin \frac{\pi x}{H_0} \tag{3-7}$$

$$y_0 = H_{0c} \sin \frac{\pi x}{H_{0c}} \tag{3-8}$$

对两式分别求一阶、二阶导数，并根据能量法分析压杆稳定的理论，可推得

$$H_{0c}^2 / H_0^2 = E_2 I_2 / E_1 I_1 = 1 + \frac{b_c}{l}(\alpha - 1) \tag{3-9}$$

令 $\beta = H_0/h$、$\beta = H_{0c}/h$ 分别为不设构造柱墙和设构造柱墙的高厚比，可求出设构造柱墙在相同临界荷载下允许高厚比提高系数为

$$\mu_c = \beta_c / \beta = \sqrt{1 + \frac{b_c}{l}(\alpha - 1)} \tag{3-10}$$

$$\alpha = E_c / E_1 \tag{3-11}$$

式中　μ_c——允许高厚比的提高系数。

其他字母含义见图3-4。

从公式（3-10）可以看出，构造柱对墙的允许高厚比的影响大小是随块材强度等级、砌筑砂浆强度等级以及构造柱的宽度 b_c、构造柱间距（即窗间墙间距）l 的值而变化的。经过计算分析可以看出，随着砖强度等级或砌筑砂浆强度等级的提高，砌体的允许高厚比提高系数降低；构造柱间距与宽度的比值超过 1/20 时，允许高厚比提高系数 μ_c 没有明显增加。也就是说，如果构造柱宽度 b_c 为 240mm，构造柱间距超过 4.8m 后，允许高厚比提高很小。

根据不同砌体材料的分析统计，得到以下简化规范公式：

$$\mu_c = 1 + \gamma \frac{b_c}{l} \tag{3-12}$$

式中　γ——系数；对细料石、半细料石砌体，$\gamma = 0$；对混凝土砌块、粗料石、毛料石及毛石砌体，$\gamma = 1.0$；其他砌体，$\gamma = 1.5$；

　　　b_c——构造柱沿墙长方向的宽度；

　　　l——构造柱的间距。

当 $b_c/l > 0.25$ 时取 $b_c/l = 0.25$，当 $b_c/l < 0.05$ 时取 $b_c/l = 0$。由此可以看出，在以下几种情况下，带构造柱墙体可按无筋砌体墙验算高厚比：

（1）细料石、半细料石砌体；

（2）构造柱宽度 b_c 为 240mm，构造柱间距超过 4.8m；构造柱宽度 b_c 为 180mm，构造柱间距超过 3.6m；

（3）墙体施工阶段。

由于混凝土构造柱的刚度比砌体大，可以将上面的允许高厚比提高系数理解为截面面积的放大系数，那么带构造柱墙可看作相应的带壁柱墙，这类墙体的高厚比验算方法和带壁柱墙相同。

因构造柱间墙是无筋砌体，像带壁柱墙一样，构造柱间墙允许高厚比不考虑提高系数。

【禁忌 3.5】　梁下端带壁柱时，砌体局部受压强度提高系数上限值取值错误

【后果】　影响砌体局部受压验算的准确性。

【正解】　若砌体抗压强度为 f，则砌体局部抗压强度为 γf，此 γ 值大于 1.0，称为局部抗压强度提高系数。根据墙体在不同局部受压位置（见图 3-5 斜线所示）时的局部受压试验结果，γ 可按下式计算

$$\gamma = 1 + \xi \sqrt{\frac{A_0}{A_l} - 1} \tag{3-13}$$

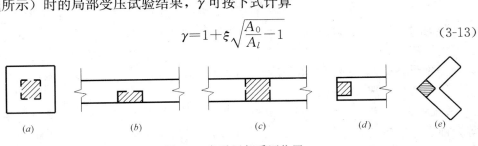

(a)　　　　(b)　　　　(c)　　　　(d)　　　　(e)

图 3-5　各种局部受压位置

试验表明，截面中心局部受压（图 3-5a），$\xi=0.708$；一般墙段边缘（图 3-5b）、中部局部受压（图 3-5c），$\xi=0.378$；墙端部（图 3-5d）、角部（图 3-5e）局部受压，$\xi=0.364$。砌体结构中，中心局部受压很少见，为了简化起见，统一取 $\xi=0.35$，便得到了砌体结构的局部受压强度提高系数：

$$\gamma=1+0.35\sqrt{\frac{A_0}{A_l}-1} \tag{3-14}$$

试验还表明，砌体局部受压破坏大多数是先裂后坏，但当面积比 A_0/A_l 大于一定数值时，会产生危险的劈裂破坏，通常通过 γ 的限值来控制。在图 3-5（a）的情况下，$\gamma\leqslant2.5$；在图 3-5（b）、（c）的情况下，$\gamma\leqslant2.0$；在图 3-5（d）的情况下，$\gamma\leqslant1.25$；在图 3-5（f）的情况下，$\gamma\leqslant1.5$。考虑到墙端部和角部局部受压较为不利，局部受压强度提高系数限制得比较严格。

对于梁下带壁柱的墙体，如图 3-6 所示的各种局部受压方式，从图形上有的看起来像边缘、中部局部受压，也有的像端部局部受压，还有的像角部局部受压，很容易误解其局部受压强度提高系数的限值可以分别取 2.0、1.25、1.5。对角部和端部局部受压限值取得低的是端部构件不利的原因，而图 3-6 中所有情况的局部荷载均作用在墙体中部，尽管有的仅作用在肋部而没有作用在墙上，但由于肋部和翼墙是一个整体，可以避免前面所提到的不利因素，所以图 3-6 中所有的情况的局部受压强度提高系数上限值都可以取 2.0。

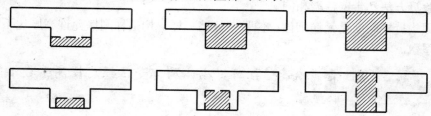

图 3-6　带壁柱墙各种局部受压位置

【禁忌 3.6】　梁端设有刚性垫块时，梁的有效支承长度按梁与砌体接触的支承长度来计算

【后果】　计算梁端局部受压时，一般先按不设梁垫进行验算，当梁下局部受压强度不满足时，便采用刚性梁垫等方法来解决。在不设梁垫的验算过程中，会计算得到梁与砌体接触的支承长度，有的直接拿它来作为刚性垫块上梁的支承长度，这与实际情况和现行规范是有差距的。

【正解】　试验和有限元分析表明，垫块上下表面的梁端有效支承长度不相等，前者小于后者，这对于垫块下砌体的局部受压承载力的影响不大，但由于有效支承长度增大了，该层墙体顶部的荷载偏心距增大，导致其受压承载力降低。

因此，对于有刚性梁垫的梁下墙体，在计算墙体的承载力时，应该采用垫块上表面的有效支承长度，它与不设梁垫时梁与砌体接触时的有效支承长度从概念到大小都不相同。以此有效支承长度确定梁端支承压力 N_l 的作用位置。

顺便指出，在验算垫块下砌体的局部受压时，也应该采用垫块上表面的有效支承长度。

试验和分析表明，不设刚性垫块时，梁端支承长度为

$$a_0 = 10 \sqrt{\frac{h_c}{f}} \tag{3-15}$$

设刚性垫块时，梁端的支承长度（垫块上表面）为

$$a_0 = \delta_1 \sqrt{\frac{h_c}{f}} \tag{3-16}$$

式中　δ_1——刚性垫块的影响系数，可按表 3-1 采用。

垫块上 N_l 作用点的位置可取 $0.4a_0$ 处（如图 3-7）。

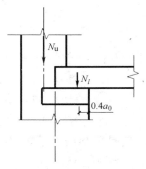

图 3-7　梁端支承压力位置

系数 δ_1 值表					表 3-1
σ_0/f	0	0.2	0.4	0.6	0.8
δ_1	5.4	5.7	6.0	6.9	7.8

注：表中其间的数值可采用插入法求得。

【禁忌 3.7】　梁端只要设置垫块便是刚性垫块

【后果】　有的设计者以为垫块越大越好，以至于大到设置的垫块不满足刚性垫块的条件了，其变形和应力状态与刚性垫块相比较发生了根本的改变。

【正解】　当梁端局部受压强度不满足要求或墙上搁置大梁、屋架时，则常在其下设置垫块。垫块下砌体局压可分为两种情况：刚性垫块下局压和柔性垫梁下局压。

不论是预制的还是现浇的垫块，只要满足以下要求就是刚性垫块：

（1）垫块的高度不小于 180mm；

（2）自梁边算起的垫块挑出长度不宜大于垫块高度 t_b；

（3）在带壁柱墙的壁柱内设刚性垫块时，壁柱上垫块伸入翼墙内的长度不应小于 120mm；

（4）当现浇垫块与梁端整体浇筑时，垫块可在梁高范围内设置。

垫块能扩大砌体局部受压面积，刚性垫块还能使梁端压力很好的传到砌体截面上。由于垫块面积 A_b 与未设垫块时砌体计算面积 A_0 相差不大，在梁端下设有刚性垫块时，垫块下砌体的局部受压可以借助与砌体偏心受压强度公式来进行计算。试验表明，垫块底面积以外的砌体对局部受压强度能提供有利的影响，但

考虑到垫块底面积应力分布的不均匀，为偏于安全，取垫块外砌体面积有利影响系数 $\gamma_1 = 0.8\gamma$，但不小于 1.0，γ 为砌体局部抗压强度提高系数，以 A_b 代替 A_l 计算得出。

刚性垫块能将梁传来的局部集中荷载均匀地传递到砌体上，使砌体内应力大大减少，这时垫块下砌体的压缩变形也大大减少，在该部位不能形成像不设梁垫时那样的内拱作用，而产生对上部荷载的卸载作用，所以在计算梁垫下砌体局压时，上部荷载 N_0 不予以折减。

由上分析，刚性垫块下的砌体局部受压承载力应按下列公式计算：

$$N_0 + N_l \leqslant \varphi \gamma_1 f A_b \tag{3-17}$$

$$N_0 = \sigma_0 A_b \tag{3-18}$$

$$A_b = a_b b_b \tag{3-19}$$

式中　N_0——垫块面积 A_b 内上部轴向力设计值；

　　　　φ——垫块上 N_0 及 N_l 合力的影响系数，取 $\beta \leqslant 3$ 时的 φ 值；

　　　a_b——垫块伸入墙内的长度；

　　　b_b——垫块的宽度。

要是梁垫尺寸不满足刚性垫块的要求，便为柔性垫块，而柔性垫块的内力传递方式与刚性垫块完全不同，不能用上述刚性垫块的公式计算。

【禁忌3.8】　柔性垫梁的长度不够

【后果】　柔性垫梁长度不够时，其受力性能介于柔性垫梁和刚性垫梁之间，不能按柔性垫梁进行设计，也不能按刚性垫梁进行设计。

【正解】　在混合结构房屋中，为了房屋整体性要求或者抗震的要求，在楼面大梁下通常都设置有圈梁，这个圈梁实际上起到将大梁传来的集中荷载均匀地传递到砌体上去，起到了垫梁的作用。垫梁一般由于其长度较长，它本身具备一定的变形能力，属于柔性的垫梁。

垫梁在大梁传来的集中荷载作用下，相当于置于半无限弹性地基上。为了分析梁底的应力分布，将圈梁折算成等厚度的砖砌体，圈梁的折算高度为

$$h_0 = 2\sqrt[3]{\frac{E_b I_b}{E h}} \tag{3-20}$$

然后按照相同材料的半无限体进行弹性分析，得到厚度为 h_0 处的应力分布即为圈梁与砌体接触面的应力。分析表明，梁底的局部压应力分布呈曲线形状，在集中荷载下面梁底压应力最大，离该点越远，压应力越小。在集中荷载作用下，应力的分布范围为 πh_0，最大压应力为

$$\sigma'_{ymax} = \frac{2N_l}{\pi h_0 b_b} \tag{3-21}$$

为简化起见可用图 3-8 所示的简图来表示。

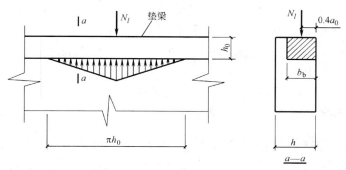

图 3-8　垫梁局部受压

试验表明，柔性垫梁下砌体局部受压最大应力值应符合以下要求：

$$\sigma_{y\max} \leqslant 1.5f \tag{3-22}$$

当有上部荷载 σ_0 作用时，则上式可以写为

$$\sigma'_{y\max} + \sigma_0 \leqslant 1.5f \tag{3-23}$$

$$\frac{2N_l}{\pi h_0 b_b} + \sigma_0 \leqslant 1.5f \tag{3-24}$$

πh_0 范围内上部荷载 $N_0 = \dfrac{1}{2}\pi h_0 b_b \sigma_0$，代入上式则得

$$N_l + N_0 \leqslant \frac{1.5\pi}{2} f h_0 b_b = 2.4 h_0 b_b f \tag{3-25}$$

以上分析均假定梁底应力沿墙厚方向均匀分布，事实上，由于梁传来的集中荷载是偏心的，上面的应力不可能均匀，引入垫梁底面应力不均匀分布系数 $\delta_2 = 0.8$（均匀分布时 $\delta_2 = 1.0$），则得到梁下设有长度大于 πh_0 的垫梁下的砌体局部受压承载力计算公式：

$$N_l + N_0 \leqslant 2.4\delta_2 h_0 b_b f \tag{3-26}$$

由上述分析可以看出，柔性垫梁的计算公式是在假设梁为无限长圈梁基础上推导得到的，而无限长圈梁对传递大梁集中荷载在 πh_0 长度范围内，因此按上式设计的垫梁长度必须大于 πh_0。

【禁忌 3.9】　抗震设防地区采用简支墙梁或连续墙梁

【后果】　支承墙梁的无筋砌体墙（柱）由于平面外抗弯能力差，房屋的侧向刚度很小，无法抵抗水平地震力的作用。

【正解】　支承在无筋砌体墙（柱）上的墙梁，其支座可以简化为简支。这类墙梁被称为简支墙梁或连续墙梁。

简支（连续）墙梁结构体系的底层通常是由墙梁方向的墙和支承墙梁的墙

（柱）组成，在水平地震作用下，地震产生的剪力主要由墙梁方向的抗震墙承受（约 80%），支承墙梁的墙（柱）与墙梁所形成的"框"大约承受 20% 的水平地震作用。尽管支承墙梁的墙体承受的水平地震力占总的水平地震力的小部分，但是由于墙体平面外承受水平荷载的能力很差，且无筋砌体的变形性能很差，呈现脆性性质。为了确保结构安全，在《砌体结构设计规范》中明确规定在抗震区不能采用简支墙梁或连续墙梁，若抗震设防地区必须采用墙梁，可以用底部框架墙梁，即底部框架—抗震墙结构形式。

【禁忌 3.10】 钢筋混凝土梁（框架）上有砌体墙时，就可以按墙梁设计

【后果】 有些情况下，墙和托梁不能形成组合作用，若按墙梁设计，不安全。

【正解】 由钢筋混凝土托梁及其以上计算高度范围内的墙体所组成的组合构件称为墙梁，墙梁是由钢筋混凝土梁和其上墙体共同工作而形成的组合构件。与钢筋混凝土框架结构相比，采用墙梁大约可以节约钢材 40%，模板 50%，水泥 25%，人工 25%，降低造价约 20%，并可加快施工进度，房屋底部可以设计成大开间，深受广大设计者和用户的欢迎。

影响墙梁的组合性能的因素比较复杂，主要包括：支承情况、托梁和墙体的材料、托梁的高跨比、墙体的高跨比、托梁内配筋率、墙体上是否开洞、洞口的大小与位置等。有些情况，托梁和上部砌体的组合作用很小，不能按照墙梁设计；有些情况是尽管托梁和墙体有组合作用，但由于试验资料不足，规范中没有规定。以下列举一些不能按墙梁设计的情况。

（1）抗震设防地区不能用简支墙梁、连续墙梁。

（2）规范只对烧结普通砖、烧结多孔砖和配筋砌体的墙梁设计做了规定，混凝土小型砌块墙体的墙梁可参照设计，其他材料砌体未做规定。

（3）托梁上墙体总高度太高。

托梁上墙体总高度不应超过 18m。

（4）墙梁跨度 l_0 太大。

承重墙梁跨度不大于 9m，非承重墙梁跨度不大于 12m。

（5）墙体高跨比 h_w/l_0 太小。

墙体高跨比中的高度是指墙梁中墙体的计算高度。高跨比太小的话，墙梁的组合作用明显减弱，同时为了防止承载力很低的墙体斜拉破坏，因此墙梁高跨比 h_w/l_0，对承重墙不能小于 0.4，对非承重墙不能小于 1/3。

（6）托梁高跨比 h_b/l_0 太小。

托梁是墙梁的关键部件，较大的托梁刚度对改善墙体的抗剪和局部受压有

利，承重墙梁中托梁高跨比 h_b/l_0 不小于 $1/10$，非承重墙梁中托梁高跨比 h_b/l_0 不小于 $1/15$。但采用过大的托梁高跨比，墙梁顶面的竖向荷载将向跨中分布，而不是向支座聚集，不利于托梁与墙体的组合作用的发挥，即使在偏开洞的情况下也不宜大于 $1/6$。

（7）开洞墙梁，洞口尺寸太大。

墙体上开洞后，尤其是偏开洞时，墙梁由拉杆拱组合受力机构变为梁—拱组合受力机构，墙梁的刚度和承载力都受到很大的影响。当洞口过宽（b_h/l_0 过大），严重削弱了墙体与托梁的组合作用；当洞口过高（h_h/h_w 过大），易使洞顶部位砌体产生脆性的剪切破坏。所以承重墙梁洞的宽跨比不大于 0.3，非承重墙梁洞的宽跨比 b_h/l_0 不大于 0.8；承重墙梁的洞高不大于 $5h_w/6$ 且 h_w-h_h $\geqslant 0.4m$。

（8）洞口边离墙梁支座的距离太小。

洞口距支座边很近（a_i/l_0 过小），托梁在洞口内侧截面上的弯矩和剪力剧增。因此对开洞墙梁，墙梁计算高度范围内每跨允许设置一个洞口；洞口边至支座中心的距离 a_i，距边支座不应小于 $0.15l_{0i}$，距中支座不应小于 $0.07l_{0i}$。对多层房屋的墙梁，各层洞口宜设置在相同位置，并宜上、下对齐。

（9）仅在梁的局部范围内有墙。

梁和墙不能形成有效的组合作用，不能按照墙梁设计。

应该强调的是，当墙体不满足以上（3）～（9）条要求时，应修改设计使其满足以上要求，然后按墙梁进行设计计算；如果条件限制，实在满足不了以上（3）～（9）条要求，则应该按满荷载作用在梁上进行设计。如某五层综合商务办公楼（如图 3-9、图 3-10），底层为展销大厅和商业用房，上面各层为办公用房，楼、屋面板采用预应力空心板。该例中的③轴、④轴为无洞口墙梁，②轴为开洞墙梁，满足以上要求，但是 1/A 轴墙的洞口距支座的距离太小，不满足墙梁要求，应该将墙体自重满荷载作用在梁上进行计算，但由于该荷载太大，所以一般采用轻质隔墙。

【禁忌 3.11】 墙梁的计算内容不全

【后果】 墙梁的设计计算内容是针对墙梁的破坏形态来确定的，要是缺少某项未做计算，墙梁可能发生与之相关的破坏。

【正解】 墙梁的破坏形态主要有：弯曲破坏、剪切破坏（包括斜拉破坏和斜压破坏）、砌体局部受压破坏。

为了保证墙梁在施工和正常使用阶段不发生以上破坏，通常在设计时用两类方法来保证：

（1）设计计算

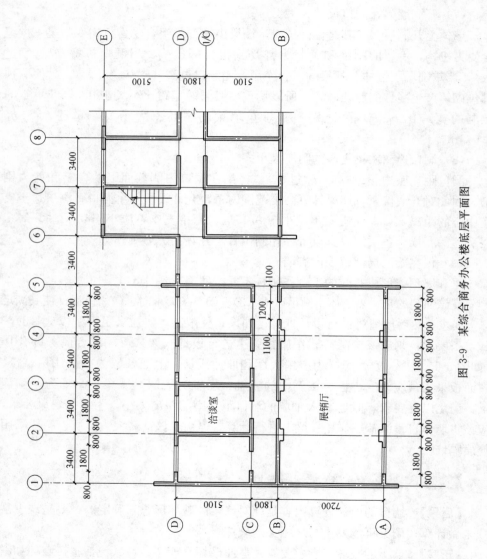

图 3-9　某综合商务办公楼底层平面图

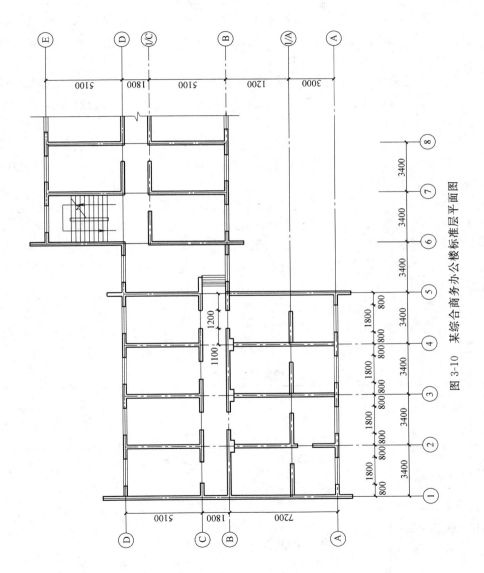

图 3-10 某综合商务办公楼标准层平面图

83

① 托梁正截面承载力计算——保证墙梁不出现弯曲破坏。因为托梁在弯曲破坏墙梁中是偏心受拉构件，且墙梁的弯曲破坏是由于托梁正截面破坏而导致。

② 托梁斜截面受剪承载力计算——保证墙梁在剪切破坏时托梁不剪坏。开洞墙梁的洞边距较小才发生托梁先于墙体剪坏的情况，其他大多数情况都是墙体先于托梁剪坏，但由于剪切破坏是脆性破坏，托梁需要进行斜截面受剪承载力计算。

③ 墙体受剪承载力计算——保证墙梁在剪切破坏时墙体不出现斜压破坏。

④ 托梁支座上部砌体局部受压承载力计算——保证墙梁不出现弯曲破坏。

（2）构造要求

① 墙体高跨比要求——保证墙梁不出现斜拉破坏。当墙体跨高比＜0.35～0.4时易发生斜拉破坏，而斜拉破坏墙梁承载力很低，为此墙体高跨比不应小于0.4（承重墙梁）或1/3（自承重墙梁）。

② 托梁高跨比要求——保证托梁具备足够的刚度。托梁是墙梁的关键受力构件，且托梁刚度增大对改善墙体的抗剪性能和支座上部砌体的局部受压性能有利，因此托梁高跨比不应小于1/10（承重墙梁）或1/15（自承重墙梁）。但托梁高跨比不宜太大，太大的话，会使墙梁上荷载向跨中集中，不利于墙梁的组合作用。

一般地，墙梁的计算内容如表3-2所示。

在某些特殊情况下，表中计算项目可以省略。如：当$b_f/h \geqslant 5$或墙梁支座处设置上、下贯通的落地构造柱时，可不验算局部受压承载力。

墙梁计算内容　　　　　　　　　　　　　　　　表 3-2

计 算 内 容			墙　梁　类　别			
			承重墙梁			自重墙梁
			简支	连续	框支	
使用阶段	正截面承载力计算	托梁跨中	▲	▲	▲	▲
		托梁支座		▲	▲	
		柱或抗震墙			▲	
	斜截面受剪承载力计算	托梁	▲	▲	▲	▲
		柱或抗震墙			▲	
	墙体承载力计算	墙体受剪	▲	▲	▲	
		托梁支座上部砌体局部受压	▲	▲	▲	
施工阶段	托梁承载力计算	正截面受弯	▲	▲	▲	▲
		斜截面受剪	▲	▲	▲	▲

注：▲表示必须计算的内容。

【禁忌3.12】　非连续墙梁中托梁按连续梁或框架梁计算

【后果】　非托梁的跨中弯矩偏小，不安全。

【正解】　非连续墙梁的定义：连续梁或底框结构上的一跨或多跨无砌体墙或不满足墙梁的设计要求，其余各跨梁上有墙体，且符合墙梁的设计要求。如图3-11。

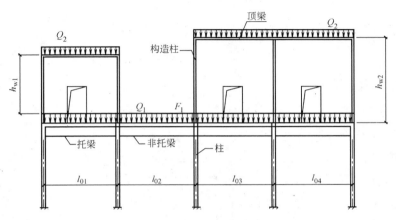

图3-11　非连续框支墙梁

由于墙梁中墙体和托梁形成的组合作用，他们实际上已经形成了一个共同受力的深梁，其受弯时的刚度很大，非托梁相对线刚度相对于墙梁的相对线刚度小很多，这时托梁与墙梁的连接可近似地看成铰接，因此，非连续墙梁可以分段计算，即：每段墙梁按独立的墙梁计算，非托梁可以按简支梁或者连续梁（如果有多跨非托梁）计算。每段墙梁的计算跨度平均值 l_0 取该段墙梁各跨跨度的平均值，而非整个连续梁或框架跨度的平均值，各段墙梁的计算高度和计算荷载也按照独立的墙梁分别进行计算。

实际工程中，非托梁和墙梁（以及框架柱）是刚性节点，非托梁端部仍有弯矩存在，为偏于安全，建议非托梁的支座负钢筋按跨中钢筋配置，且像墙梁的托梁一样，纵向钢筋沿梁通长设置。

对非连续框支墙梁，支承非托梁的框架柱除了承受本段框支墙梁传来的计算荷载外，还应该承受非托梁按简支梁计算所产生的支座反力。

【禁忌3.13】　将悬挑梁的主筋锚固于构造柱内，利用构造柱支承悬挑梁

【后果】　构造柱可能因为其本身强度不足或者与墙或圈梁的连接不够而导致破坏。

【正解】 有的设计人员觉得按规范条文进行挑梁的抗倾覆验算比较麻烦，想充分发挥构造柱的作用，将悬挑梁的主筋锚固于构造柱内，利用构造柱来承受挑梁的倾覆荷载，如图 3-12 (a)。

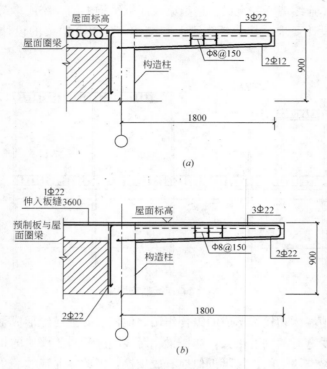

图 3-12 悬挑梁设计实例

另一种情况是，当室外悬挑部分采用现浇结构，室内楼盖为预制板，悬挑梁的梁顶标高与室内预制板的板底标高相差较大时，悬挑梁埋入砌体的部分不能直通，钢筋不能全部延伸过去，有的设计人员将悬挑梁的受拉钢筋全部弯入构造柱内；还有的作法是，在板缝内通入悬挑梁截面的中部一根受拉钢筋，其余的受拉钢筋，因通不过去，则锚入构造柱内，如图 3-12 (b)。

以上做法都是错误的。不能利用构造柱来支承挑梁的理由是：构造柱的作用本来是用于提高砌体结构房屋的整体性和抗震性能，起构造作用，它与墙体和圈梁的连接也只是考虑这方面的因素来设置的。如果挑梁由构造柱来支承，构造柱将承受挑梁传来的倾覆弯矩和轴向压力的作用，构造柱可能会由于本身的强度不足或者与墙体和圈梁的锚固不够

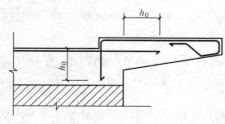

图 3-13 室内段上层纵筋埋入悬挑段

而产生破坏。假如将构造柱截面加大，形成组合砌体，但现行规范没有这样的规定，所以这种设计方法是不可取的。应该按照砌体结构设计规范设置挑梁，并进行相关的设计计算。

室内外高差较大时，悬挑梁截面突变处节点须加强。如图3-13；悬挑梁挑出段根部的最低点与埋入墙体段的梁顶在纵墙内边缘处的直线距离不宜小于悬挑梁挑出段根部截面高度（图3-14）；在悬挑梁的截面突变处增设斜向构造钢筋（$2\phi12$），如图3-15。

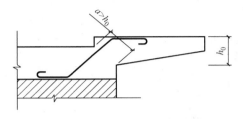 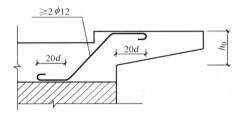

图3-14　截面突变处的细部尺寸要求　　　图3-15　截面突变处增设斜向构造钢筋

【禁忌3.14】　只要屋面挑梁埋入砌体的长度大于挑出长度的2倍，便不进行抗倾覆验算

【后果】　在有些情况下不满足抗倾覆要求。

【正解】　《砌体结构设计规范》（GB 50003—2001）规定，挑梁埋入砌体长度 l_1 与挑出长度 l 之比宜大于1.2；当挑梁上无砌体时，l_1 与 l 之比宜大于2。这条规定是根据理论分析和工程经验确定的。

有的工程师在设计时，只要满足以上要求，挑梁就不进行抗倾覆验算。这是完全错误的，也是违背规范的，因为规范规定的是挑梁埋入砌体的长度与挑出长度之比应大于以上规定，当挑梁上倾覆荷载较大时，可能不满足抗倾覆的要求。

挑出长度较大的上人屋面，当端部承受较大的女儿墙传来的集中荷载时，将会产生较大的倾覆弯矩，如果挑梁埋入砌体长度仍采用2倍挑出长度，将有可能不满足抗倾覆要求。

例如，某砖混房屋屋顶为上人屋面，阳台上方挑出长度为1.8m，截面尺寸为 $b\times b_b=240\text{mm}\times350\text{mm}$，且挑出部分也可以上人（如图3-16）。屋面均布荷载标准值：$g_{3k}=18.75\text{kN/m}$（包括挑梁自重）、$q_{3k}=7.5\text{kN/m}$，屋面女儿墙传来集中荷载标准值 $F_k=28\text{kN}$。如果屋面挑梁埋入长度设计为 $l_1=2l=3.6\text{m}$，因 $l_1=3.6\text{m}>2.2h_b=2.2\times0.35=0.77\text{m}$，抗倾覆点离墙边距离为 $x_0=0.3h_b=0.3\times0.35=0.105\text{m}<0.13l_1=0.13\times3.6=0.468\text{m}$。

倾覆力矩为：

$$M_{0V} = \frac{1}{2} \times [1.2 \times 18.75 + 1.4 \times 7.5] \times (1.8 + 0.105)^2 + 1.2 \times 28 \times (1.8 + 0.105)$$
$$= 124 \text{kN} \cdot \text{m}$$

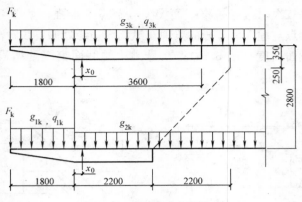

图 3-16　屋顶挑梁荷载简图

抗倾覆力矩为：

$$M_r = 0.8 G_r (l_2 - x_0)$$
$$= 0.8 \times 18.75 \times (3.6 - 0.105) \times (3.6/2 - 0.105)$$
$$= 89 \text{kN} \cdot \text{m} < 124 \text{kN} \cdot \text{m}$$

不满足抗倾覆要求。若要使该挑梁满足抗倾覆要求，经计算，需设计挑梁的埋入长度为 4.2m 才满足。这时，挑梁埋入砌体长度 l_1 与挑出长度 l 之比为 2.33，大于 2。

【禁忌 3.15】　挑梁下设置构造柱时，不计算挑梁下局部受压承载力

【后果】　构造柱对挑梁下砌体局部受压承载力有提高作用，但并不能保证满足其局部受压承载力要求。

【正解】　挑梁下通常都设有钢筋混凝土构造柱，尤其在抗震设防地区很普遍。由于混凝土的抗压强度比砌体高，且通常这种构造柱设置在挑梁的根部，这个部位的压应力是最大的，所以它的存在对挑梁下局部受压承载力有较明显的提高作用。但是由于现行规范没有这种情况的设计计算方法，为安全起见，通常不考虑上述提高作用，而按照无构造柱的无筋砌体来计算其局部受压承载力。

作者通过 62 根不同宽度的梁、柱在不同的荷载作用下挑梁的有限元分析，提出这类结构的设计计算方法，供工程技术人员参考。

1. 挑梁根部有钢筋混凝土柱时，梁上界面不开裂，压应力随埋入深度增大而逐渐减小，当埋入长度较大时，在梁尾还有可能出现拉应力。下界面裂缝首先

从梁的中部开始出现，然后向两头展开，达到极限荷载时，梁与墙脱开，挑梁上荷载主要由钢筋混凝土构造柱承担。在极限荷载时挑梁上下截面应力分布如图3-17，砌体承受的应力可以忽略不计。

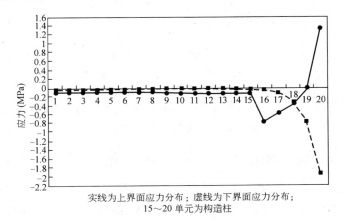

实线为上界面应力分布；虚线为下界面应力分布；
15～20单元为构造柱

图 3-17　开裂阶段挑梁上下界面应力分布

2. 当挑梁达到极限状态时，上界面构造柱外侧承受很大的拉力，内侧承受很大的压应力，为偏心受拉构件；挑梁下的压应力几乎都是由混凝土柱来承担，同时柱也承担一些弯矩，下界面构造柱为偏心受压构件。可以将挑梁下局部受压简化为上界面构造柱偏心受拉、下截面偏心受压构件来进行计算。

3. 上、下界面混凝土柱界面内力：

(1) 下界面

轴向压力设计值为：

$$N=2R\gamma \tag{3-27}$$

式中　R——挑梁倾覆荷载设计值；

　　　γ——经统计得到的混凝土柱有利影响系数。对于楼层挑梁，$\gamma=6.5\left(\dfrac{h_b}{l}\right)$，

　　　当 γ 小于 1.0 时，取 γ 等于 1.0；对于顶层挑梁，γ 取为 1.0；

　　　l——挑梁挑出长度。

弯矩设计值为：

$$M=\zeta \cdot R \cdot l \cdot \left(\dfrac{h_c}{h_b}\right) \tag{3-28}$$

式中　h_c——混凝土柱宽度；

　　　h_b——挑梁高度；

　　　ζ——统计参数。对于楼层挑梁，ζ 取为 0.177；对于顶层挑梁，ζ 取为 0.36。

（2）楼层挑梁上界面

轴向拉力设计值为：

$$N=\left(\frac{l}{h_c}\right)^{\frac{3}{2}} \cdot (0.03+0.055h_b)R \tag{3-29}$$

弯矩设计值为：

$$M=\xi R l\left(\frac{h_c}{h_b}\right) \tag{3-30}$$

式中 ξ——统计参数，取 0.213。

4. 验算挑梁下的混凝土柱承载力时，考虑到构造柱与墙体之间有拉结筋、马牙槎，约束较好，故假定偏心矩增大系数 $\eta=1.0$。

【禁忌 3.16】 挑梁下墙体不做承载力计算

【后果】 挑梁下墙体除了承受楼板传来的荷载外，还承受挑梁传来的集中荷载，其承受的压应力可能比一般承重墙大，不验算其承载力，可能不安全。

【正解】 对一般的砖混住宅建筑，由于纵墙上开有门窗洞口，挑梁下墙体通常是 L 形（角墙）或者 T 形。

设计计算该类构件的关键点有两个，一是要确定计算截面尺寸，二是要确定构件上作用的荷载大小。

1. 计算截面

确定原则：

（1）截面的长度可从角点算起，每侧宜取层高的 1/3；

（2）当墙体范围内有门窗洞口时，则计算截面取至洞边，但不宜大于层高的 1/3。

2. 受压构件顶部荷载

（1）上层的竖向集中荷载传至本层时，可按均布荷载计算；

（2）本层挑梁传来的荷载按集中荷载计算，荷载的大小为 $N=2R$，作用在挑梁的计算倾覆点，即离墙边距离为 x_0。

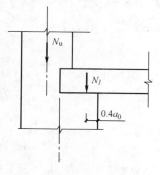

图 3-18 支承压力位置

（3）本层的竖向荷载，应考虑对墙的实际偏心影响，当楼板支承于墙上时，支承压力 N_l 到墙内边的距离，应取有效支承长度 a_0 的 0.4 倍（图 3-18）。由上面楼层传来的荷载 N_u，可视作作用于上一楼层的墙、柱的截面重心处。

3. 计算方法

根据构件实际受力情况，可按 L 形或 T 形截面双向偏心受压或者偏心受压构件进行承载力验算。

4. 实例

某七层刚性方案砖混住宅，底层为杂物间，层高为 2.2m，其他各层层高 2.9m，一至三层墙体材料为 MU 10 的烧结普通页岩砖，M10 的混合砂浆，四层及以上为 MU 10 的烧结普通页岩砖，M7.5 的混合砂浆，阳台、室内均为横向支承的预应力空心板。该工程抗震设防烈度为六度。

两卧室间的阳台为通阳台，阳台宽为 2.1m，屋顶挑梁埋入墙体 4.2m，楼层挑梁埋入墙体 2.6m，中间挑梁下支承墙体为 240mm 砖墙带单面墙垛，墙垛宽为 0.62m，平面布置见图 3-19。

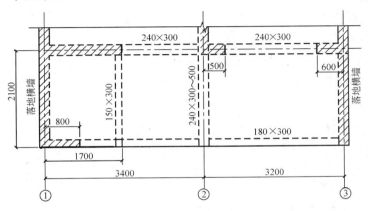

图 3-19　某住宅阳台布置

（1）计算截面

② 轴挑梁下墙体为 L 形，计算截面的长度不应超过 $2900 \times 1/3 = 967$mm，由于②轴墙长大于 967mm，则取 967mm。其计算截面如图 3-20。

截面特性如下：

截面面积：$A = 323280$mm²

截面形心位置：$S_2 = 261$mm

$S_1 = 87$mm

对于过形心的 x-y 坐标，截面惯性矩及惯性积：

$$I_{xc} = 2.717 \times 10^{10}\,\text{mm}^4$$

$$I_{yc} = 0.850 \times 10^{10}\,\text{mm}^4$$

$$I_{xcyc} = 0.738 \times 10^{10}\,\text{mm}^4$$

由此可以得到主惯性矩：

$$I_{xc0} = 2.973 \times 10^{10}\,\text{mm}^4$$

$$I_{yc0} = 0.593 \times 10^{10}\,\text{mm}^4$$

主坐标转角：$\alpha = 19.15°$

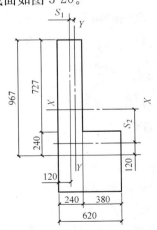

图 3-20　挑梁下墙体的计算截面

截面回转半径：$i_{xc0} = \sqrt{I_{xc0}/A} = \sqrt{2.973 \times 10^{10}/323280} = 303.2$mm

$$i_{yc0} = \sqrt{I_{yc0}/A} = \sqrt{0.593 \times 10^{10}/323280} = 135.4\text{mm}$$

（2）荷载计算

屋面作用于顶层挑梁上的荷载设计值：

屋面板传来荷载（含挑梁自重）设计值：25.08kN/m

女儿墙传来挑梁端集中荷载设计值：27.35kN

二至七层作用于相应挑梁上的荷载设计值：

楼面板传来荷载（含挑梁自重）设计值：25.50kN/m

阳台栏板传来挑梁端集中荷载设计值：20.06kN

（3）内力计算（以验算二层墙为例）

1）本层挑梁传到墙垛的荷载设计值：$N_1 = 25.50 \times 2.1 + 20.06 = 73.61\text{kN}$。

N_1 作用位置离挑梁根部距离为 x_0，因 $l_1 = 2.6\text{m} > 2.2h_b = 2.2 \times 0.5 = 1.1\text{m}$，取 $x_0 = 0.3h_b = 0.3 \times 0.5 = 0.15\text{m} < 0.13l_1 = 0.13 \times 2.6 = 0.338\text{m}$。在 $x\text{-}y$ 坐标系中坐标为（-120，$-261-120+338$），即（-120，-43）。

2）上层挑梁传来的荷载按照均布荷载计算，故上层挑梁及墙体自重传来荷载设计值：$N_2 = (25.08 + 4 \times 25.5) \times 2.1 + (27.35 + 4 \times 20.06) + 1.2 \times 6 \times 2.9 \times 5.24 \times 0.32328 = 409.82\text{kN}$。

N_2 作用于截面形心上，在 $x\text{-}y$ 坐标系中坐标为（0，0）。

3）②轴室内墙段承受楼、屋面传来的荷载（含本层）设计值：$N_3 = (25.08 + 5 \times 25.5) \times 3.3 = 503.51\text{kN}$。

N_3 作用位置近似在内横墙截面形心处，在 $x\text{-}y$ 坐标系中坐标为（-120，$727/2-261+120$），即（-120，222.5）。

截面轴向力合力 $N = N_1 + N_2 + N_3 = 986.94\text{kN}$。

合力对 $x\text{-}y$ 坐标轴的偏心距：

$$e_x = (-73.61 \times 120 - 503.51 \times 120) \div 986.94 = -70.2\text{mm}$$
$$e_y = (-73.61 \times 43 + 503.51 \times 222.5) \div 986.94 = 110.3\text{mm}$$

根据主坐标轴是由 $x\text{-}y$ 坐标轴旋转角度 $\alpha = 19.15°$ 后得到，故合力对主坐标轴的偏心距：

$$e_{x0} = 102.5\text{mm}$$
$$e_{y0} = 81.2\text{mm}$$

（4）承载力计算

对本例刚性方案房屋，二层墙的计算高度取 $H_0 = 2.9\text{m}$。

截面折算宽度、折算高度、相应的高厚比及轴心受压的稳定系数为：

$b_T = 3.5i_{yc0} = 3.5 \times 135.4 = 474\text{mm}$，$\beta_b = H_0/b = 2900/474 = 6.12$，$\phi_{0b} = 0.947$

$h_T = 3.5i_{xc0} = 3.5 \times 303.2 = 1061\text{mm}$，$\beta_b = H_0/b = 2900/1061 = 2.73$，$\phi_{0h} = 1.0$

$$e_{ib}=\frac{b}{\sqrt{12}}\sqrt{\frac{1}{\varphi_{0b}}-1}\left(\frac{\frac{e_b}{b}}{\frac{e_b}{b}+\frac{e_h}{h}}\right)=\frac{474}{\sqrt{12}}\sqrt{\frac{1}{0.974}-1}\left(\frac{\frac{102.5}{474}}{\frac{102.5}{474}+\frac{81.2}{1061}}\right)=16.5\text{mm}$$

$$e_{ih}=0$$

承载力的影响系数：

$$\varphi=\frac{1}{1+12\left[\left(\frac{e_b+e_{ib}}{b}\right)^2+\left(\frac{e_h+e_{ih}}{h}\right)^2\right]}=\frac{1}{1+12\left[\left(\frac{102.5+16.5}{474}\right)^2+\left(\frac{81.2}{1061}\right)^2\right]}=0.547$$

对 MU10 的烧结普通页岩砖，M10 的混合砂浆，砌体抗压强度设计值 $f=$ 1.89MPa。构件受压承载力为：

$$\varphi fA=0.547\times1.89\times10^3\times0.32328=334.2\text{kN}<986.94\text{kN}，不满足要求。$$

参 考 文 献

[1] 施楚贤主编. 砌体结构理论与设计. 北京：中国建筑工业出版社，1992

[2] 施楚贤. 砌体结构疑难释义（第三版）. 北京：中国建筑工业出版社，2004

[3] 唐岱新等. 砌体结构设计规范理解与应用. 北京：中国建筑工业出版社，2002

[4] 施楚贤，梁建国. 砌体结构学习辅导与习题精解. 北京：中国建筑工业出版社，2006

[5] 施楚贤. 注册结构工程师砌体结构考试中的几个难点问题. 建筑结构，2002 年第 1 期

[6] 施岚青. 注册结构工程师考试中砌体结构考试的特点和难点. 建筑结构，2001 年第 3 期

[7] 朱兆晴. 砌体结构设计计算中的几个问题. 工程质量，2006 年第 4 期

[8] 吴正文. 关于砖混结构中钢筋混凝土挑梁设计和施工的几个问题，泰州职业技术学院学报，2002 年 9 月第 2 卷第 3 期

[9] 单洁明. 砌体房屋中托梁的事故分析. 建筑技术开发，2004 年 7 月第 31 卷第 7 期

[10] 王颖铭. 悬挑梁设计的几个问题. 石化技术，1995 年第 4 期

[11] 肖玉银. 砖混住宅挑梁下墙体的强度计算. 冶金矿山设计与建设，2002 年 11 月第 34 卷第 6 期

[12] 梁建国，湛华. 挑梁根部设钢筋混凝土柱时设计计算方法［J］. 四川建筑科学研究，2001 年第 4 期

[13] 梁建国，李德绵，彭茂丰. 梁下设钢筋混凝土柱组合砌体设计计算方法［J］. 工业建筑，2004 年第 34 卷（第 370 期）

第四章　单层及多层砌体结构房屋

单层砌体结构房屋通常是指用砌体作为承重墙的小型单层工业厂房、仓库、食堂、影剧院等以纵墙承重的大开间房屋。

多层砌体结构房屋，又称多层混合结构房屋，它是由砌体墙、柱作为竖向受力构件，钢筋混凝土结构作为水平受力构件组成的房屋结构。多层砌体房屋一般指层数不超过8层，总高度不大于24m的房屋。

无筋砌体单层或多层房屋，由于其脆性性质，除了要求该类房屋中砌体构件满足设计计算要求以外，对房屋的概念设计有较严格的限制，尤其是抗震设防地区的房屋。从建筑事故的调查分析结果可以看出，设计人员往往认为砌体结构简单，对其设计不予重视，往往产生设计失误，给人民生命财产带来巨大损失。

【禁忌 4.1】　设计超层超高多层砌体结构房屋

【后果】　超规范。

【正解】　在实际工程中发现不少设计忽略了《建筑抗震设计规范》关于不同烈度下砖砌体房屋的总高度和总层数限值必须是同时满足的规定，有的工程只能满足其中的一项，甚至有的工程两项都不满足，使设计超出规范要求。

多层房屋的层数和高度应同时满足（"双控"）下列要求：

1. 一般情况下房屋的层数和总高度不应超过表 4-1 的规定。

2. 对医院、教学楼等及横墙较少的多层砌体房屋总高度应比表 4-1 的规定降低 3m，层数相应减少一层，各层横墙很少的多层砌体房屋还应根据具体情况再适当降低总高度和减少层数。横墙较少指同一楼层内开间大于 4.20m 的房间占该层总面积的 40% 以上。

3. 横墙较少的多层砖砌体住宅楼，当按规定采取加强措施并满足抗震承载力要求时，其高度和层数应允许仍按表 4-1 的规定采用。

需要注意的是：

1. 对于多层砌体房屋"横墙较少"的概念指全部楼层均符合横墙较少的条件，对于仅个别楼层符合"横墙较少"的条件，可根据大开间房屋的数量、位置、开间大小等采取相应的加强措施，而不要求降低层数。

底部框架房屋的上部各层，"横墙较少"的概念同多层砌体房屋。

房屋类别		最小墙厚度(mm)	烈　　　度							
			6		7		8		9	
			高度	层数	高度	层数	高度	层数	高度	层数
多层砌体	普通砖	240	24	8	21	7	18	6	12	4
	多孔砖	240	21	7	21	7	18	6	12	4
	多孔砖	190	21	7	18	6	15	5	—	—
	小砌块	190	21	7	21	7	16	6	—	—
底部框架—抗震墙		240	22	7	22	7	19	6	—	—
多排柱内框架		240	16	5	16	5	13	4	—	—

2. 多层砌体房屋的总高度指室外地面到主要屋面板顶或檐口的高度。

3. 计算房屋总高度时，半地下室从地下室地面算起，全地下室和嵌固条件较好的半地下室允许从室外地面算起。

嵌固条件较好一般指下面两种情况：

（1）半地下室顶板（宜为现浇混凝土板）的标高在 1.5m 以下，地面以下开窗洞处均设有窗井墙，且窗井墙又为内横墙的延伸，如此形成加大的半地下室底盘，有利于结构的总体稳定，半地下室在土体中具有较好的嵌固作用。

（2）半地下室的室内地面至室外地面的高度大于地下室净高的二分之一（埋层较深），无窗井，且地下室部分的纵横墙较密，具有较好的嵌固作用。

在这两种嵌固条件较好情况下，带半地下室的多层砌体房屋的总高度允许从室外地面算起。

若半地下室层高较大，顶板距室外地面较高，或有大的窗井而无窗井墙或窗井墙不与纵横墙连接，构不成扩大基础底盘的作用，周围的土体不能对多层砖房半地下室起约束作用，则此时半地下室应按一层考虑，并计入房屋总高度。

4. 带阁楼的坡屋顶总高和层数的计算。

檐口标高处不设水平楼板时，总高度可以算至檐口（此处檐口指结构外墙体和屋面结构板交界处的屋面结构板顶）。

当檐口标高附近有水平楼板，且坡屋顶不是轻型装饰屋顶时，上面三角形部分为阁楼，此阁楼应作为一层考虑，高度可取至山尖墙的一半处，即对带阁楼的坡屋面应算至山尖墙的二分之一高度处。

5. 坡地上多层砌体房屋的层数和总高度计算

由于坡地上多层砌体房屋在不同地面标高上的层数和高度不同，结构竖向刚度不均匀，对结构有不利影响。出于安全考虑，对于坡地上多层砌体房屋总高度的计算，仍然沿用自室外地坪到主要屋面板板顶标高或至檐口标高的方法，室外地坪应从低处计算。按同样要求，层数也应从低处算起，例如，坡地上某多层砌体结构房屋，低处有6层，高处有5层，则总层数应按6层算。

若多层砌体房屋在坡地范围内的结构每层楼板均与山体有可靠的锚固；横墙也采取有效措施与山体连接，结构的墙体刚度较大，则可按从地面较高处计算房屋的层数和总高度。但此时尚应估计不利地段对设计地震动参数产生的放大作用，其地震影响系数最大值应乘以增大系数。其值可根据不利地段的具体情况确定，但不宜大于1.6。例如，坡地上某多层砌体结构房屋，低处有6层，高处有5层，采取在坡地范围内的结构楼板与山体有可靠的锚固、该范围内横墙间距较密，且外延伸出后与山体有可靠锚固等多种有效措施，加强结构与山体的连接，则该房屋总层数可按5层计算。

6. 底层框架—抗震墙结构，若地下室嵌固较好，则底层框架—抗震墙结构的地下室的层数可不计入底框结构允许层数内。

7. 总高度的计算有效数字为个位，即小数点后第一位数四舍五入后满足即可。

室内外高差大于0.6m时，房屋总高度允许比表4-1中适当增加，但不应多于1m。因已将总高度值适当增加了，故此时不应再四舍五入使增加值多于1m。

【禁忌4.2】 多层砌体房屋高宽比超限

【后果】 房屋的稳定性和整体抗弯能力不满足要求。

【正解】 《建筑抗震设计规范》对多层砌体房屋不要求作整体弯曲的承载力验算，但多层砌体房屋整体弯曲破坏的震害是存在的。为了使多层砌体房屋有足够的稳定性和整体抗弯能力，房屋的高宽比应满足：6、7度时不大于2.5，8度时不大于2.0，9度时不大于1.5。对于点式、墩式建筑的高宽比宜适当减小。

房屋总高度的确定在【禁忌4.1】已经做了说明。

房屋总宽度的确定，可分下列四种情况：

（1）规则面，可按房屋的总体宽度计算，不考虑平面上局部凸出或凹进；

（2）凸出或凹进较规则平面，房屋宽度可按加权平均值计算或近似取平面面积除以长度；

（3）悬挑单边走廊或单边由外柱承重的走廊房屋，房屋宽度不包括走廊部分的宽度；

（4）设有外墙的单面走廊房屋，房屋宽度不包括走廊部分的宽度。

挑廊式砌体房屋，其房屋的总宽，不计挑廊宽度，这是人所共知并易于遵守的，但柱廊式或偏廊式房屋，其房屋的总宽，亦不应将走廊的宽度计算在内。外柱廊式房屋，一般都是单面布置房间，廊柱与楼板联系差，竖向抗弯刚度也差；偏廊式房屋的外墙一般开窗面积较大，亦不能有效地参与房屋的整体弯曲。因此在计算外廊、偏廊式砌体房屋的高宽比时，其总宽不应包括廊道宽度在内。但在实际工程中，有的设计人员往往忽视这一点，特别是偏廊式房屋，总是将偏廊包括在房屋总宽内，从而降低了房屋的高宽比。这种做法是不正确的。

在抗震设防地区砌体结构房屋有三种情况造成高宽比超过规范规定需研究解决：一是新建房屋，因受场地限制或使用功能要求等原因，要求设计单面走廊房屋的日益增多，由于用地紧张建造的层数也越来越高，加之规范规定计算房屋高宽比时，房屋宽度不包括单面走廊的宽度，所以新建房屋高宽比超过规范限值的日益增加。二是旧房加层，因加层造成高宽比超过规范规定的时有发生，特别是当旧房为单面走廊房屋时更易出现此情况。三是已有旧砖房高宽比过大，需进行抗震加固。

砌体房屋高宽比超限的解决方法有：

（1）外廊改内廊。

如某3层单面外廊式砖混结构办公楼，层高3.6m，房宽8.4m（其中外廊宽2.4m），在7度区要求加高2层。因直接加层后高宽比超过规范规定，通过将房屋由单面外廊式改为内廊式解决了问题。

（2）降低房高。

如房屋高宽比超过规范规定较少，可降低层高、减少室内外地坪高差解决；如超过规范规定较多，可考虑减少房屋层数解决。

（3）房屋下部加宽。

当房屋高宽比超过规范规定时，只将房屋下部1～2层部分加宽，上部各层不加宽。此法比将房屋从一层到顶层均加宽，需增加建筑面积少、投资少；比改全框架投资少，还可增加使用面积；比减少层数甲方易接受，是解决高宽比超限的一个较好方法。旧房加层高宽比超限也可用此方法。

（4）加大房屋侧向刚度。

从理论上分析，房屋的高宽比相同，有较大洞口的横墙的整体抗弯能力要比无洞横墙的抗弯能力低，故相应的弯曲破坏也就明显。可见房屋的整体抗弯能力与房屋的侧向刚度有关，横墙多的房屋比横墙少的房屋抗整体弯曲破坏能力强。建议对每开间均有横墙的房屋（开间尺寸≤4m），或横墙较少（间距≤8m），但墙厚≥370mm、开洞宽度≤1.5m时，房屋高宽比限值可稍放宽，7度时≤2.8，8度时≤2.2。

旧砖房加层后高宽比超过规定较少时，可采用后加横向砖墙或对旧横墙用水泥砂浆钢丝网夹板墙进行加固。

【禁忌4.3】 抗震设防区多层砌体房屋层高超过3.6m

【后果】 稳定性和抗震性能差。

【正解】 抗震规范规定普通砖、多孔砖和小砌块砌体承重房屋的层高，不应超过 3.6m，蒸压灰砂砖、蒸压粉煤灰砖的层高不应超过 3m，这一规定主要针对多层建筑。因为多层砌体结构房屋的抗剪强度低，其破坏主要是剪切破坏为主，所以我国抗震规范的设计计算方法是建立在房屋以剪切变形为主的基础上的。房屋的层高越高，墙体的弯曲变形所占总变形越大，所以抗震规范对房屋层高作了限制。而对某些单层房屋，如单层工业建筑、变配电室、食堂、仓库等，其设计计算方法与多层砌体结构房屋不同，结构构件不是考虑以剪切变形为主，它的计算过程中不仅考虑了剪切变形，同时也考虑了弯曲变形，所以在抗震规范的砖柱单层工业厂房中，未对房屋层高作出具体的规定。

《多孔砖砌体结构技术规范》（JGJ 137—2001）第 5.1.4 条规定：多孔砖层高不应超过 4.0m。该条为强制性条文，必须严格执行。

设计时对层高的确定很容易产生误解，尤其是房屋的底层。在静力设计时，房屋底层的计算高度是从二楼板（梁）顶至基础顶部的高度，若基础埋置较深，则至室内或室外地面以下 500mm；在计算房屋总高度时，若无地下室，总高度是指室外地坪至主要屋面板顶或檐口的高度。这里所指的层高限制是指建筑层高，即室内地坪至二楼板顶的距离，因为室内楼盖（填土）可以约束层间变形。

【禁忌 4.4】 多层砖混结构平面布置不合理

【后果】 水平荷载下产生扭转，使结构承受较大的扭转应力和应力集中。

【正解】 按照抗震概念设计的基本原理，砖混结构平面布置宜规则、对称、刚度均匀，墙体布置宜连续、贯通等。但在实际设计中经常遇到如下问题，应予以避免。

1. 平面不规则

表现在平面采用"T"、"十"、"L"形及其复合形状时，局部突出的尺寸太大（图 4-1）。

从有利于抗震的角度出发，砖结构应为规则结构，但许多情况下，图 4-1 所示的不规则结构往往难以避免，这时，就应对局部突出的尺寸加以限制。《高层建筑混凝土结构技术规程》（JGJ 3—2002）对钢筋混凝土高层建筑给出了明确的规定，虽然砖混结构一般为单、多层建筑，但砖砌体属脆性材料，建议仍参照上述规程规定确定图 4-1 所示不规则结构局部突出部分的尺寸限值。若不满足，则应设置足够宽的防震缝将其划分为规则结构。

2. 刚度不均

刚度不均的结构，由于刚度中心与质量中心不重合，因此在地震时，很容易引起偏心扭转，从而导致远离刚度中心的刚度较小构件，在地震时产生过大的变

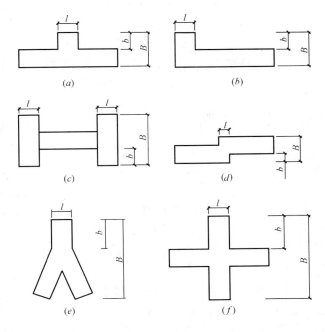

图 4-1　不规则平面形式

形，发生局部破坏，乃至整个结构的倒塌。常见的刚度不均的结构如图 4-2 所示。

刚度不均的结构，设计中宜避免采用，如难以避免时，则应采取一定的构造措施。一般可以采取的措施有：

（1）加强薄弱部位。如在远离刚度中心的部位增设钢筋混凝土构造柱和圈梁，加强对墙体的约束；增强楼（屋）盖的整体性；采用配筋砖墙等。

（2）调整刚度。如在抗震计算允许时，将刚度较大部位的部分墙体改为轻质隔墙，或者加大刚度较小部位的断面等。

3. 不规则的封闭平面

不规则的封闭平面，其角部的应力状态复杂，定量

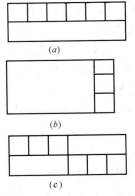

图 4-2　平面刚度不均匀

分析尚难以进行，在地震中的动力反应更难以定量计算，这种形式的砖混结构不宜在强震区采用。

图 4-3 所示某六层（局部五层）的砖混建筑，从抗震概念设计的原理分析，8 度抗震设防区采用这种结构平面值得商榷。其一，三块平面连成一体，各部分质量、刚度不同，地震时各部分的动力反应也各不相同，不可能同步振动，因此

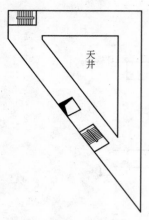

天井

图 4-3　某不规则封闭平面

在地震时角部连接部位的应力集中，砖混结构能否抵御令人怀疑；其二，本工程在相对薄弱的角部设置了楼梯间，楼板不能贯通，又减小了这些部位抵抗外力的能力；其三，该工程顶部设置了钢梁将三部分互相拉结，使应力状态更加复杂化。结果该工程在温度应力作用下，三个角部的墙身就产生了大量裂缝。

由于设置防震缝会给建筑功能带来影响，给防水等构造处理也带来一定的困难，因此钢筋混凝土结构有不设缝而采取结构加强措施的趋势。但鉴于砖砌体的脆性性质，设置足够宽度的防震缝仍是一条行之有效的防震措施。就上述工程而言，仍宜设置防震缝；否则，宜采取可靠的抗震措施或其他性能更好的结构形式。

4. 墙体不连续

砖混结构中的墙体就是抗震墙，在地震中墙体承担、消耗了地震能量，因此，砖墙宜连续、贯通布置。但在实际工程中，这一要求有时很难做到。尤其是近年的住宅设计中，这一点尤为突出。目前流行的大厅小居室的布局，使用便利，充分利用面积，很受大家欢迎，但这种形式的住宅，墙体的布置大多零乱、断续，同时也存在着平面不规则、刚度不均的问题，抗震性能较差。为了保证抗震设防目标的实现，必须采取多种抗震措施来提高这类建筑的抗震性能。

为保证地震力的可靠传递，在墙体错位的部位，应采取措施加强楼（屋）盖的整体性和墙体与屋（楼）盖的联结，墙体端部也宜设置构造柱予以加强。

5. 纵横墙布置不对称

有的平面设计存在严重的不对称：一边进深大，一边进深小；一边设计大开间，一边为小开间；一边墙落地承重，一边又为柱承重。平面形状采用 L、Ⅱ 形不规则平面等，造成了纵向刚度不均，而底层作为汽车库的住宅，一侧为进出车需要，取消全部外纵墙，另一侧不需进出车辆，因而墙直接落地，造成横向刚度不均。

【禁忌 4.5】　多层砖混结构立面布置不合理

【后果】　竖向刚度不均匀，出现薄弱层，结构抗震性能差。

【正解】　多层砖混结构房屋里面应规则、均匀、对称，且上下连续。实际工程中容易出现的问题有：

1. 体型不规则

对抗震结构而言，竖向体型要力求规则、均匀、对称，避免有过大的外挑和内收，立面收进部分的尺寸比值，宜符合下式的要求（图4-4）：

$b/B \geqslant 80\%$

2. 竖向墙体不连续

可大致分为四种情况（图4-5）。

竖向墙体不连续的结果导致了竖向刚度不均，导致刚度突变和出现薄弱层。图4-5（a）出现相对柔弱的底层；图4-5（b）在底层与二层间刚度突变，底层相对吸收了较大的地震能量，但由于上部没有墙体，压应力较小，从而抗剪能力也较小，因此在相对较大的地震能量下易导致剪切破坏；图4-5（c）在中间层刚度突然加大；图4-5（d）中间层成为薄弱层。上述四种情况均不利于有效地抵御地震。

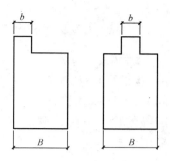

图4-4 不规则立面形式

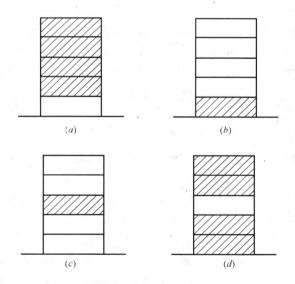

图4-5 竖向刚度不均匀

对于图4-5（a）所示的情况，宜将上部砖墙改为非承重轻质隔墙，以使刚度均匀，或者设计成底部框架结构。

对于图4-5（b）所示的情况，有两种处理措施。其一是将墙体改为轻质非承重隔墙；其二是提高此墙体的抗剪能力，如增设构造柱及圈梁，或改为配筋砌体，或提高砂浆等级及加大断面等。

对于图4-5（c）、图4-5（d）所示情况，参考上述办法处理。

【禁忌4.6】 不按抗震规范控制房屋局部尺寸，又不做任何加强措施

【后果】 薄弱部位在地震中会产生严重破坏。

【正解】 在地震作用下，房屋首先在薄弱部位破坏。这些薄弱部位一般是窗间墙、尽端墙段、突出屋顶的女儿墙等。因此，对窗间墙、尽端墙段、女儿墙等的尺寸应加以限制（表4-2）。当局部尺寸超出规定时，应采取局部加强措施。

房屋的局部尺寸限值　　　　　　　　　　　　　　表 4-2

部　　位	6 度	7 度	8 度	9 度
承重窗间墙最小宽度	1.0	1.0	1.2	1.5
承重外墙尽端至门窗洞边的最小距离	1.0	1.0	1.2	1.5
非承重墙尽端至门窗洞边最小距离	1.0	1.0	1.0	1.0
内墙阳角至门窗洞边最小距离	1.0	1.0	1.5	2.0
无锚固女儿墙（非出入口处）最大高度	0.5	0.5	0.5	0.0

在砌体结构房屋设计中，特别是在多层砌体结构住宅设计中，房地产开发商为了追求市场效应，在楼盘房型、立面效果上标新立异，建筑设计师迎合开发商的意愿，大开间、大门窗洞口、悬墙、飘窗一起上，门窗宽度越来越大，窗间墙越来越小，有的砖混结构的住宅楼开洞率高达80%（外纵墙），导致房屋的局部尺寸很多不能满足局部尺寸限值：有的承重窗间墙最小宽度＜1.0m（6度设防）；承重外墙尽端至门窗洞边的最小距离＜1.0m（6度设防）；非承重墙外墙尽端至门窗洞边的最小距离＜1.0m，片面追求开敞明亮却忽视了房屋的抗震安全。

住宅砌体房屋中为追求大客厅，布置大开间和大门洞，有的大门洞间墙宽仅有240mm，并将阳台作成大悬挑（悬挑长度大于2m）延扩客厅面积；部分"局部尺寸"不满足要求时，有的不采取加强措施，有的采用增大截面及配筋的构造柱替代砖墙肢；住宅砌体房屋中限于场地或"造型"，布置成复杂平面，或纵、横墙沿平面布置多数不能对齐，或墙体沿竖向布置上下不连续等等。这些情况都是对抗震不利的，设计时应予以避免。

【禁忌4.7】 在多层砌体结构房屋中设置转角窗（飘窗）

【后果】 房屋尽端是震害较为严重的部位，尽端墙肢的宽度应满足最小宽度要求。采用转角窗后，不仅不满足尽端墙的最小尺寸要求，连尽端墙都取消了，使地震作用无法传递，给结构抗震安全造成隐患。

【正解】 宏观震害表明，房屋尽端是震害较为严重的部位，这是因为房屋结构上的不对称或地震本身的扭转分量造成的，同时也有"端部效应"动力放大的影响，由于砌体结构房屋的楼屋盖一般为现浇混凝土结构，山墙、外纵墙均为承重墙，尽端最好不开窗或开小窗，转角处不应开窗，因为这部分的地震反应敏感，破坏普遍，承重山墙的局部破坏可能导致第一开间的倒塌，转角窗上的梁处于弯剪扭受力状态，也易造成混凝土板开裂。

在实际设计中，为了追求美观和大窗户，在房屋的外纵墙和山墙交接处，设置转角窗，并采用加强的构造柱或增加水平配筋措施，以放宽局部尺寸限制。但若认为要求有局部尺寸限制处可以用加大的构造柱来代替（如图4-6），那就错了，因为采用加大的构造柱来代替必要的墙段，就改变了砌体结构的受力体系，使设计计算结果产生较大误差。

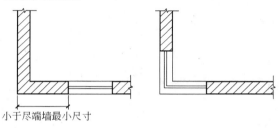

小于尽端墙最小尺寸

图 4-6　飘窗

建设部施工图审查要点已有明文规定，抗震设计不允许设转角窗。北京市技术细则也要求："除底层房屋外，一般应当禁止采用转角窗的做法。设置转角窗破坏了砌体墙的连续性和整体性，使地震作用无法传递，给结构抗震安全造成隐患"。对于一、二层砌体房屋，若一定要设转角窗，至少应增设构造柱予以构造加强。

【禁忌4.8】　多层砌体住宅存在错层时，计算模式选取错误，构造措施未加强

【后果】　错层式住宅，同一层楼面标高不一，使得水平地震力的传递路线转折，且在反复水平地震力的作用下，楼板与墙体间有可能产生不协调振动，使得错层处墙体受力复杂，应力集中，极易发生裂缝、错位，甚至倒塌。

【正解】　错层住宅是把普通住宅形式在垂直方向进行300～1200mm的高度变化，使得各居住功能分区更趋明朗合理，空间层次变化更符合人们的居住心理。入口处是标高相对较低的共用起居空间，一般包括客厅、餐厅及共用卫生间等。属私密空间的个人休息房间将比共用空间高出一定的高度，两者之间用一个室内踏步衔接，空间层次上的变化适应了人们在使用上的心理需要，这也是错层式住宅受到人们认同的重要原因。但对于结构工程师来说，错层建筑存在以下问题：

（1）不利于抵抗水平荷载。《建筑抗震设计规范》（GB 50011—2001）第2.2.1条明确指出，楼层不宜错层；第3.4.2条把楼层有较大错层的建筑归结为平面不规则类型。因为错层式住宅，同一层楼面标高不一，使得水平地震力的传递路线转折，且在反复水平地震力的作用下，楼板与墙体间有可能产生不协调振动，使得错层处墙体受力复杂，应力集中，极易发生裂缝、错位，甚至倒塌。错层住宅的抗震能力较普通型住宅要差，因此设计时更应重视抗震设防。

（2）圈梁闭合困难。由于错层的原因，门窗洞口在垂直方向位置有变化，使得圈梁在一个水平面上常遇洞口而不能闭合，这种现象在楼梯间、外纵墙等部位较为常见。

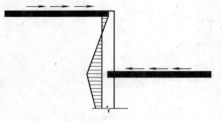

图 4-7　地震（温度）作用在墙体中产生的弯曲应力

（3）顶层温度变化的影响。图 4-7 所示的错层部位墙体在温度应力作用下，会反复产生剪切应力和弯曲应力，从而使该部位安全度大大小于其他部位。

（4）强度计算和高厚比验算时，不同部位的墙体，其计算高度不一样。对于底层的某些墙体来说，构件高度要比非错层住宅构件高度增加一个错层高度，这也是结构设计人员特别要注意的一个方面。

针对以上问题，结构工程师在设计时应采取的措施有：

（1）当多层砌体房屋错层高度超过梁高（或楼板高差在 500mm 以上）时，结构计算应按两个楼层对待，房屋总层数相应增加。错层楼板之间的墙体应采取

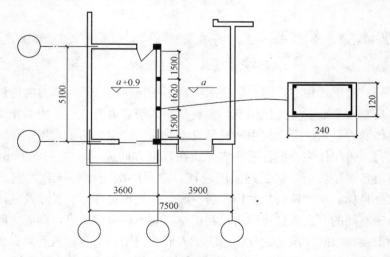

图 4-8　有错层的墙体上设置构造柱

措施解决平面内局部受剪和平面外受弯问题，可以在错层墙体上设置一些混凝土构造柱，其间距为 1.5～3m 为宜，见图 4-8。在房屋底层采用较小间距，在上部各层采用较大间距。

当错层高度不超过梁高时，该部位的圈梁或大梁应考虑两侧上下楼板水平地震力形成的扭矩，采取抗扭措施，必要时进行抗扭验算。

（2）建筑设计与结构布置应有利于圈梁的设置。

对于楼梯间墙体上放置的楼板，宜在一个水平高度上，这样有利于在楼梯间墙体上形成一个闭合的圈梁。在错层住宅中，楼梯间入口处是相对较低的楼面，因此楼梯间的圈梁位置比主圈梁低一个错层高度。只要在楼梯间一侧的外纵墙和内纵墙上设置一道拉通圈梁，就能满足圈梁搭接要求。所以在建筑设计方面，要尽量避免在楼梯间墙体上既放置相对较低的楼板，而在另一部分又放置相对较高的楼板，或者在楼梯间一侧墙体上放置较高的楼板，而另一侧放置较低位置的楼板，这样不利于楼梯间圈梁的闭合。由于楼梯间入口处是相对较低的位置，因此不论在何种情况下，都应在楼梯间的入口上方设置圈梁，并使其闭合。图 4-9 所示的楼梯间墙体在板底设置的圈梁很容易闭合，图 4-10 所示的楼梯间墙体设置

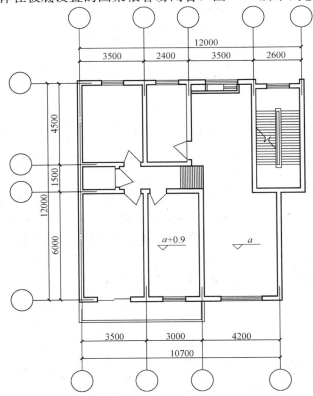

图 4-9　利于圈梁拉通的有错层的户型平面

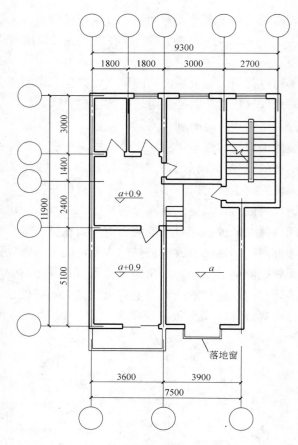

图 4-10　不利于圈梁拉通的有错层的户型平面

闭合圈梁比较困难。

　　对于外纵墙，也应设法使圈梁拉通，对于图 4-9 所示的情况，在相对位置较高的主圈梁从相对位置较低的房间外墙拉通时，圈梁已经到了该房间楼面的上部，但楼面到窗洞口有 1000mm 高的墙体，所以圈梁在该部位是可以拉通的（见图 4-11）。对于图 4-10 所示的情况，由于在较低楼面房间外墙上开有落地窗洞口，圈梁无法拉通。由此可见，从建筑设计专业开始，精心设计各房间功能及门窗洞口位置，以保证结构构件合理设置，是提高错层式住宅设计质量的重要环节。

　　（3）加强存在错层的墙体的抗震能力。

　　构造柱和圈梁的设置除须满足抗震规范外，在错层处，纵横墙交接处均应增设构造柱，每层楼面标高处均应设置圈梁，并与两边构造柱连接，这样可保证将错层处墙体约束其中，增加墙体的整体性和延性，提高墙体的抗倒塌能力。错层

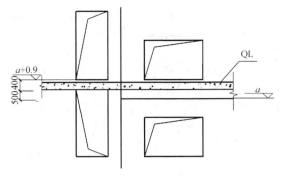

图 4-11　圈梁拉通的方式

处构造柱和圈梁纵向钢筋直径不小于 $\phi12$，箍筋直径不小于 $\phi6$，间距不大于 150mm，圈梁高度 ≥180mm。

（4）加强顶层错层部位墙体的伸缩能力。

在温差作用下，错层部位墙体会受到和地震作用类似的不利影响，因此在房屋顶层，同样也要设置抵抗弯曲变形的混凝土构造柱，并且其间距应比标准层适当加密。同时，由于温差作用比较频繁，尤其在昼夜温差比较大的地区，其危害是比较大的。在一些工程实例中，顶层较低位置的楼板端头处墙体易出现水平裂缝，所以在顶层较低位置的楼板端头处，应按图 4-12 所示设置"L"形圈梁，与构造柱整浇为一体，加强该部位的结构整体性，达到防止墙体开裂的目的。

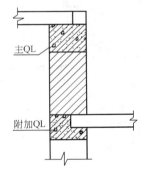

图 4-12　设置"L"形圈梁

（5）改变一些楼板的受力方向，以避免在同一道墙体上出现错层现象。

一般情况下，砌体结构住宅多为横墙承重，如果墙体两侧的楼板存在错层，可以考虑墙体一侧的楼板为横墙承重，而另一侧为纵墙承重，从而避免在一道墙体上的一个自然层中出现两个高度的楼板，减小水平作用对其产生的危害。

（6）如果错层高差太小，错层所形成的动静两区层次不大，即空间变化幅度小，效果较差。而且高差太小，不易引起人们的注意，行走时易跌倒；如果高差太大，会因错层处净高不满足要求，而必须做成折板式台阶，这样使结构复杂，施工麻烦且不经济。如果将高差控制在 600mm 以下，即可在楼面上直接做台阶，这样不仅施工简单、经济，且能满足规范对局部处净高＞2.0m 的要求。故错层高差建议在 450～600mm 之间，这样的错层高度也可以减少错层对结构带来的不利影响。

【后果】 低估房屋的地震作用，不安全。

【正解】 在砌体结构住宅建筑中，很多都做成坡屋顶，有的甚至将坡屋顶设计成阁楼。这部分有一定的高度，又在房屋的顶部，对地震作用的影响很大，如果简单地将它看成是一个檐口处的质点，必然低估房屋的地震作用。

由于坡屋顶在实际工程中的做法不同，应根据具体情况加以分析后确定其设计方法。

1. 住宅的坡屋顶如不利用，且檐口标高处不设水平楼板。屋面和山尖墙可以看成是一个质点，顶层的计算高度，规范未做具体规定，由设计人员根据实际情况而定。一般可取顶层楼板至山尖墙一半的高度，但该层的计算高度不应超过4m（如图4-13）。

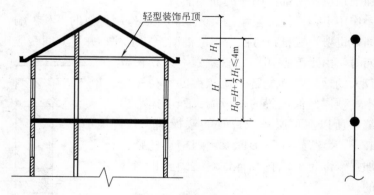

图 4-13 坡屋顶不设水平楼板时计算简图

2. 当檐口标高附近有水平楼板，且坡屋顶不是轻型装饰屋顶时，上面三角形部分为阁楼。结构计算时，不论是否住人，此阁楼应作为一层考虑，阁楼层均

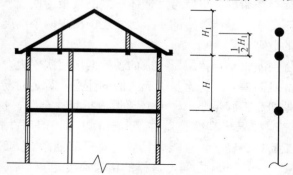

图 4-14 三角形坡屋顶设水平楼板时计算简图

应作为一个质点考虑，即增加一层考虑。高度可取至山尖墙的一半处，即对带阁楼的坡屋面应算至山尖墙的二分之一高度处（如图4-14、图4-15）。

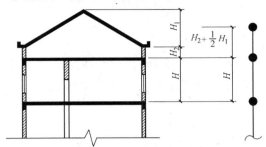

图 4-15 屋形坡屋顶设水平楼板时计算简图

3. 带阁楼的多层砌体房屋构造柱、圈梁加强措施：

（1）当剖面形式为三角形，即檐口处无砖墙时，可按房屋实际层数按规范要求设置构造柱并适当加强；

（2）剖面形式为屋形，即檐口处有砖墙时，按房屋实际层数增加一层后的层数对待。

（3）不论是三角形还是屋形，坡屋顶山尖墙部位均需沿山尖墙顶设置卧梁、屋盖处设置圈梁、在山脊处设置构造柱。

（4）当阁楼内收外墙不是支撑在墙上，而是支撑在楼板或梁上时，纵横墙交界处设置构造柱，并向下延伸一层。

带坡屋面的阁楼层的设置比较复杂，特别是平屋面上部分阁楼层，应根据是否住人、阁楼层占总屋面面积比例、阁楼层的结构形式（如有的平屋面上用轻质隔墙建筑的阁楼）、阁楼层高度等具体情况分析。

【禁忌4.10】 出屋面楼（电）梯间太高，有的还在上面设有水箱，该局部不做单独抗震设计

【后果】 由于鞭稍效应，这部分的地震作用比按底部剪力法计算结果大三倍，若不单独设计，不能满足抗震要求。

【正解】 结构体系的选型应防止刚度和强度的突变。突出屋面结构明显存在刚度突变，其抗震设计尤应注意采取可靠措施。例如，在计算分析时，砌体结构一般采用底部剪力法，突出屋面的屋顶间、水箱、女儿墙、烟囱等的地震作用效应，宜乘以增大系数3，同时还要根据计算结果加强构造措施。

一般认为当突出屋面的屋顶房间面积（突出屋面有多个单体时，应分别计算，不应将所有突出单体加在一起计算）小于楼层面积的30%时，可按突出屋面的屋顶间计算而不算做一层，否则要按一层计算。

房屋顶层（第 n 层）的水平地震作用标准值为：

$$F_n = \frac{G_n H}{\sum\limits_{j=1}^{n} G_j H_j} F_{Ek} \tag{4-1}$$

需要指出的是，这里的 G_n 包含所有突出屋面房间的重力荷载代表值。

当有多个独立的突出屋面房屋时，某个突出屋面房屋的水平地震作用标准值为：

$$F_t = \frac{3 G_n H}{\sum\limits_{j=1}^{n} G_j H_j} F_{tEk} \tag{4-2}$$

式中 F_{tEk}——某个突出屋面房屋重力荷载代表值，若该结构上还有水箱，偏于安全，水箱按满水考虑，水的重量按恒载计入重力荷载代表值。

对这类结构，在构造上还应加强。突出屋面的楼电梯间四角均应设置构造柱，且构造柱应向下延伸一层，不应直接锚入顶层圈梁。

【禁忌 4.11】 不按规范要求设置构造柱

【后果】 无筋砌体结构的变形性能很差，为了改善结构的变形性能，提高房屋的整体性，通常在房屋中设置钢筋混凝土构造柱。有些设计人员不按规范要求设置构造柱，而是该设的未设，不该设的随意设置，致使构造柱起不到应有的作用，而且浪费严重。

【正解】 1. 非抗震设防区房屋构造柱的设置要求：

（1）房屋顶层端部墙体内适当增设构造柱，以减轻温度裂缝；

（2）承重墙强度不够时，可增设构造柱，形成组合砌体，提高抗压强度；

（3）当不能设置翼墙时，墙梁端部应设置落地且上下贯通的构造柱，以提高墙梁的局部受压强度；

（4）当墙梁墙体在靠近支座 1/3 跨度范围内开洞时，支座处应设置落地且上、下贯通的构造柱，并应与每层圈梁连接，以有效保证砌体与托梁的共同工作。

2. 抗震设防区房屋除了满足非抗震设防区构造柱的设置要求外，尚应满足抗震要求：

（1）多层普通砖、多孔砖房屋应按表 4-3 规定的部位设置构造柱。

（2）多层灰砂砖、粉煤灰砖房屋，由于块材表面光滑，砌体抗剪强度低，其构造柱的设置要求比普通砖、多孔砖要更严格，《砌体结构设计规范》要求按表 4-4 规定的部位设置构造柱。

房屋层数				设 置 部 位	
6度	7度	8度	9度		
四、五	三、四	二、三		外墙四角； 错层部位横墙 与外纵墙交接处； 大房间内外墙 交接处； 较大洞口两侧	7、8度时，楼(电)梯间四角；隔15m或单元横墙 与外纵墙交接处
六、七	五	四	二		7～9度时，楼(电)梯间四角；山墙与内纵墙交接 处；隔开间横墙(轴线)与外纵墙交接处
八	六、七	五、六	三、四		7～9度时，楼(电)梯间四角；9度时，内纵墙与横 墙(轴线)交接处；内墙(轴线)与外墙交接处，内墙 的局部较小墙垛处

注：1. 外廊式和单面走廊式的多层房屋，按增加一层后的层数设置构造柱，且单面走廊两侧的纵墙
　　　均按外墙设置；

　　2. 教学楼、医院等横墙较少的房屋，按增加一层后的层数设置构造柱；当教学楼、医院等横墙
　　　较少的房屋为外廊式或单面走廊式时，按注1设置构造柱，但6度不超过四层、7度不超过三
　　　层和8度不超过两层时，按增加两层后的层数设置构造柱。

房屋层数			设 置 部 位
6度	7度	8度	
四～五	三～四	二～三	外墙四角、楼(电)梯间四角，较大洞口两侧、大房间内外墙交 接处
六	五	四	外墙四角、楼(电)梯间四角，较大洞口两侧、大房间内外墙交接 处，山墙与内纵墙交接处，隔开间横墙(轴线)与外纵墙交接处
七	六	五	外墙四角、楼(电)梯间四角，较大洞口两侧、大房间内外墙交 接处，各内墙(轴线)与外墙交接处；8度时，内纵墙与横墙(轴线)交 接处
八	七	六	较大洞口两侧，所有纵横墙交接处，且构造柱间距不宜大 于4.8m

3. 注意

（1）构造柱中的纵向钢筋属于构造配筋，只规定了最少根数和直径，一般选用延性较好的钢筋，纵向受力钢筋宜选用 HRB335 级，箍筋宜选用 HPB235 级。

（2）构造柱最小截面尺寸采用 240mm×180mm，纵向钢筋宜采用 4ϕ12，箍筋间距不宜大于 250mm，且在柱上下端宜适当加密；7 度时超过六层、8 度时超过五层和 9 度时，构造柱纵向钢筋宜采用 4ϕ14，箍筋间距不应大于 200mm；房屋四角的构造柱尺寸适当加大截面及配筋。

（3）构造柱与墙连接处应砌成马牙槎，并应沿墙高每隔 500mm 设 2ϕ6 拉结

钢筋，每边伸入墙内不宜小于1m。

（4）构造柱与圈梁连接处，构造柱的纵筋应穿过圈梁，保证构造柱纵筋上下贯通。

（5）构造柱可不单独设置基础，但应伸入室外地面下500mm，或与埋深小于500mm的基础圈梁相连。

（6）房屋高度和层数接近规范限值时，纵、横墙内构造柱间距尚应符合下列要求：

① 横墙内的构造柱间距不宜大于层高的二倍；下部1/3楼层的构造柱间距适当减小；

② 当外纵墙开间大于3.9m时，应另设加强措施。内纵墙的构造柱间距不宜大于4.2m。

（7）较小墙垛指宽度在800mm左右且高宽比大于4的墙肢。对局部小墙垛增设构造柱是为了防止在地震时过早破坏，提高结构的整体抗震能力。

（8）内纵墙和横墙的较大洞口，指宽度大于2m、高度大于2/3层高的洞口；外纵墙的较大洞口，则由设计人员根据开间和门窗洞尺寸的具体情况确定。避免在一个不大的窗间墙段内设置三根构造柱。

（9）横墙较少指同一楼层内开间大于4.2m的房间占该层总面积的40%以上。对于仅个别楼层符合"横墙较少"的条件，可根据大开间房屋的数量、位置、开间大小等采取相应的加强措施，而不要求降低层数。

横墙较少（横墙间距大）的纵墙构造柱设置方法：

① 当楼盖为现浇板或预制板，且直接支承在墙垛上时，外纵墙上的构造柱可按一般要求设置，即在每开间部位的纵墙上设构造柱，或仅在洞口两侧设置，不需要加强。

② 当楼盖为有梁的现浇板或预制板，纵墙上支承有集中荷载的梁时，此时纵墙上的构造柱不能按一般做法设置，应当按受力的组合砖柱进行设计，并应考虑梁与组合柱的相互影响。

（10）构造柱应沿整个建筑物高度对正贯通设置，构造柱在层与层之间严禁错位。如遇局部突出屋顶的水箱间、楼梯间等，当构造柱不是自下部建筑物直通至顶时，则可将突出建筑物的四角构造柱插入到主建筑物顶层的砌体内，并应与相应的圈梁锚固。

（11）对与构造柱相连的、截面高度大于300mm的进深梁，梁两端1.5倍梁高范围内宜加密箍筋，间距100mm。

4. 设计中常见的错误。

（1）将突出的建筑物的构造柱直插到底层，使底层以上各层构造柱局部过密；将突出的建筑物的构造柱直接锚固在顶层圈梁内。

（2）构造柱截面偏大。除需要特别加强的部位外，其他部位本应 240mm×240mm 即可，却用了 240mm×370mm，甚至 370mm×370mm；构造柱配筋也不区分部位，全部配置 4⏀14，甚至 4⏀16；有些构造柱基础过深，一直深入至楼房基础内，或深入较深的地圈梁内。还有一些设计中构造柱与其他构件连接不当，构造柱设置位置不合理等。

（3）构造柱的设置过多，如 7 度区，按规范规定，三层以上的房屋才设置构造柱，遇外廊式和单面走廊式的多层砖房，或教学楼、医院等横墙较少的房屋，应根据房屋增加一层后的层数来考虑设置构造柱。但有的建筑物，横墙较密，二层房屋也设构造柱，就连平房也在四个角设构造柱。

（4）7 度区的五～六层，8 度区的四层，按规范要求，山墙与内纵墙交接处应设构造柱，但不少设计未设，而只在山墙与外纵墙交接的转角处设置。

（5）较大洞口和大房间两侧墙处应设构造柱，但有的设计采取隔间或隔两间布置的做法，对大房间两侧只布置一侧柱，而另一侧未设柱，较大洞口，有的未重点加强。如大房间由几间组成时，则应在两侧横墙的两端增设构造柱，有的在外纵墙与横墙交接处设置，而内纵墙与横墙交接处未设。

（6）当房屋层数较多时，根据不同烈度区，构造柱应适当增加，如 7 度七层，或 8 度区的五～六层，在内墙与外墙交接处、内墙局部较小墙垛处，均应设置构造柱。但现在有的设计，如 7 度区六层，每开间均设置构造柱，造成构造柱过多，施工麻烦，增加造价。

（7）楼、电梯间两侧墙体的两端，中间走道两端，不对齐的墙体的两端，均应设置构造柱，有的工程只注意横墙与外纵横交接处设置，而忽视了在横墙与内纵横交接处设置。

（8）住宅楼内纵墙往往由于平面布置而断断续续，且有的不在一条线上，致使由于温度应力顶层端单元墙体产生裂缝。有些住宅，内纵墙只有一开间，而这仅有一开间的内纵墙两端亦未设构造柱。

（9）房屋四角与其余部位构造柱一样配筋。房屋外墙四角是容易损坏的部位，其构造柱的设计一般应加强，而其余部位的构造如同外墙四角一样设计，其作用不能充分发挥，造成浪费。

（10）构造柱截面设计时未考虑相连的小墙垛。虽然小墙垛通过拉接筋与构造柱相连接，但是实际上这部分小墙体很难发挥有效作用，并且施工也不方便，所以设计时应该把两者合一。

（11）错层房间周围的构造柱未加强设计。错层部位的横墙与外纵横的交接处是容易损坏的地方，应加强构造措施。

（12）当房屋高度、层数接近抗震规范限值时，构造柱间距不满足加密规定。

【禁忌4.12】 不按规范要求设置圈梁

【后果】 圈梁在房屋中和构造柱一起共同约束砖砌体，使得砌体具有良好的整体性和抗裂抗倒能力，如果设置不当将造成浪费或者不能达到预期目的。

【正解】 1. 非抗震要求：

（1）为防止或减轻房屋顶层墙体裂缝，顶层屋面板下设置现浇钢筋混凝土圈梁，并沿内外墙拉通。

（2）车间、仓库、食堂等空旷的单层房屋应按下列规定设置圈梁：

对砖砌体房屋，檐口标高为5～8m时，应在檐口标高处设置圈梁一道，檐口标高大于8m时，应增加设置数量；

对砌块及料石砌体房屋，檐口标高为4～5m时，应在檐口标高处设置圈梁一道，檐口标高大于5m时，应增加设置数量；

对有吊车或较大振动设备的单层工业房屋，除在檐口或窗顶标高处设置现浇钢筋混凝土圈梁外，尚应增加设置数量。

（3）宿舍、办公楼等多层砌体民用房屋，且层数为3～4层时，应在檐口标高处设置圈梁一道。当层数超过4层时，应在所有纵横墙上隔层设置。

（4）多层砌体工业房屋，应每层设置现浇钢筋混凝土圈梁。

（5）设置墙梁的多层砌体房屋应在托梁、墙梁顶面和檐口标高处设置现浇钢筋混凝土圈梁，其他楼层处应在所有纵横墙上每层设置。

（6）为防止或减轻房屋不均匀沉降，在软弱地基或不均匀地基上的砌体房屋，应设置加强了的圈梁。

2. 抗震设防区砌体结构房屋圈梁设置要求：

（1）对装配式混凝土楼、屋盖和木楼、屋盖的砖砌体房屋，横墙承重时圈梁的设置要求如表4-5；纵墙承重时每层均应设置圈梁，且抗震横墙上的圈梁间距比表内要求适当加密。

砖房现浇钢筋混凝土圈梁设置要求　　　　　　　　　　表 4-5

墙　类	烈　　　度		
	6、7	8	9
外墙和内纵墙	屋盖处及每层楼盖处	屋盖处及每层楼盖处	屋盖处及每层楼盖处
内横墙	同上；屋盖处间距不大于7m；楼盖处间距不大于15m；构造柱对应部位	同上；屋盖处沿所有横墙，且间距不大于7m；楼盖处间距不大于7m；构造柱对应部位	同上；各层所有横墙

（2）现浇钢筋混凝土楼、屋盖的砖房不需要设置圈梁。为了使构造柱在楼盖标高处有牢固的支承点，规范要求现浇楼、屋盖在楼板内沿墙体周边加强配筋并与构造柱钢筋可靠连接。

3. 圈梁应符合下列构造要求：

（1）圈梁宜连续地设在同一水平面上，并形成封闭状；当圈梁被门窗洞口截断时，应在洞口上部增设相同截面的附加圈梁。附加圈梁与圈梁的搭接长度不应小于其中到中垂直间距的二倍，且不得小于 1m；

（2）纵横墙交接处的圈梁应有可靠的连接。刚弹性和弹性方案房屋，圈梁应与屋架、大梁等构件可靠连接；

（3）钢筋混凝土圈梁的宽度宜与墙厚相同，当墙厚 $h \geqslant 240mm$ 时，其宽度不宜小于 $2h/3$。圈梁高度不应小于 120mm。纵向钢筋 6、7 度时不应少于 $4\Phi10$，8 度时不少于 $4\Phi12$，9 度时不少于 $4\Phi14$，绑扎接头的搭接长度按受拉钢筋考虑，箍筋间距非抗震区房屋时不应大于 300mm，6、7 度时不应大于 250mm，8 度时不应大于 200mm，9 度时不应大于 150mm；

（4）圈梁兼作过梁时，过梁部分的钢筋应按计算用量另行增配。

【禁忌 4.13】 单元式住宅楼梯间墙体削弱

【后果】 单元式住宅的楼梯间墙体，承受楼面荷载及梯梁传来的集中荷载，是房屋结构中的重要部位。由于使用功能的要求，除入户门洞外，在底层墙体中常暗设消火栓箱、配电箱、弱电传接线箱，以及在入户门旁墙体中竖向剔槽敷设强电及各种弱电管线（如电源线、可视对讲线、电话网络线、光纤、远程数据线），另外，使用者常在装修过程中，人为对入户门旁的墙体进行改造，如暗设鞋柜等，致使该墙体受到削弱造成承载能力不足。

【正解】 由于使用功能的要求，该类墙体的削弱往往难以避免，随着生活质量的提高，各种弱电线路有日益增多的趋势，在结构设计中应引起足够重视。解决这类问题的措施有：

（1）与建筑及其他专业设计人员密切配合，选择合适的开洞位置和开洞尺寸，在图上明确标示，避免在施工现场随意留置；

（2）墙体开洞应满足横墙的刚度要求和抗震横墙的要求。由于楼梯间是地震破坏较严重的部位，不允许该墙按非抗震横墙来设计；

（3）设计人员往往对房屋开间较大，受荷载较大的墙片进行计算，忽视这些严重削弱部位的计算，很容易出现问题。

在对这些部位进行强度验算时，若墙体的强度不够时，可在适当部位加设钢筋混凝土构造柱，按组合砌体来设计，或者采用水平配筋砌体，或者加大底层墙体厚度。

某新建住宅小区为 6 层砌体结构的单元式住宅，一梯两户。入户门位于梯间两侧，240mm 厚墙体，1～2 层 M7.5 混合砂浆，MU10 烧结普通砖砌筑，其楼梯间的底层右侧墙体下暗设消火栓箱、配电箱、弱电传接线箱，进户门旁的墙体下竖向剔槽里埋有 10 余根管线，加之设计与施工配合不够，开洞位置不妥，致使墙体受力截面面积仅为完整截面面积的 65%，底层墙体承载能力较结构计算值低 18%，不满足使用要求。若在底层采用加密构造柱的方法，其强度可以满足要求。

【禁忌 4.14】 沿墙体水平方向任意开槽设置管线

【后果】 削弱了墙的实际承载力。

【正解】 《砌体结构设计规范》规定，不应在截面长边小于 500mm 的承重墙体、独立柱内埋设管线；不宜在墙体中穿行暗线或预留、开凿沟槽，无法避免时应采取必要的措施或按削弱后的截面验算墙体的承载力。

在实际工程中，由于设计图纸交代不清，或者各设计专业配合不够，在墙体水平方向任意开设 120mm 深的槽布置管线，使墙体的实际受荷面积大大减少。尤其是多孔砖砌体和混凝土小型空心砌块砌体墙，砌块外壁的受荷面积占块材总面积比例很大，一旦外壁水平方向开槽，砌体承载力会大大减少。

设计人员应该与各专业充分协商，尽量不要沿墙体水平方向设置管线，如必须设置，结构工程师应该考虑开槽尺寸后，按照开槽后的墙体尺寸重新验算墙体的抗压强度和抗震强度，若原来是轴心受压构件的墙体，开槽后变成了偏心受压，则应该按偏心受压构件进行验算。

一般工程中水平方向的管线应该优先考虑从楼板通过。无法避免时应采取必要的措施或按削弱后的截面验算墙体的承载力。目前可行的方法是在砌筑砖墙时留下 120mm 深凹口，宽度可按并列管线数量采用一砖或半砖，待管线预埋后采用 C20 细石混凝土填实。

【禁忌 4.15】 横墙较少的住宅楼的总高度和层数接近或达到抗震 规范限值时，开间尺寸太大，也不采取加强措施

【后果】 砖混结构的住宅楼有许多将两卧室间的隔墙去掉，让住户自理（用橱柜当隔墙），也有的工程将客厅设计成大空间，这虽然方便了用户，但横墙的数量大为减少，不利于抗震。

【正解】 横墙较少房屋的抗震不利因素，主要是楼盖刚度可能不足以传递地震剪力和墙体减少后抗震承载力降低，结构整体性不如一般的多层砌体房屋。

对于横墙较少的多层普通砖、多孔砖住宅楼，当总高度和层数接近或达到（如 7 度区规范规定最多 7 层，这里的接近是指 6 层）抗震规范规定的限值时，

应采取以下措施：

1. 建筑结构布置上的加强措施

为减少结构的不规则性，使抗震墙的总承载力不致过多减少，且洞口布置不削弱纵横墙连接的整体性，对横墙较少住宅楼的墙体布置需符合下列规定：

① 房屋的最大开间尺寸不宜大于 6.6m。

② 同一结构单元内横墙错位（不计轴线差距小于 0.5m 者）数量不宜超过横墙总数的 1/3，且连续错位不宜多于两道；错位的墙体交接处均应增设构造柱。

③ 楼、屋面板应采用现浇钢筋混凝土板。

④ 横墙和内纵墙上洞口的宽度不宜大于 1.5m；外纵墙上洞口的宽度不宜大于 2.1m 或开间尺寸的一半；且内外墙上洞口距墙体交接处应有足够的尺寸，以不影响内外纵墙与横墙的整体连接。

2. 抗震构造措施的加强

为使抗震墙达到约束砌体的要求，需采取下列构造措施：

① 所有纵横墙均应在楼、屋盖标高处设置加强的现浇钢筋混凝土圈梁；圈梁的截面高度不宜小于 150mm，上下纵筋各不应少于 3ϕ10，箍筋不小于 ϕ6，间距不大于 300mm。

② 所有纵横墙交接处及墙段的中部，均应增设满足下列要求的构造柱：在横墙内的柱距不宜大于层高，在纵墙内的柱距不宜大于 4.2m；最小截面尺寸不宜小于 240mm×240mm，配筋宜符合表 4-6 的要求。

增设构造柱的纵筋和箍筋设置要求　　　　　　　　　　　　　　表 4-6

位　置	纵　向　钢　筋			箍　　筋		
	最大配筋率（%）	最小配筋率（%）	最小直径（mm）	加密区范围（mm）	加密区间距（mm）	最小直径（mm）
角柱	1.8	0.8	14	全高	100	6
边柱			14	上端700下端500		
中柱	1.4	0.6	12			

③ 同一结构单元的楼、屋面板应设置在同一标高处，即不应有错层。

④ 房屋底层和顶层的窗台标高处，宜设置沿纵横墙通长的水平现浇钢筋混凝土带；其截面高度不小于 60mm，宽度不小于 240mm，纵向钢筋不少于 3ϕ6。

【禁忌4.16】 砖砌体和钢筋混凝土构造柱组合砖墙中构造柱间距不合理

【后果】 构造柱的作用不能充分发挥。

【正解】 在抗震设防区的砌体结构房屋往往为了提高其抗震性能，设置了一定数量的钢筋混凝土构造柱，这些构造柱在没发生地震时不发挥作用。有的多层砌体结构房屋的底部墙体的受压承载力不满足要求，如果通过增加墙体厚度来保证其受压承载力，则影响房屋的使用空间，提高建筑造价。如果将构造柱、圈梁和砌体看成是组合墙，让构造柱在非地震时与墙体共同承受竖向压力，地震时承受地震作用，是一种经济的受人欢迎的结构形式。

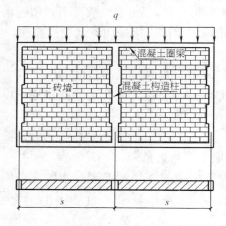

图 4-16　设置构造柱墙体受力示意图

砖砌体和钢筋混凝土构造柱组合墙（图 4-16），在竖向荷载作用下，由于混凝土柱、砌体的刚度不同和内力重分布的结果，混凝土柱分担墙体上的荷载。不仅如此，混凝土柱和圈梁形成一种"弱框架"，其约束作用使墙体横向变形减小，同时该框内的砌体处于双向受压状态。此外，混凝土柱对提高墙体的受压稳定性也是有利的。

有限元分析结果表明，在荷载 q 作用下，墙体内竖向压应力明显向构造柱扩散；两柱之间的砌体，竖向压应力在中间大、两端小，其应力峰值随构造柱间距的减小而减小；当层高由 2.8m 增加到 3.6m 时，构造柱内应力的增加和砌体内应力的减小幅度均在 5% 以内。因而可知，影响这种墙体受压性能的主要因素是构造柱的间距，房屋层高的影响甚微。

在影响这种组合墙受压承载力的诸多因素中，柱间距的影响最为显著。对于中间柱，它对柱每侧砌体的影响长度约为 1.2m；对于边柱，其影响长度约为 1m。构造柱间距为 2m 左右时，柱的作用得到充分发挥。构造柱间距大于 4m 时，它对墙体受压承载力的影响很小。因此，设计时构造柱的间距一般选择在 2m 左右最好，最大不能超过 4m。

【禁忌 4.17】　大开间纵横墙混合承重砌体结构房屋中，梁下设有钢筋混凝土柱的窗间墙按组合墙设计

【后果】　设计规范中的砖砌体和钢筋混凝土构造柱组合砖墙计算公式是用来设计带圈梁和构造柱的轴心受压组合墙体，它是由圈梁和构造柱形成的"弱框架"对砌体产生的约束作用来提高砌体构件承载力的，对于梁下设构造柱的窗间墙，其受力特点与它完全不同，因此用规范公式进行设计计算将带来较大误差。

【正解】　多层教学楼（如图 4-17）、病房楼、办公楼、实验楼等的进深大、开间大、通间多、开窗大、层高大，采用框架结构，则室内露柱，且造价又高。若采用砖混结构，则需较厚的砖墙，减小使用面积，且自重大，基础也加大。若

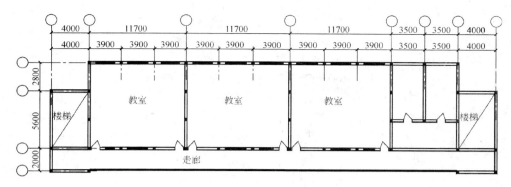

图 4-17　典型教学楼平面图

在承载力不满足的砌体构件中采用既抗震又承重的构造柱后，内外墙均可用 240mm，当有保温要求时，外墙可采用 370mm，这样可使建筑物自重减轻，节省基础，并减少了地震力。如某中学教学楼，大部分为通间的教室，层高大、窗大、窗间墙均较小，底层承重不足，采用了承重构造柱后，使墙体不必加厚，也不用出砖壁柱。

这种结构的承重构造柱的主要作用有承重、抗震、梁垫三个方面，所以有的把它叫做"三用柱"（在设计图中为了区别起见，用 CZZ×× 表示，而一般构造柱用 GZ×× 表示），适用于纵横墙混合承重、横墙间距≤1.5 倍房宽且不超过《建筑抗震设计规范》对多层砖房的抗震横墙间距要求，以剪切变形为主的多层砖混结构房屋。

这种结构的设计在《砌体结构设计规范》中还没有作出专门的规定，如下设计方法仅供参考。

1. **构造柱的布置**

（1）平面布置（图 4-18）

在房屋墙体承重强度不足的下列部位设置"三用柱"：房屋进深梁的两端支承处；其他墙体承重强度不足的部位，包括荷载集中、墙垛小承重强度不足的部位；房屋纵向布置的大梁在横墙上的梁端支承处。

在房屋下列部位墙体中设置一般构造柱：所有承重横墙与内外纵墙交叉处；进深梁梁端支承处砌体强度无问题的部位；沿房屋纵向布置的大梁梁端支承处砌体承重强度无问题的部位；局部突出屋顶房间的四角处。

（2）竖向布置

构造柱沿整个建筑物的高度必须对正贯通，不得中断或错位；同一根构造柱与砖墙组成的组合砌体，当仅底层或底下几层砌体承重强度不足时，可仅在底层或底下几层设计成"三用柱"，而上部各层设计成一般构造柱。

2. **"三用柱"构造要求**

（1）砖砌体与柱的连接处应砌成马牙槎，并应沿墙高每隔 500mm 设 2φ6 拉

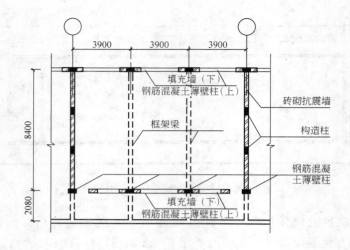

图 4-18　结构平面布置图

结钢筋，且每边伸入墙内不宜小于 600mm，必须先砌墙后浇梁柱；

（2）大梁与"三用柱"连接处的节点在构造上必须按铰接处理；

（3）截面尺寸不宜小于 240mm×240mm，其厚度不应小于墙厚；

（4）混凝土强度等级不宜低于 C20；

（5）最小配筋率为 0.6％，且不少于 4φ14，竖向受力钢筋的直径也不宜大于 16mm，箍筋 φ6@200，楼层上下 500mm 范围内宜采用箍筋 φ6@100；

（6）必须在所有承重纵墙上每层均设圈梁并与柱联结；

（7）"三用柱"基础：应向下深入刚性基础或桩基承台内。

3．承载力计算

（1）在地震荷载作用下的计算

在水平地震荷载作用下的计算。横向水平地震剪力全部由横墙承担，纵向水平地震剪力全部由纵墙承担。砖墙的抗震承载力按《建筑抗震设计规范》（GB 50011—2001）进行验算。所要注意的是，抗震规范中的带构造柱和圈梁的组合墙的受力机理是构造柱和圈梁形成的"弱框架"对无筋砌体的约束作用，从而提高墙体的抗剪强度，而进深梁下窗间墙的构造柱在墙的中部，柱无法对砌体进行约束，建议按无筋砌体进行验算。

（2）在竖向荷载作用下的计算

① 对设置"三用柱"墙垛的强度计算，把设置"三用柱"的墙垛视为组合砌体，按《砌体结构设计规范》（GB 50003—2001）中组合砌体构件的计算方法进行计算。只要"三用柱"断面大于或等于砖墙厚度就可按组合砌体的计算方法进行强度计算。考虑到房屋上、下层组合砌体构件可能有偏心情况及梁端约束弯

矩，将带"三用柱"墙垛承担的全部竖向荷载乘以增大系数 1.25。

② 对设置一般构造柱墙垛的计算，仍按《砌体结构设计规范》的方法进行，如图 4-18 中横墙。

③ 梁端支承处组合砌体局部受压的计算，为简化计算且偏于安全，假设计算截面（取每层大梁底标高处）以上各层大梁梁端反力及"三用柱"自重全部压在"三用柱"上，并将此荷载乘以 1.25 增大系数（考虑实际梁端反力可能有偏心作用），按中心受压构件计算并考虑钢筋混凝土构件纵向弯曲系数的影响。

"三用柱"的配筋取上述第①、第③两项计算结果大的一项。

由于"三用柱"在梁端支承处已按其上的全部荷载进行了强度验算故可代替梁垫，再加上每层均有圈梁也能起一定的梁垫作用，所以不需另设梁垫。

【禁忌 4.18】 构件间的连接措施不当，开洞离墙体交接处太近

【后果】 影响房屋整体性。

【正解】 纵横墙交接处的连接对多层砌体结构房屋的整体性影响较大。震害表明，在水平地震作用下，当一侧的墙体倒塌时，与之正交的另一侧墙体会由于失去侧向支撑而随后坍塌。因此不仅要求墙体在强度方面满足抗震验算的要求，而且要求与其他墙体有可靠的构造连接。

纵横墙的交接部位，如内外墙交接部位、外墙转角部位、内墙与内墙交接部位等都是墙段的尽端，在受力时容易开裂脱落；洞口边缘的墙体在剪切破坏后也容易脱落，都属于容易损坏的部位。

多层砖房各构件间的抗震构造连接是多层砖房抗震的关键，抗震构造连接的部位较多，重要部位的连接措施有下列几项：

（1）构造柱与楼、屋盖连接。

当为装配式楼、屋盖时，构造柱应与每层圈梁连接（多层砖房宜每层设圈梁）；当为现浇楼、屋盖时，在楼、屋盖处设 240mm×120mm 拉梁（配 4φ10 纵筋）与构造柱连接。

（2）构造柱与砖墙连接。

构造柱与砖墙连接处应砌成马牙搓，并沿墙高每隔 500mm 设 2φ6 拉结钢筋，每边伸入墙内不小于 1m。

（3）墙与墙的连接。

7 度时长度大于 7.2 m 的大房间，以及 8 度和 9 度时，外墙转角及内外墙交接处，当未设构造柱时，应沿墙高每隔 500mm 设 2φ6 拉结钢筋，每边伸入墙内不小于 1m。

（4）后砌体的连接。

后砌的非承重砌体隔墙，应沿墙高每隔 500mm 设 2φ6 拉结钢筋与承重墙连

接，每边伸入墙内不小于0.5m，8度和9度时，长度大于5m的后砌墙顶，应与楼、屋面板或梁连接。

（5）栏板的连接。

砖砌栏板应配水平钢筋，且压顶卧梁应与混凝土立柱相连，压顶卧梁宜锚入房屋的主体构造柱。

（6）构造柱底端连接。

构造柱可不单独设基础（承重构造柱除外），但应伸入室外地面下500mm，或锚入室外地面下不小于300mm的地圈梁。

（7）在纵横墙交接附近的墙体上开洞，洞口边缘距交接处墙边缘的最小距离应大于300mm，以保证交接处的整体性。

【禁忌4.19】 顶层砂浆强度等级的确定只考虑满足承载力计算要求

【后果】 顶层温度应力过大，经常导致顶层墙体由于墙体抗剪强度不够而开裂，而砂浆强度等级是影响砌体抗剪强度的主要因素之一。

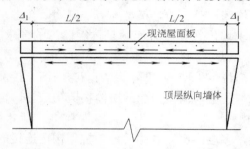

图4-19 现浇屋面与墙体之间的剪应力分布

【正解】 一般条件下，混凝土与砖砌体的线膨胀系数相差一倍，在温度作用下必然产生不协调变形，现浇屋面板与砖墙间将产生剪应力（图4-19），对于长宽比大于4的屋面混凝土板，由弹性理论可以得出均匀升温引起的剪应力约75%集中在房屋两端的抗侧墙体内，而且温差越大，在墙体内产生的剪应力越大。当温差大过一定的程度时，砌体内剪应力超过砌体的抗剪强度，砌体便出现45°的斜向剪切裂缝。由于砌体的抗剪强度很低，这种裂缝很容易出现。

在设计砌体结构房屋时，除了采取有效的屋面保温隔热措施减小温度应力、按规范设置温度缝减小温度应力以及采用屋面滑动层减少温度应力的传递等方法外，尚应该采取以下结构措施：

（1）提高顶层砌筑砂浆强度等级。不考虑温度应力时，顶层墙体主要承受的静力荷载很小，抗震设计时尽管顶层墙的竖向压力小，抗震承载力小，但由于顶层地震力也不大，一般情况下，按照计算，顶层砂浆强度等级采用M2.5就够了。所以有的设计顶层砂浆强度等级较低。

我们知道，砂浆强度等级决定了墙体抗剪强度的大小，砂浆强度等级太低，墙体不能提供足够的抗剪强度去抵抗温度应力，墙上必然要出现开裂。因此建议顶层的砂浆强度等级不能太低，不应低于M5.0，最好选择M7.5混合砂浆砌筑。

（2）试验表明，圈梁和构造柱对无筋砌体结构的抗剪强度和变形性能有提高作用，因此，《砌体结构设计规范》建议在顶层适当增设构造柱。由于温度应力大部分集中在房屋顶层的端部，建议在房屋顶层端部两个开间内的所有纵横墙交接处均设置构造柱，若顶层楼面处按砌体规范或抗震规范不要求设置圈梁，最好加设圈梁，构造柱下端锚入圈梁内，上端伸入女儿墙顶的压顶梁内。

（3）屋顶圈梁下房屋梁端墙体内适当配置水平钢筋，以提高墙体的抗剪强度，减少温度裂缝。

（4）窗洞口是墙体受力的薄弱环节，在冬夏温差大的地区，外墙特别是顶层外墙，是温度影响的敏感部位，墙体在洞口削弱处易发生应力集中现象，易出现裂缝并产生渗漏。可在窗洞顶和窗台部位的砌体内适当配置水平钢筋，提高局部砌体的抗裂能力；也可以采用现浇混凝土窗台梁及板带，控制裂缝的产生。

【禁忌 4.20】 温度伸缩缝的间距太大

【后果】 房屋顶层产生斜裂缝。

【正解】 为了防止或减轻房屋在正常使用条件下，由温差和砌体干缩引起的墙体开裂，应在墙体中设置伸缩缝。伸缩缝应设在因温度和收缩变形可能引起应力集中、砌体产生裂缝可能性最大的地方。一般地，矩形平面的房屋伸缩缝一般设置在房屋的中部；带转角的平面房屋，伸缩缝应该设置在转角的部位；平面不规矩的，伸缩缝一般设置在平面变化较大的且较狭窄的部位。

伸缩缝的间距可按表 4-7 采用。

砌体房屋伸缩缝的最大间距（m）　　　　　　　　表 4-7

屋盖或楼盖类别		间距
整体式或装配整体式钢筋混凝土结构	有保温层或隔热层的屋盖、楼盖	50
	无保温层或隔热层的屋盖	40
装配式无檩体系钢筋混凝土结构	有保温层或隔热层的屋盖、楼盖	60
	无保温层或隔热层的屋盖	50
装配式有檩体系钢筋混凝土结构	有保温层或隔热层的屋盖	75
	无保温层或隔热层的屋盖	60
瓦材屋盖、木屋盖或楼盖、砖石屋盖或楼盖		100

注：1. 对烧结普通砖、多孔砖、配筋砌块砌体房屋取表中数值；对石砌体、蒸压灰砂砖、蒸压粉煤灰砖和混凝土砌块房屋取表中数值乘以 0.8 的系数。当有实践经验并采取有效措施时，可不遵守本表规定；
　　2. 在钢筋混凝土屋面上挂瓦的屋盖应按钢筋混凝土屋盖采用；
　　3. 按本表设置的墙体伸缩缝，一般不能同时防止由于钢筋混凝土屋盖的温度变形和砌体干缩变形引起的墙体局部裂缝；
　　4. 层高大于 5m 的烧结普通砖、多孔砖、配筋砌块砌体结构单层房屋，其伸缩缝间距可按表中数值乘以 1.3；
　　5. 温差较大且变化频繁地区和严寒地区不采暖的房屋及构筑物墙体的伸缩缝的最大间距，应按表中数值予以适当减小；
　　6. 墙体的伸缩缝应与结构的其他变形缝相重合，在进行立面处理时，必须保证缝隙的伸缩作用。

【禁忌 4.21】 不考虑非烧结砌体的干缩变形

【后果】 非烧结块体墙，由于干缩变形大，造成墙体开裂。

【正解】 对烧结黏土砖砌体，包括其他材料的烧结制品砌体，其干缩变形很小，一般不要考虑砌体本身的干缩变形引起的附加应力。但这类砌体在潮湿情况下会产生较大的湿胀，而且这种湿胀是不可逆的变形。对于砌块、灰砂砖、粉煤灰砖等砌体，使用过程中，随着砖的含水量降低，块材会产生较大的干缩变形。如混凝土砌块的干缩率为 0.3～0.45mm/m，它相当于 25～40℃温度变形，可见干缩变形的影响很大。轻骨料块体砌体的干缩变形更大。干缩变形的特征是早期发展比较快，如砌块出窑后放置 28 天能完成 50％左右的干缩变形，以后逐步变慢，几年后材料才能停止干缩。但是干缩后的材料受湿后仍会发生膨胀，脱水后材料会再次发生干缩变形，但其干缩率有所减小，约为第一次的 80％左右。这类干缩变形引起的裂缝在建筑上分布广、数量多、裂缝的程度也比较严重。如房屋内外纵墙中间对称分布的倒八字裂缝；在建筑底部一至二层窗台边出现的斜裂缝或竖向裂缝；在屋顶圈梁下出现水平缝和水平包角裂缝；在大片墙面上出现的底部重、上部较轻的竖向裂缝。另外不同材料和构件的差异变形也会导致墙体开裂。如楼板错层处或高低层连接处常出现的裂缝，框架填充墙或柱间墙因不同材料的差异变形出现的裂缝；空腔墙内外叶墙用不同材料或温度、湿度变化引起的墙体裂缝，这种情况一般外叶墙裂缝较内叶墙严重。

对非烧结类块体，如混凝土砌块、灰砂砖、粉煤灰砖等砌体，同时存在温度和干缩共同作用下的裂缝，其在建筑物墙体上的分布一般可为这两种裂缝的组合，或因具体条件不同呈现出不同的裂缝现象，而其裂缝的后果往往较其中一个因素作用更严重。另外设计上的疏忽、无针对性防裂措施、材料质量不合理、施工质量差、违反设计施工规程、砌体强度达不到设计要求，以及缺乏经验也是造成墙体裂缝的重要原因之一。如对混凝土砌块、灰砂砖等新型墙体材料，没有针对材料的特殊性，采用适合的砌筑砂浆、注芯材料和相应的构造措施，仍沿用黏土砖使用的砂浆和相应的抗裂措施，必然造成墙体出现较严重的裂缝。

设置伸缩缝不仅可以减少温度裂缝，对收缩裂缝也有减轻的作用。但根据国内外的工程经验，光靠伸缩缝无法完全解决这类结构房屋的收缩问题。应采取以下补充措施：

1. 设置控制缝（图 4-20）

（1）控制缝的设置位置和要求

一般应在下列位置设置竖向控制缝：

① 墙的高度突然变化处；

② 墙的厚度突然变化处；

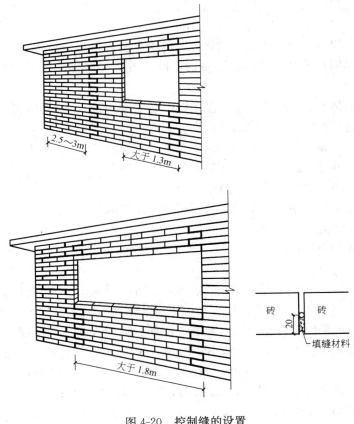

图 4-20　控制缝的设置

③ 墙角或交叉墙处，控制缝间距不大于直墙控制缝间距的一半；

④ 门、窗洞口的一侧或两侧。

竖向控制缝的设置要求：

① 对 3 层以下的房屋，应沿房屋墙体的全高设置；

② 对大于 3 层的房屋，可仅在建筑物 1～2 层和顶层墙体的上述位置设置；在楼、屋盖处可不贯通，但在该部位宜作成假缝，以控制可预料的裂缝；

③ 控制缝作成隐式，与墙体的灰缝相一致，控制缝的宽度不大于 12mm，控制缝内应用弹性密封材料，如聚硫化物、聚氨脂或硅树脂等填缝。

（2）控制缝的间距

① 对有规则洞口外墙不大于 6m；

② 对无洞墙体不大于 8m 及墙高的 3 倍；

③ 在转角部位，控制缝至墙转角的距离不大于 4.5m。

2. 设置灰缝钢筋

（1）在底层的窗台下墙体灰缝内设置 3 道焊接钢筋网片或 2φ6 钢筋，并伸入两边窗间墙内不小于 600mm；

（2）在各层门、窗过梁上方的水平灰缝内及窗台下第一和第二道水平灰缝内设置焊接钢筋网片或 2φ6 钢筋，焊接钢筋网片或钢筋应伸入两边窗间墙内不小于 600mm；

（3）当实体墙长大于 5m 时，宜在每层墙高度中部设置 2～3 道焊接钢筋网片或 3φ6 的通长水平钢筋，竖向间距宜为 500mm。

值得注意的是，灰缝钢筋应埋入砂浆中，灰缝钢筋砂浆保护层，上下不小于 3mm，外侧不小于 15mm，灰缝钢筋宜进行防腐处理。

3. 在建筑物墙体中设置配筋带

也可以在砌体墙中设置配筋带控制裂缝，设置的位置为：

（1）在楼盖处和屋盖处；

（2）墙体的顶部；

（3）窗台的下部。

配筋带的间距不应大于 2400mm，也不宜小于 800mm；配筋带的钢筋，对 190mm 厚墙，不应小于 2φ12，对 250～300mm 厚墙不应小于 2φ16，当配筋带作为过梁时，其配筋应按计算确定；配筋带钢筋宜通长设置，当不能通长设置时，允许搭接，搭接长度不应小于 45d 和 600mm；配筋带钢筋应弯入转角墙处锚固，锚固长度不应小于 35d 和 400mm；当配筋带仅用于控制墙体裂缝时，宜在控制缝处断开，当设计考虑需要通过控制缝时；对地震设防裂度≥7 度的地区，配筋带的截面不应小于 190mm×200mm，配筋不应小于 4φ10；设置配筋带的房屋的控制缝的间距不宜大于 30m；可用配筋带代替水平灰缝钢筋，二者具有的对应关系见表 4-8。

灰缝钢筋与配筋带的对应关系　　　　　　　表 4-8

灰缝钢筋间距	不同配筋时配筋带的间距(mm)		
	墙厚≤190mm	墙厚>190mm	
	钢筋 2φ12	钢筋 2φ16	钢筋 2φ18
600mm	2400	2400	2400
400mm	1600	2400	2400
200mm	800	1400	200

非烧结材料砌筑的砌体的裂缝非常复杂，实际设计时，需要结构工程师根据房屋的体型和材料的特性作出具体的判断，综合采取控制裂缝的方法。

【禁忌 4.22】 混凝土小型空心砌块房屋的尺寸采用 300mm 为模数

【后果】 无法施工。

【正解】　混凝土小型空心砌块建筑的设计模数与以往任何结构设计的模数不同，以往的结构设计都是用 $3M_0$，即无论是建筑物的平面尺寸，还是立面尺寸都是 300mm 的倍数，如 900mm、1200mm、1500mm、1800mm、2100mm 等，而砌块砌体结构设计时则是采用 $2M_0$，即全部尺寸都应是 200mm 的倍数，如 600mm、800mm、1000mm、1200mm、1400mm、1600mm 等。设计时如果建筑师不清楚这一点，就会给施工带来很大的困难，因为混凝土小型空心砌块的强度比烧结黏土砖的强度要高很多，它是用瓦刀砍不断的，如果设计的尺寸不符合模数，那在施工现场就得用锯将多余的部分锯掉，这真是劳民伤财的事情。在天津某工地，施工单位反映，由于设计不符合模数和砌块品种不齐全，一层楼墙砌完后，光用锯片就花费了 4000 多元，而且严重地影响了施工进度，有时还影响施工质量，并给施工现场留下大批废料。所以，在设计时，无论是建筑物的各部位尺寸，还是各构件尺寸，都必须严格地遵守砌块的模数。混凝土小型空心砌块的实际尺寸为 $W \times 190 \times 390$（宽×高×长），加上 10mm 的砌筑灰缝就变成砌块的模数尺寸 $W \times 200 \times 400$（mm），W 为墙厚（或砌块厚），可为 90mm、140mm、190mm、240mm、290mm 等。采用砌块的模数以后，建筑物的立面尺寸就分隔成 200×400（mm），即垂直方向为 200mm，水平方向为 400mm。当前很多地方的住宅建筑层高为 2700mm，同样也是不符合砌块模数的，建议改为 2800mm，如一定不肯改，则砌块厂要生产 $W \times 90 \times 390$（mm）的砌块，这会大大影响砌块厂的劳动生产率，增加砌筑砂浆的消耗，也就会影响建筑物的造价。当然，也有建筑师为追求立面效果，故意将建筑物的立面设计成 100mm 和 200mm 高度交错的墙面，或者互相组砌成各种图案，这就另当别论了。

【禁忌 4.23】　角部构造柱配筋太少

【后果】　不能有效抵抗地震破坏或温度应力。

【正解】　工程实践及有限元分析表明，房屋顶层在温度应力作用下，房屋两端的温度应力最大，在该部位最易产生温度裂缝。

在水平地震作用下，由于房屋的质量中心和刚度中心不重合，产生扭转，房屋在这个扭转荷载作用下，角部的应力往往最大。很多的地震震害实例也证明了这一点。

因此，房屋四角的构造柱往往要求比其他部位构造柱要严格。《建筑抗震设计规范》对一般钢筋混凝土构造柱截面的最小要求为 240mm×180mm，纵向钢筋采用 4Φ12；7 度时超过六层，8 度时超过五层和 9 度时，钢筋混凝土构造柱纵向钢筋宜采用 4Φ14。而在房屋四角的构造柱应适当加大截面及配筋。

楼梯间的斜板和楼面板不在同一平面上，地震水平荷载作用下，砌体会受到不同高度的水平力作用，该墙也是最易破坏的墙，故其四角的构造柱也应该加强，按照房屋角部构造柱配筋。

【禁忌4.24】 楼面不能满足刚性楼盖的要求

【后果】 不能将水平地震作用分配到墙上。

【正解】 砌体结构房屋抗震能力的高低取决于结构的空间整体刚度和整体性。刚性楼盖是使同一层内抗侧力构件共同受力的关键，也是各抗侧力构件按各自侧移刚度分配地震作用的保证。

目前，砖混结构常用的楼盖有现浇钢筋混凝土楼盖和装配式钢筋混凝土楼盖。前者的刚度比后者要好很多，且质量容易保证。后者由于有板缝的存在，且与板方向的墙体的连接很弱，其整体刚度和整体性很难保证。很多经济比较发达的地区已经取消适用装配式钢筋混凝土楼盖，如浙江省对位于抗震设防和非设防地区的房屋，分别从 2000 年 10 月 1 日和 2001 年 10 月 1 日起禁止使用预应力圆孔板，楼（屋）面均应采用现浇钢筋混凝土板。

对于目前砌体结构中采用的预制装配式楼（屋）盖必须采取一定的抗震措施：

（1）现浇钢筋混凝土楼板或屋面板伸进纵横墙内的长度均不应小于120mm；

（2）装配式钢筋混凝土楼板或屋面板当圈梁未设在板的同一标高时，板端伸进外墙的长度不应小于120mm，伸进内墙的长度不应小于100mm，在梁上不应

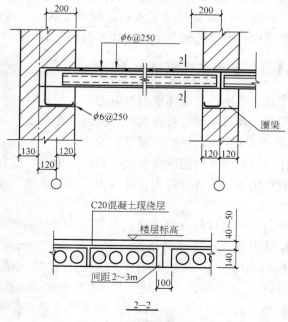

图 4-21 装配整体式楼盖

小于 80mm；

（3）当板的跨度大于 4.8m 并与外墙平行时，靠外墙的预制板侧边应与墙或圈梁拉结；

（4）房屋端部大房间的楼盖、8 度时房屋的屋盖和 9 度时房屋的楼屋盖，当圈梁设在板底时，钢筋混凝土预制板应相互拉结，并应与梁墙或圈梁拉结。

有的设计为了提高楼面的整体刚度，将楼面做成装配整体式楼盖，如图 4-21。

参 考 文 献

[1] 中华人民共和国国家标准.《建筑抗震设计规范》（GB 50011—2001）. 北京：中国建筑工业出版社，2001

[2] 中华人民共和国国家标准.《砌体结构设计规范》（GB 50003—2001）. 北京：中国建筑工业出版社，2001

[3] 中华人民共和国行业标准.《设置钢筋混凝土构造柱多层砖房抗震技术规程》（JGJ/T 13—94）. 北京：中国计划出版社，1994

[4] 中国建筑标准设计研究院. 2003 全国民用建筑工程设计技术措施（结构）. 北京：中国计划出版社，2003

[5] 沙安等.《建筑抗震设计规范》（GB 50011—2001）问答（1）. 工程抗震，2002 年 3 月第 1 期

[6] 沙安等.《建筑抗震设计规范》（GB 50011—2001）问答（8）. 工程抗震，2003 年 12 月第 4 期

[7] 高小旺. 建筑抗震设计规范理解与应用. 北京：中国建筑工业出版社，2002

[8] 孙玉发. 多层砌体房屋的抗震设计建议. 工程抗震，1995 年 9 月第 3 期

[9] 马士法. 多层住宅结构设计探讨. 工程建设与设计，2002 年第 2 期

[10] 崔俐，王长存. 多层住宅砖混结构设计的几点建议. 煤炭工程，2002 年第 8 期

[11] 段敬民等. 复杂砌体结构设计中的若干问题研究. 建筑技术，第 35 卷（2001 年）第 11 期

[12] 王汉东，王墨耕. 混凝土小型空心砌块砌体建筑设计与施工中存在的几个问题. 墙材革新与建筑节能，1996 年第 5 期

[13] 苑振芳，刘斌. 配筋混凝土砌块砌体剪力墙建筑结构设计要点. 建筑砌块与砌块建筑，2002 年第 1 期

[14] 苑振芳，刘斌. 配筋混凝土砌块砌体剪力墙建筑结构设计要点（续）. 建筑砌块与砌块建筑，2002 年第 2 期

[15] 汪恒在等. 砌体房屋高宽比超规的解决方法. 住宅科技，1996 年第 3 期

[16] 刘广均，张钢. 砌体结构设计中应注意的几个问题. 四川建筑科学研究，第 29 卷第 2 期 2003 年 6 月

[17] 李季伦. 砖房抗震设计研究. 鞍山科技大学学报，第 27 卷第 4 期 2004 年 8 月

[18]　张敬书. 砖混房屋抗震设计中的几个问题. 工程抗震，2000 年 6 月第 2 期

[19]　任振甲. 多层砌体房屋中构造柱的设置及功能分析. 工程抗震，1995 年第 3 期

[20]　邢双军. 砖混结构设计中的几个问题. 煤炭工程，2005 年第 1 期

[21]　任振甲. 多层砌体房屋超高宽比问题分析. 工程抗震，1998 年 3 月第 1 期

[22]　凌兵奎等. 错层式住宅结构问题探讨. 矿冶，第 11 卷第 4 期 2002 年 12 月

[23]　李华亭等. 多层砌体住宅楼楼板错层结构的探讨. 工程抗震，2004 年 4 月第 2 期

[24]　龙帮云，但功水. 设计中如何界定砌体结构的层数和总高度. 徐州建筑职业技术学院学报，2002 年 6 月第 2 卷第 2 期

[25]　葛卫. 当前中小学教学楼的结构设计问题. 工程建设与设计，2002 年第 3 期

[26]　汪恒在. 三功能构造柱在多层房屋中的应用. 西北建筑工程学院学报，1987 年第 1 期

[27]　汪恒在. 三用构造柱在多层房屋中的应用与研究. 四川建筑科学研究，1989 年第 1 期

[28]　梁建国，张望喜，郑勇强. 钢筋混凝土-砖砌体组合墙抗震性能 [J]. 建筑结构学报，2003 年第 3 期

[29]　梁建国. 李德绵. 彭茂丰. 梁下设置钢筋混凝土框组合砌体设计计算方法 [J]. 工业建筑，2004 年第 34 卷（第 370 期）

[30]　施楚贤，梁建国. 设置构造柱网状配筋砖墙的抗震性能 [J]. 建筑结构，1996 年第 9 期

第五章 底层框架—抗震墙
结构及内框架结构

底层框架—抗震墙砌体结构房屋是指底层为钢筋混凝土框架—抗震墙结构，上部为多层砌体结构的房屋。该类房屋多见于沿街的旅馆、住宅、办公楼，底层为商店、餐厅、邮局等大空间房屋，而上部为小开间的多层砌体结构。这类建筑是解决底层需要大空间的一种比较经济的结构形式。

内框架结构房屋内部采用钢筋混凝土框架支承，外墙为砌体承重墙。这种房屋的外墙兼作承重墙和围护墙，也是一种经济的结构形式。

【禁忌 5.1】 底部框架—抗震墙房屋超高、超层、超层高

【后果】 增大倾覆弯矩。

【正解】 根据《建筑抗震设计规范》（GB 50011—2001），底部框架—抗震墙房屋的高度和层数在 6、7 度区应限制在 22m 和 7 层，在 8 度区应限制在 19m 和 6 层。底部框架—抗震墙房屋的底部层高不应超过 4.5m。另外，特别要注意的是上部各层砌体楼层的层高不应超过 3.6m。

震害表明，底部框架—抗震墙房屋的高度越高，层数越多，震害愈重。《建筑抗震设计规范》（GB 50011—2001）在总结历次震害经验的基础上，结合我国的国情，制定出了我国在不同设防裂度下的底部框架砌体房屋总高度和层数限值。设计中房屋总高度和层数限值应同时满足，因为楼盖重量占到房屋总重量的一半左右。房屋总高度相同，多一层楼盖就意味着增加侧向的地震作用，同时对底部的倾覆力矩大大增加。在中、强地震作用下，因倾覆力矩过大，使得边柱产生较大的压应力或拉应力，底部承载力急剧下降，部分边柱出现拉断的现象，震害加剧。另外，底部框架层高度加大，房屋重心提高，框架柱更易产生失稳现象。

减少层数、降低层高、增加抗震墙的数量是削弱倾覆力矩影响的有效途径之一。底部框架抗震墙房屋超高、超层、超层高将给建筑带来很大的安全隐患，将会给人民的生命财产带来损失。

底部框架抗震墙房屋超高、超层、超层高现象在设计中很普遍，如 1996 年，在对杭州的设计单位作的一次专题普查中，发现有 69 幢底框砖房超高、超层。新项目亦普遍存在此现象，1999 年某地块住宅竣工交付使用验收中发现有三幢

底框砖房超高、超层，甚至有超三层的。本禁忌应该引起设计人员高度重视。

【禁忌 5.2】　底层框架—抗震墙结构中抗震墙布置不合理

【后果】　导致房屋扭转破坏、骨牌式倒塌。

【正解】　底层框架—抗震墙结构中抗震墙布置要求属于抗震概念设计，由于地震中的房屋有很多有待研究的地方，因此概念设计显得尤为重要。设计人员应遵循抗震墙宜"均匀、分散、对称、周边"的原则进行结构布置。

1. 建筑平面、立面尽量简单、对称。

在平面布置时，尽可能地选择矩形、圆形、方形等有利于抗震的体形，简单房屋体形的各部位受力比较均匀，薄弱环节较少，抗震性能较好，同时控制外凸和内凹的尺寸。

建筑立面应均匀布置，避免头重脚轻，结构重心尽可能的降低。

2. 上部的砌体抗震墙与底部的框架梁或抗震墙应对齐或基本对齐。

明确、可靠、简洁的传力路径是提高房屋抗震能力的有效途径。为保证结构荷载有明确、可靠、简洁的传力路径，要求上部墙体与底部框架梁、柱、抗震墙对应，避免上部墙、板荷载多次传递后才能到达框架梁、柱和抗震墙上，同时，要保证一部分抗震墙体沿竖向贯通。

托墙梁的两个支座需设框架柱。如果因使用功能的要求而个别不能设框架柱，则应按照竖向抗侧力构件不连续的情况，将上部墙体传给水平转换构件（即框架梁）的地震内力乘以 1.25～1.5 的放大系数，按照该内力组合对这些框架梁、柱进行设计。

如果为了减少次梁托墙的数量而取消上部落在次梁上的横墙（采用轻质隔墙），形成开间超过 4.2m 的横墙较少的砖房时，建筑的总层数还得再降一层。

3. 底部框剪部分纵横两个方向的抗震墙应均匀对称布置或基本均匀对称布置。

在中、强地震作用下，上部砌体对底部产生较大的倾覆力矩使设置抗震墙数量少的一侧的框架柱产生较大的附加轴力，承载和变形能力下降，导致震害加剧，海城地震和唐山地震中有不少这样的震例。图 5-1、图 5-2 所示为一临街建筑因临街面开通窗，只设了横向抗震墙，使得墙体平面分布极不对称而使结构破坏的例子。

在底部框架结构的周边沿竖向和水平均匀布置抗震墙能够极大地提高框架结构的抗扭强度和刚度，可以防止结构因扭转振动使构件产生不均匀应力。但是如果设置的抗震墙在结构中布置不当，副作用将会更大，将会使结构的扭转反应进一步加大。一个本来均匀规整的框架结构由于加入了抗震墙，造成结构的刚度中心偏移，从而使结构在地震作用下发生较大的扭转。

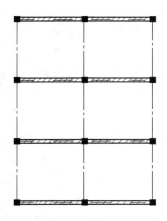

图 5-1　两个方向的动力特性明显不同　　　　图 5-2　墙体平面布置不当产生破坏

　　目前，部分城镇临街建筑采用这类结构，为满足功能上要求，底部临街一侧往往不设置抗震墙或设置的数量很少，而另一侧则设置的数量较多，造成结构的质心与刚心不一致，地震时引起较为严重的扭转效应，加剧地震的破坏作用。图 5-3（a）为底部框架部分因抗震墙设置不当而使结构产生不平衡扭转的例子。该房屋由于两面临街，全部为大玻璃窗，背街的两面设置抗震墙（砌体墙），造成刚度中心严重偏移，图 5-3（b）中由于四周均匀布置了抗震墙（砌体墙）而使结构的扭转作用大大降低，同时，结构整体的抗扭刚度也得到较大增强。如因建筑的要求不能全布满墙体，则可按图 5-3（c）设置两片钢筋混凝土剪力墙。

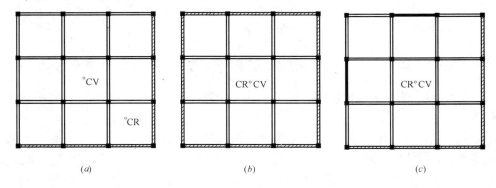

(a)　　　　　　　　　　　　(b)　　　　　　　　　　　　(c)

图 5-3　底部框架结构因抗震墙的影响而产生扭转及其解决方案

　　底部框架—抗震墙砖房的底层或底部两层均应设置为纵、横向的双向框架体系，避免一个方向为框架、另一个方向为连续梁的体系。这主要是由于地震作用在水平上是两个方向的，一个方向为连续梁体系则不能发挥框架体系的作用，则该方向的抗震能力要降低比较多。

因此，结构在两个主轴方向的动力性能宜接近，要防止底部抗震墙位置偏在一侧，造成底层刚度中心和质量中心存在明显的偏差；底部抗震墙应是双向、对称布置，且纵、横向抗震墙尽可能地连为一体，组成 L、T、Ⅱ 形，以获得较大的整体抗弯刚度；抗震墙最好布置在外围或靠近外墙处，以获得最大的抗扭刚度；底部两层框剪结构中的抗震墙应贯通第一、二层。

4. 抗震横墙的最大间距限值。

底部框架—抗震墙砖房的抗震墙的间距限值分为底层或底部两层和上部砖房两部分，上部砖房各层的横墙间距要求应和多层砖房的要求一样；底部框架—抗震墙部分，由于上面几层的地震作用要通过底层或第二层的楼盖传至抗震墙，楼盖产生的水平变形将比一般框架抗震墙房屋分层传送地震作用的楼盖水平变形要大。因此，在相同变形限制条件下，底部框架—抗震墙砖房底层或底部两层抗震墙的间距要比框架—抗震墙的间距要小一些。

底部框架—抗震墙砖房抗震墙最大间距限值列于表 5-1。

抗震横墙最大间距（m）　　　　　　　　　　　表 5-1

烈度	6	7	8
底部或底部两层	21	18	15
上部各层砖墙	同多层砖房的要求		

5. 上部砖房的纵、横墙布置。

上部砖房的纵、横向布置宜均匀对称，沿平面宜对齐，沿竖向应上下连续；同一轴线上的窗间墙宜均匀。内纵墙宜贯通，对外纵墙的开洞率应控制，6 度区和 7 度区不宜大于 55%，8 度区不宜大于 50%。

【禁忌 5.3】 上下部分侧向刚度比不合理或不验算侧向刚度比

【后果】 结构沿竖向刚度不均匀将导致刚度薄弱层在地震作用下水平变形增大。

【正解】 在历次地震中，底部框架—抗震墙房屋之所以发生严重破坏，其原因就在于底部层间侧向刚度与上部层间侧向刚度比过于悬殊，形成所谓"鸡腿"建筑，地震中底部完全倒塌而上部结构基本完好，因此控制底部与上部侧向刚度比是很必要的。

在地震作用下底部框架—抗震墙砖房的弹性层间位移反应均匀，减少在强烈地震作用下的弹塑性变形集中，能够提高房屋的整体抗震能力。通过在底部的纵、横向设置一定数量的抗震墙，控制底部框架—抗震墙与上部结构的侧向刚度比，就是为了使底层框架—抗震墙砖房的弹性位移反应较为均匀，但是底层的纵、横向抗震墙也不应设置的过多，以避免底层过强使薄弱层转移到上部砖房部分。因此，底部框架—抗震墙与上部砖混结构的侧向刚度比的合理取值和控制范围，既应包括弹性层间位移反应的均匀，又应包括不至于出现突出的薄弱楼层。

试验研究表明：

(1) 底层框架—抗震墙砖房的第二层与底层的侧向刚度比，不仅对地震作用下的层间弹性位移有影响，即当比值越大时，突出表现在底层弹性位移的增大，而且也对层间极限剪力系数分布、薄弱楼层的位置和薄弱楼层的弹塑性变形集中等也有着重要的影响。

(2) 在第二层与底层的侧向刚度比在 1.5 左右时，其层间极限剪力系数分布相对比较均匀，虽然第一层的弹塑性最大位移反应仍偏大一些，但是弹塑性变形集中的现象要好得多，能够发挥底层框架—抗震墙变形和耗能能力好的抗震性能，而且上部砖房破坏不重，有利于结构的整体抗震。当第二层与底层的侧向刚度比小于 1.2，特别是小于 1.0 时，底层钢筋混凝土墙设计得多而大，底层抗震的极限剪力系数较上部多层砖房的各层大，薄弱楼层不再是底层而是上部砖房层间极限剪力系数相对较小的楼层。

(3) 底层框架抗震墙砖房的第二层与底层的侧向刚度比宜控制在 1.2～2.0 之间。在 8 度时不应大于 2.0；在 7 度时不宜大于 2.0，当设有钢筋混凝土抗震墙时可适当放宽，但不应大于 2.5，当仅设嵌砌于框架的实心砖和混凝土小型砌块墙时不应大于 2.0；6 度时也不应大于 2.5。同时均不应小于等于 1.0。

(4) 底部两层框架—抗震墙砖房的侧向刚度沿高度变化宜均匀，第一层的侧向刚度不应小于第二层侧向刚度的 70%。由于底部两层框架—抗震墙砖房的底部两层的钢筋混凝土墙已不是高宽比小于 1 的低矮墙，其底部两层只有协同工作的特征。因此，底部两层的钢筋混凝土墙的侧向刚度已不能沿用底层框架—抗震墙砖房的方法。

底部两层框架—抗震墙砖房第三层与第二层侧向刚度比的合理取值为 1.2～1.8，且第三层与第二层的侧向刚度比不应小于等于 1.0，对于 6、7 度时，第三层与第二层的侧向刚度比不应大于 2.0，8 度时不应大于 1.5。

因此，抗震规范规定，底部框架—抗震墙房屋的纵横两个方向，第二层与底层侧向刚度的比值，6、7 度时不应大于 2.5，8 度不大于 1.5，且均不应小于 1.0。底部两层框架—抗震墙房屋的纵横两个方向，底部与底部第二层侧向刚度应接近，第三层与底部第二层侧向刚度的比值，6、7 度时不应大于 2.0，8 度不大于 1.5，且均不应小于 1.5。如表 5-2。

下面介绍一种底部框架—剪力墙结构上下部分侧向刚度比控制的简化方法，供参考。

层间刚度比限值

表 5-2

烈度	6	7	7.5	8	8.5
底层框架—抗震墙房屋	$1.0 \leqslant K_2/K_1 \leqslant 2.5$			$1.0 \leqslant K_2/K_1 \leqslant 2.0$	
底部两层框架—抗震墙房屋	$1.0 \leqslant K_2/K_1 \leqslant 2.0$			$1.0 \leqslant K_2/K_1 \leqslant 1.5$	
	$K_2/K_1 \approx 1$			$K_2/K_1 \approx 1$	

注：K_1、K_2、K_3 分别为第一、二、三层侧向刚度。

底部框架—抗震墙的侧向总刚度为计算方向所有抗震墙、柱的侧向刚度之和。为简化，底部抗震墙为无洞口墙，则底部框架—抗震墙的侧向总刚度为：

$$K = \sum K_w + \sum K_c \tag{5-1}$$

$$K_w = \frac{1}{\delta_w} = \frac{1}{\xi H/GA + H^3/6EI} = \frac{Et}{3\rho + 2\rho^3} \tag{5-2}$$

$$K_c = \frac{1}{\delta_c} = \frac{Eb}{h/h_c} \tag{5-3}$$

式中　t——抗震墙厚度；

　　　$\rho = H/h_w$，H 为层高，h_w 为抗震墙宽度；

　　h_c、b——柱截面高度和宽度；

　　　ξ——剪应力不均匀系数；

　　　A——抗震墙横截面面积；

　E、G——混凝土弹性模量、剪切模量，一般取 $G = 0.4E$；

　　　I——抗震墙的惯性矩；

　　K_w——抗震墙侧向刚度；

　　K_c——柱侧向刚度。

将式（5-2）、（5-3）代入式（5-1）得：

$$\begin{aligned} K &= \sum G\alpha_w A_w/\xi H + \sum 12EI_c/H^3 \\ &= \sum G\alpha_w A_w/\xi H + \sum G\alpha_c A_c/\xi H = GA/\xi H \end{aligned} \tag{5-4}$$

式中　A_w——计算方向抗震墙的有效截面积；

　　A_c——柱的截面积；

　　　A——计算方向抗震墙、柱有效抗剪截面积：$A = \sum \alpha_w A_w + \sum \alpha_c A_c$；

　　α_w——抗震墙折算系数，$\alpha_w = \dfrac{1}{1 + \dfrac{2}{3}\rho^2}$；

　　α_c——柱折算系数，$\alpha_c = 3(h_c/H)^2$。

若上部砌体，采用 MU10 烧结多孔砌体、M10 砂浆，底部 C30 混凝土。对于底部一层框架—抗震墙房屋，二层与底层的侧向刚度比为：

$$\gamma_{21} = \frac{K_2}{K_1} = \frac{G_m A_2}{\xi H_2} \frac{\xi H_1}{G_c A_1} = \frac{G_m A_2 H_1}{G_c A_1 H_2} = \frac{0.1 A_2 H_1}{A_1 H_2} \tag{5-5}$$

对于底部两层框架—抗震墙房屋，三层与二层的侧向刚度比为：

$$\gamma_{32} = \frac{0.1A_3H_2}{A_2H_3} \tag{5-6}$$

二层与一层的侧向刚度比为：

$$\gamma_{21} = \frac{A_2H_1}{A_1H_2} \tag{5-7}$$

式中　H_1、H_2、H_3——底层、二层和三层的层高；

A_1、A_2、A_3——计算方向底层、二层和三层抗震墙、柱有效抗剪截面积；

G_m、G_c——砌体、混凝土的剪切模量。

上下部分侧向刚度比可简便地利用式（5-5）或式（5-6）、（5-7）估算。

当底部框架—抗震墙房屋的纵横两个方向，过渡层与框剪层侧向刚度的比值小于 1.0 时（在解决底部楼层承载力不足时容易出现该情况），解决的办法有两个：

① 在抗震墙上开洞，并采用轻质砌块材料填实的方法，将抗震墙的刚度降低；

② 采用带边框开竖缝的钢筋混凝土墙，既降低了混凝土抗震墙的刚度，又提高了混凝土抗震墙的抗震能力和延性。

竖缝设置有如下要求：

a. 开竖缝至梁底，使墙体分成两个或三个高宽比大于 2 的墙板单元，水平钢筋在竖缝处断开。

b. 竖缝处应放置两块预制的钢筋网砂浆板或钢筋混凝土板，其每块厚度可为 40mm，宽度与墙体的厚度相同。

c. 竖缝两侧应设暗柱，暗柱的截面范围为 1.5 倍的墙厚，暗柱的纵筋不宜小于 4Φ16mm，箍筋可采用 ϕ8mm，箍筋间距不宜大于 200mm。

d. 边框梁箍筋除其他加密要求外，还应在竖缝两侧 1.0 倍的梁高范围内加密，箍筋间距不应大于 100mm。

【禁忌5.4】 底层框架—抗震墙结构房屋强度不均匀

【后果】 结构薄弱楼层将产生变形集中，给建筑物造成很大破坏，甚至是整个楼的倒塌。

【正解】 由于相邻楼层的承载力和刚度相差较大，地震作用时容易在这些部位形成结构的薄弱层。在中强地震作用下，结构进入弹塑性状态，结构的薄弱楼层将产生变形集中，其变形值数倍于其他楼层，薄弱楼层的变形大小决定了结构的破坏状态。历次大地震的震害表明，结构竖向设计上带来的上下楼层承载力和刚度的突变，给建筑物造成很大破坏，甚至是整个楼的倒塌。因此，必须提高和改善薄弱楼层的抗震能力。

如何判断结构的薄弱楼层是设计中的关键。

在水平地震作用下，这种结构楼层的强弱程度可由楼层屈服强度系数 ξ 的大小来判断。所谓楼层屈服强度系数是指楼层实际受剪极限承载力与其弹性反应地震剪力之比，按式（5-8）计算：

$$\xi(i) = V_u(i)/V_e(i) \tag{5-8}$$

式中　　$V_u(i)$——第 i 层楼层受剪极限承载力；

　　　　$V_e(i)$——第 i 层的弹性地震剪力。

底部框架—抗震墙砖房底部具有较强的承载、变形和耗能能力，一般为延性破坏；上部砖房部分具有一定的承载能力，但变形和耗能能力相对较差，为脆性破坏。因此，此类结构薄弱楼层的判断不能简单地通过比较楼层屈服强度的大小。可根据底部楼层最小屈服强度系数 ξ_L 和上部砖房楼层最小屈服强度系数 ξ_U 的关系来判断结构的薄弱层：对于底层框架—抗震墙砖房，若 $\xi_L(1) < 0.8\xi_U(2)$，则底层为薄弱楼层，若 $\xi_L(1) > 0.9\xi_U(2)$，则第二层为薄弱楼层，若 $\xi_L(1) = (0.8 \sim 0.9)\xi_U(2)$，则该结构较为均匀；对于底部两层框架—抗震墙砖房，若 $\xi_L(2) < 0.8\xi_U(3)$，则底部为薄弱楼层，若 $\xi_L(2) > 0.9\xi_U(3)$，则第三层为薄弱楼层，若 $\xi_L(2) = (0.8 \sim 0.9)\xi_U(3)$，则该结构够较为均匀。

国外的规范对于容易出现薄弱层的房屋不仅注意控制楼层间的相对刚度，也很注意控制楼层间的相对强度。刚度不足的楼层称为 soft story（柔层），而强度不足的楼层称为 weak story（弱层）。

【禁忌 5.5】　底部钢筋混凝土剪力墙墙段高宽比小于 2

【后果】　产生脆性的剪切破坏，变形性能差。

【正解】　为了改善底层框架砖房的抗震性能，根据震害经验总结，提出了在底层设置一定数量的抗震墙，使结构侧移刚度沿高度分布相对较为均匀。在实际工程中，其钢筋混凝土抗震墙的高宽比往往小于 1，通常称为低矮抗震墙。

高宽比小于 1.0 的低矮钢筋混凝土墙是以受剪为主，由剪力引起的斜裂缝控制其受力性能，其破坏状态为剪切破坏，它是一种脆性破坏，延性很差。试验结果表明：放入砂浆板和钢筋混凝土板的带边框开竖缝钢筋混凝土墙的抗震性能明显优于整体钢筋混凝土低矮抗震墙，这种开竖缝的抗震墙具有弹性刚度较大，后期刚度较稳定；达到最大荷载后，其承载力没有明显降低，其变形能力和耗能能力有较大提高，达到了改善低矮墙抗震性能的目的。

底部两层框架—抗震墙砖房中底部两层钢筋混凝土墙的高宽比一般已不再是

小于 1.0 的低矮墙。但由于使用功能的要求，在底部两层中往往设置为较大的柱网，致使有些钢筋混凝土墙的宽度为 6.0～7.2m 左右，使得这类钢筋混凝土墙的高宽比小于 1.5。

试验表明，剪力墙的高宽比越小，承受水平地震力的能力越大，但其变形性能越差。我国抗震规范为了保证底部剪力墙合理的破坏形态（不出现剪切破坏），并具有良好的延性变形性能，抗震墙的高宽比应该不小于 2。当高宽比大于 2 时，可采取在抗震墙上开洞或者采用带边框开竖缝的钢筋混凝土墙的措施来解决。

【禁忌 5.6】 底层框架—抗震墙结构中抗震墙数量设置不合理

【后果】 底部剪力墙设置数量过少，过渡层与底层的刚度比大于规范的限值要求，使得底层成为明显的薄弱层；底部剪力墙布置数量过多，过渡层与底层的刚度比小于 1，则过渡层成为薄弱层。

【正解】 抗震墙的设置要求符合以下几个方面的要求：

1. 抗震横墙最大间距

抗震横墙的最大间距应符合表 5-1 的要求。

2. 侧向刚度比

底部框架—抗震墙房屋的抗震墙数量由纵横两个方向间刚度比决定，设置合理的抗震墙数量可使刚度比满足抗震规范的上、下限要求（表 5-2）。

3. 层间弹性位移限值

为了避免框剪层的非结构构件在多遇地震作用下出现过重的破坏，各框剪层层间弹性位移 Δu_e 应满足：

$$\Delta u_e \leqslant [\theta_e]h \tag{5-9}$$

式中　Δu_e——多遇地震作用标准值产生的楼层内最大的弹性层间位移；

　　　h——计算楼层层高；

　　　$[\theta_e]$——弹性层间位移角限值。

值得指出的是，《建筑抗震设计规范》（GB 50011—2001）并未给出底部框架—抗震墙房屋的弹性层间位移角限值，建议抗震墙为钢筋混凝土墙时取 1/650，为砌体墙时取 1/550。

4. 层间弹塑性位移限值

为了保证框剪层在罕遇地震作用下不发生倒塌，各框剪层层间弹塑性位移 Δu_p 应满足：

$$\Delta u_p \leqslant [\theta_p]h \tag{5-10}$$

式中　$[\theta_p]$——层间弹塑性位移角限值，取 1/100。

各框剪层层间弹塑性位移 Δu_p 的计算建议采用静力弹塑性分析方法或弹塑

性时程分析方法。

底部框架—抗震砖房框剪层抗震墙的设置数量由抗震横墙最大间距、砖混过渡层与相邻框剪层的侧移刚度比及相邻框剪层的弹塑性位移等限值来控制，且对底层框架—抗震墙砖房，当砖混层为小开间时，抗震横墙数量仅由前两者控制；抗震纵墙数量均仅由后两者控制。

假定各道抗震横（纵）墙的截面特性相同，并设每层需要设置的抗震横（或纵）墙数量为 m 片，最大间距限值为 S，房屋总长为 L，则可通过一些简化得到近似的计算公式：

（1）底层框架—抗震墙砖房

当砖混层为住宅、宿舍、小开间办公室等空间较小的房间时，应同时满足式（5-11）和式（5-12）的要求：

$$m \geqslant L/S + 1 \tag{5-11}$$

$$K_b/\{[\gamma]_{max} K'_{wj}\} \leqslant m \leqslant K_b/\{[\gamma]_{min} K'_{wj}\} \tag{5-12}$$

式中 K'_{wj}——第 j 层单片抗震墙的弹性侧移刚度；

K_b——砖混过渡层的总弹性侧移刚度；

γ——过渡层与底框层的刚度比，$[\gamma]_{max}$ 取表 5-2 中上限值，$[\gamma]_{min}$ 取表 5-2 中下限值。

当砖混层为教室、病房、大开间办公室等空间较大的房间时，应同时满足式（5-11）～式（5-13）的要求：

$$m \geqslant \frac{3.76 n' \alpha'_{max} q_i BL}{K'_{wj} [\theta_p] h_1} \tag{5-13}$$

式中 α'_{max}——罕遇地震作用的水平地震影响系数最大值；

n'——当量标准层的层数，底层框架砖房取 $n'=n$，底部两层框架砖房取 $n'=n+0.15$，n 为房屋总层数；

B——房屋总宽度；

q_i——砖混标准层单位面积的重力荷载代表值，按 $q_i = G_i/(BL)$ 计算确定，一般可近似取 14～15kN/m^2。

（2）底部两层框架砖房

无论砖混层为大或小开间，均应同时满足式（5-11）、式（5-12）和式（5-14）的要求：

$$m \geqslant \frac{2.25 n' \alpha'_{max} q_i BL}{[\theta_p] h_2} \left[\frac{1.67(n^2+0.5n-2)}{(n^2+0.5n) K'_{w2}} + \frac{1.62 h_2}{K'_{w1} h_1} \right] \tag{5-14}$$

在实际设置抗震墙时，只需按式（5-11）～式（5-13）或式（5-11）、式（5-12）、式（5-14）计算出抗震横墙的合理数量范围，至于抗震纵墙，只要在与抗震横墙（山墙除外）对应位置的两个中（或中边）柱间均设置相应的抗震纵墙，即可满足楼层刚度比限值及框剪层层间弹塑性位移限值条件。

底部框架—抗震墙砖房的框剪层按上述方法设置抗震墙后，房屋将不需要进行楼层刚度比及框剪层层间位移验算。

【禁忌 5.7】　底部框架中次梁上墙体过多

【后果】　很多设计为了满足使用功能的需要，底部往往采取了较大的柱网尺寸，而上部的砌体墙却很密，造成很多墙体落在次梁上。地震作用经过二次甚至三次转换，传力途径不直接，传力路径过长，不利于房屋抗震。另外，易对主梁产生较大的剪力和扭矩，造成主梁开裂。

【正解】　《建筑抗震设计规范》（GB 50011—2001）要求上层承重砖墙应尽量落在下层框架梁或抗震墙上，因此，设计时应减少位于底框中次梁上墙体数量。

当有次梁托墙时，应注意支承托墙次梁的主框架梁的抗剪和抗扭设计，此时不能按一般多层框架梁的构造作法，在支座边 1.5 倍梁高或 1/6 跨度范围内加密箍筋。由于托墙次梁传来很大的集中力和扭矩，有可能使得跨中剪力与支座剪力相差不很大，对这类情况要注意次梁的抗剪强度和抗扭强度的验算。

【禁忌 5.8】　托墙梁支承于底部抗震墙上

【后果】　由于托墙梁截面一般都很大，受力很大，使得抗震墙承受很大的平面外弯曲作用，也使得抗震墙局部区段的轴压比过大；底框房屋抗震墙墙厚一般在 200～250mm 之间，托墙梁纵向钢筋的锚固难以达到抗震规范强制性条文的

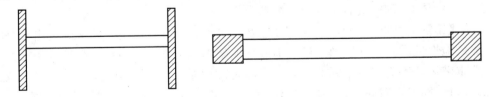

图 5-4　托墙梁支承于底部抗震墙上　　　　图 5-5　托墙梁两端设置框支柱

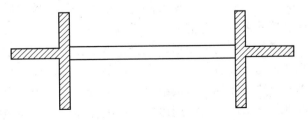

图 5-6　托墙梁两端加设垂直的抗震墙

要求；由于墙很薄，托墙梁线刚度很大，形成强梁弱支承构件，在地震作用下，节点易于破坏。

【正解】 对这类问题（见图 5-4），应在托墙梁两端设置框支柱（见图 5-5），或加设垂直的抗震墙（见图 5-6）以平衡厚墙体平面外的弯曲作用。

【禁忌 5.9】 底部框架—抗震墙房屋的抗震墙周边不设置梁（或暗梁）和边框柱（或框架柱）

【后果】 延性差。

【正解】 底部框架—抗震墙房屋的抗震墙一般属于低矮抗震墙，延性一般较差，在抗震墙周边设置梁（或暗梁）和边框柱（或框架柱）后，形成边缘约束构件，能够提高墙体的延性，使结构在地震中的抗震能力得到提高。

底部框架—抗震墙房屋的抗震墙是结构作为第一道防线的抗侧力构件，它的作用相当于框架—抗震墙结构中的抗震墙，《建筑抗震设计规范》（GB 50011—2001）第 6.5.1 条规定，抗震墙周边应设置梁（或暗梁）和边框柱（或框架柱），底部框架—抗震墙房屋的此条规定，是参照框架—抗震墙结构中抗震墙的要求制定的。

带有边框的抗震墙，周边设置梁（或暗梁）和边框柱（或框架柱）对抗震墙起约束作用，可以提高抗震墙的极限承载力及对地震能量的耗散能力，且有利于墙板的稳定，即使抗震墙破坏后，周边的梁和边框柱仍能承受竖向荷载。

同时不宜设计两面或三面设边框的抗震墙。

【禁忌 5.10】 6 层及 6 层以上底框房屋采用砌体墙作为抗震墙

【后果】 砌体抗震墙变形性能差，震害严重。

【正解】 试验表明，无筋砌体墙在水平地震荷载作用下，墙体表现出十分明显的脆性性质，且 6 层及 6 层以上底部框架砌体抗震墙房屋在实际地震中遭到了严重破坏。鉴于地震中底部框架砖房震害的严重性，《建筑抗震设计规范》（GB 50011—2001）对底部框架砖房提出了更严格的要求：底部一层框架砖房在 6、7 度区且总层数不超过 5 层时，其抗震墙可为砌体墙。在 8 度地震区，或者 6、7 度区层数超过 5 层，或者底部两层框架的底部框架—抗震墙房屋中，不得使用砌体墙作为抗震墙，必须采用钢筋混凝土抗震墙。

底层的砖抗震墙与周边的框架形成组合构件，为了保证砖墙与框架具有良好的整体性，施工时需先砌墙后浇柱，且在砖墙与柱连接面设置足够拉结钢筋，并留置马牙槎。这种构件在计算上需按组合构件进行抗震分析。由于砖抗震墙、周边框架所承担的地震作用，将通过周边框架向下传递，故底层砖抗震墙、周边的框架柱还需考虑砖墙的附加轴向力和附加剪力。

【禁忌 5.11】 抗震验算时，底框结构底层地震剪力不乘增大系数

【后果】 在受力上未考虑底部侧移刚度比的影响，对房屋的抗震性能有不利影响。

【正解】 模型试验和实际房屋的动测分析表明，这类房屋的基本周期一般小于 0.3s，因此，在计算这类房屋的地震作用时，基本周期对应的地震影响系数可取 α_{max}。

对于质量和刚度沿高度分布比较均匀的结构，可采用底部剪力法；对于质量和刚度沿高度分布不均匀的底层框架—抗震墙砖房采用振型分解反应谱法，且应取多于三个振型。

对于平面和竖向布置不规则的底层框架—抗震墙砖房的地震作用分布，可采用考虑水平地震作用的扭转影响的振型分解反应谱法。

在同地震烈度区，结构的计算水平地震力与结构等效总重力荷载有关。对于采用振型分解反应谱法计算这类房屋的地震作用，需对其水平地震作用效应（剪力）进行组合，这两种计算方法得出的地震作用均跟转换层与底部框架层的侧移刚度比无关。因此，《建筑抗震设计规范》（GB 50011—2001）规定底层框架砖房的底层和底部两层框架砖房的底层、第二层的横向与纵向地震剪力设计值均应乘以的增大系数，就是考虑底部侧移刚度比的影响后，有意识地提高底部框架层的抗震承载能力的一种补偿方法。该增大系数应根据侧向刚度比大小取 $\eta_v = 1.2 \sim 1.5$，有资料认为增大系数与侧向刚度比的关系可按下式确定：

对底层框架结构， $$\eta_v = \sqrt{\gamma_{21}} \tag{5-15}$$

对底部两层框架结构， $$\eta_v = \sqrt{\gamma_{32}} \tag{5-16}$$

式中 γ_{21}、γ_{32}——侧向刚度比，分别按照式（5-5）、（5-6）计算。

按上式计算得到的增大系数大于 1.5 时，取 1.5；小于 1.2 时，取 1.2。

从房屋在"大震"作用下的状态来看，由于底部框架—抗震墙的变形和耗能能力较上部砌体部分要好得多，因此不宜把底部的承载能力设计得过强，以防止薄弱楼层转移到上部砌体部分。底部的承载能力设计较强包括两个方面：一是底部设计较多的钢筋混凝土抗震墙，无论是底部的侧移刚度还是底部的极限承载能力都较上部楼层大；二是底部的抗震墙数量较为合理，但由于框架柱和钢筋混凝土墙的混凝土强度等级采用的较高或纵筋配筋量大，使得底部的极限承载力较大。对于第一种情况，其弹塑性变形集中的薄弱楼层为上部砌体部分，底部破坏很轻；对于第二种情况，底部的钢筋混凝土墙将首先开裂，但破坏集中的楼层仍为上部砌体中相对较弱的楼层。上部砌体为薄弱楼层的底部框架—抗震墙房屋的整体抗震能力是比较差的。因此，在底部框架—抗震墙房屋的抗震设计中不宜把底部设计得过强。采用《建筑抗震设计规范》（GB 50011—2001）中关于底部框

架—抗震墙砌体房屋的底部均应以 1.2~1.5 的增大系数，则必然提高底部的极限承载力。因此，底部框架—抗震墙砌体房屋的抗震设计应遵循底部框架—抗震墙与上部砌体的抗震能力相匹配的原则，从这一原则出发，建议在遵守现行规范对底部框架—抗震墙砌体房屋的底部地震剪力设计值乘以增大系数时，应对上部砌体部分特别是过渡楼层也相应采取提高承载能力和变形、耗能能力的措施。比如，在内纵墙与横墙（轴线）交接处增设构造柱，在纵横向的部分墙体中采用配筋砌体等。

在实际设计中，有的设计人员盲目取大 η_v 值，把底部设计得过强，这样会使薄弱楼层转移到上部砌体层（尤其是上部砖墙侧移刚度与底层框架侧移刚度比接近于 1.0 时）。这种上部砌体为薄弱楼层的底部框架砖房，其整体抗震能力比较差，必须引起高度注意。

【禁忌 5.12】 不验算底部砌体抗震墙抗震承载力

【后果】 如果承载力不够，不能起到抗震墙的作用。

【正解】 1. 底层框架—抗震墙房屋的底层地震剪力设计值在框架和抗震墙中的分配

底层框架—抗震墙房屋中底层框架的侧移刚度一般为第二层砖房侧移刚度的 1/8~1/12；当第二层与第一层的侧移刚度比为 2.0 时，则框架的侧移刚度占底层总侧移刚度的 25%~17%；当第二层与第一层的侧移刚度比为 1.5 时，则框架的侧移刚度占底层总侧移刚度的 19%~13%。由此可见，底层框架—抗震墙房屋的底层侧移刚度中钢筋混凝土框架占有相当的比例，从控制底层设置一定数量的抗震墙和底层框架的两道防线的设计原则考虑，其底层地震剪力设计值应全部由抗震墙承担。底层砌体抗震墙承担的剪力可按下式计算。

$$V_{bwj} = \frac{K_{bwj}}{\sum K_{wj} + \sum K_{bwj}} V_1 \tag{5-17}$$

式中 V_1——第一层地震总剪力；

V_{bwj}——第 j 片砌体墙承担的地震剪力；

K_{wj}——第 j 片混凝土抗震墙的弹性刚度；

K_{bwj}——第 j 片砌体抗震墙的弹性刚度。

在地震作用下，底层的钢筋混凝土抗震墙在层间位移角为 1/1000 左右时，混凝土墙开裂，在层间位移角为 1/500 左右，其刚度已降低到弹性刚度的 30%；底层的砖填充墙在层间位移角为 1/500 左右时已出现对角裂缝，其刚度已降低到弹性刚度的 20%；而钢筋混凝土框架在层间位移角为 1/500 左右时仍处于弹性阶段；这说明在底层抗震墙开裂后将产生塑性内力重分布。由于底层框架—抗震墙的底层框架为第二道防线，底层框架的抗震性能如何对于底层框架—抗震墙砖房的整体抗震能力起很重要的作用。因此，底层框架承担的地震剪力设计值可按底层框架和抗震墙的有效刚度进行分配（框架刚度不折减，钢筋混凝土取 0.3 的弹性刚度，砖墙取 0.2 的弹性刚度），可按下式计算：

$$V_j = \frac{K_j}{\sum K_j + 0.3 \sum K_{wj} + 0.2 \sum K_{bwj}} V_1 \tag{5-18}$$

式中　V_j——第 j 榀框架承担的地震剪力；

　　　K_j——第 j 榀框架的弹性刚度。

2. 地震倾覆力矩的计算和在框架与砌体抗震墙中的分配

在《建筑抗震设计规范》中对多层砖房一般不考虑地震倾覆力矩对墙体受剪承载力的影响；所以在多层砖房的地震作用计算和抗震验算中，不计算地震倾覆力矩，但要按不同基本烈度的抗震设防控制房屋的高宽比。在多层和高层钢筋混凝土房屋地震作用的分析时，则要考虑地震倾覆力矩对构件的影响。因此，对底层框架—砌体抗震墙砖房，则应考虑地震倾覆力矩对底层框架—抗震墙砖房的底层结构构件的影响。

（1）地震倾覆力矩的计算

在底层框架抗震墙砖房中，作用于整个房屋底层的地震倾覆力矩设计值为：

$$M_1 = \gamma_{Eh} \sum_{i=2}^{n} F_i (H_i - H_1) \tag{5-19}$$

式中　M_1——整个房屋底层的地震倾覆力矩设计值；

　　　F_i——i 质点的水平地震作用标准值；

　　　H_i——i 质点的计算高度。

（2）地震倾覆力矩的分配

地震倾覆力矩形成楼层转角，而不是侧移。该力矩使底层抗震墙产生附加弯矩、底层的框架柱产生附加轴力。但为了简化起见，抗震规范规定，可近似地将倾覆力矩在底部框架和抗震墙之间按它的侧移刚度分配。仿照地震水平力的分配公式，有

$$M_{bwj} = \frac{0.2 K_{bwj}}{\sum K_j + 0.2 \sum K_{bwj}} M_1 \tag{5-20}$$

式中　M_{bwj}——第 j 片砌体墙承担的弯矩。

3. 截面抗震承载力验算

底层框架砖房各层构件的截面抗震承载力验算，包括底层的砖抗震墙和底层以上的砖墙验算，其验算方法和多层砖房一样。

【禁忌 5.13】　底层框架—抗震墙结构设计中抗震墙采用砌体填充墙时没有考虑砌体墙对框架的附加轴力和附加剪力

【后果】　填充墙可以使框架柱产生附加剪力和轴力，使梁端产生附加剪力和

弯矩，使柱子在地震中易发生剪切破坏。

【正解】 填充墙在底框中竖向应力比较小，易发生滑移剪切破坏。砌体墙所传递的剪力使柱的中部位置产生塑性铰，而柱子的上部和底部则发生剪切破坏（如图 5-7）。开始时几乎所有的剪力均由填充墙来承担，但随着滑移剪切破坏的进一步发展，由于变形会在柱子中产生弯矩和剪力，使得梁、柱内力有所增加。

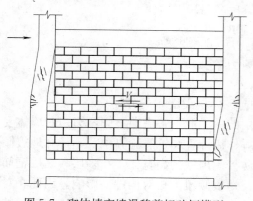

图 5-7　砌体填充墙滑移剪切破坏模型

另外，底层框架—抗震墙房屋中采用砖砌体作为抗震墙时，砖墙和框架成为组合的抗侧力构件。由砖抗震墙—周边框架所承担的地震作用，将通过周边框架向下传递，故底层砖抗震墙周边的框架柱还需考虑砖墙的附加轴向力和附加剪力。

《建筑抗震设计规范》（GB 50011—2001）规定：6、7 度且总层数不超过五层的底层框架—抗震墙房屋，应允许底层采用嵌砌于框架之间的砌体抗震墙，但应计入砌体墙对框架的附加轴力和附加剪力，其余情况应采用钢筋混凝土抗震墙。砖抗震墙引起的附加轴力和附加剪力，可按下列公式确定：

$$N_f = V_w H_f / l \tag{5-21}$$

$$V_f = V_w \tag{5-22}$$

式中　V_w——砌体承担的剪力设计值，柱两侧有墙时可取二者的最大值；

　　　N_f——框架柱的附加轴压力设计值；

　　　V_f——框架柱的附加轴剪力设计值；

　　　H_f、l——分别为框架的层高和跨度。

【禁忌 5.14】　过渡层按落地墙体的方法设计

【后果】 与落地砌体墙相比，过渡层受力复杂，承载力降低，易于开裂、破坏。

【正解】 底层框架砖房的第二层、底部两层框架砖房的第三层均为过渡层。

底部框架—抗震墙的破坏状态一般为延性破坏，上部砌体部分为脆性破坏。过渡楼层不仅担负着传递上部结构的地震剪力，也担负着上部各层地震力对底层楼板的倾覆力矩引起楼层转角对过渡楼层层间位移的增大，受力复杂。此外，在竖向均布荷载作用下，过渡楼层墙体处于压剪或拉剪应力状态。试验表明，过渡

146

楼层墙体的水平承载力降低，过渡层的砖墙开裂先于其他楼层的砖墙，是形成破坏集中的楼层，在设计中应采取相应的抗震措施提高墙体的抗剪和平面外的抗弯能力。

过渡层的抗震承载力验算，按照《砌体结构设计规范》（GB 50003—2001），其抗震承载力按照相同的落地墙的抗震承载力乘系数 0.9。

对过渡层应适度提高砌筑砂浆的强度等级，增加构造柱的配筋率和增加构造柱的数量等措施。过渡层每开间设置构造柱和圈梁，形成弱框架体系，将增强过渡层传递地震剪力的能力，大大增加延性和耗能能力。

保证过渡层抗震能力的主要构造措施有：

（1）钢筋混凝土构造柱设置

过渡层的构造柱设置应为横墙（轴线）与内、外纵墙的交接处和楼梯间四角，其截面不应小于 240mm×240mm，纵向受力钢筋 6、7 度时不宜小于 4φ16，8 度时不宜小于 6φ16，纵向钢筋应锚入框架柱内，当纵筋锚入框架梁内时，框架梁的相应位置应采取加强措施。

（2）钢筋混凝土圈梁设置

钢筋混凝土圈梁应在纵、横两个方向的每一轴线上设置，圈梁应闭合，断面不宜小于 240mm×240mm，配筋不宜小于 4φ10，最大箍筋间距不大于 200mm。

（3）过渡层外纵墙加强措施

由于底部两层框架—抗震墙房屋的第三层位移比较大，因此应在第三层外纵墙窗台板下设置钢筋板带，板厚不小于 60mm，宽 240mm，配筋宜采用 2φ6，且应锚入两端构造柱内，以增强外纵墙平面外的抗弯能力。

（4）过渡层墙体的砌筑砂浆强度等级，砌体结构规范抗震部分规定不应低于M10，抗震规范规定不低于 M7.5。

【禁忌 5.15】 托墙梁在构造上与一般的框架梁一样

【后果】 由于托墙梁与上部砌体结构的共同工作，托墙梁实际上为一偏心受拉构件。把托墙梁和普通框架梁混为一谈，将造成安全隐患。

【正解】 托墙梁在构造上有类似于高层框支梁的要求，其构造严格于一般的框架梁，具体要求如下：

（1）梁的截面宽度不应小于 300mm，梁的截面高度不应小于跨度的 1/10。

（2）箍筋的直径不应小于 8mm，间距不应大于 200mm；梁端在 1.5 倍梁高且不小于 1/5 梁净跨范围内，以及上部墙体的洞口处和洞口两侧各 500mm 且不小于梁高的范围内，箍筋间距不应大于 100mm。

（3）沿梁高应设腰筋，数量不应小于 2φ14，间距不应大于 200mm。

（4）梁的主筋和腰筋应按受拉钢筋的要求锚固在柱内，且支座上部的纵向钢筋在柱内的锚固长度应符合钢筋混凝土框支梁的有关要求。

（5）托墙梁的混凝土强度等级，不应低于C30。

【禁忌5.16】　钢筋混凝土托墙梁考虑了墙梁组合作用，但没有考虑调整计算参数

【后果】　地震时的开裂会降低托墙梁与墙的组合作用，若不调整计算参数，不安全。

【正解】　从试验和有限元分析的结果看，墙梁组合的作用十分明显，但其受力状况也是非常复杂的。考虑到实际地震作用与试验室条件的差异，地震时梁上的墙体严重开裂，或者出平面倒塌，震害十分严重。底框结构的托墙梁与非抗震设计的墙梁受力状态有所差异。当按静力方法考虑有框架柱落地的托墙梁与上部墙体的组合作用时，从安全角度考虑，应调整计算参数，使计算偏于安全。图5-8为巴楚地震中，梁托墙造成的震害。

图5-8　梁托墙造成的震害

作为简化计算，偏于安全，当托墙梁上部各层墙体不开洞和在跨中1/3范围内开一个洞口的情况下，可以采取折减荷载的办法：托墙梁弯矩计算时，由重力荷载代表值产生的弯矩，四层以下全部计入组合，四层以上可有所折减，取不小于四层计入组合。在对托墙梁进行剪力计算时，由重力荷载产生的剪力不折减。

【禁忌5.17】　抗震墙不满足构造要求

【后果】　影响抗震墙承受地震作用的能力。

【正解】 抗震墙必须满足一定的构造要求，才能够很好的和框架形成共同工作，耗散地震能量，抵御地震的作用。

1. 底部框架—抗震墙房屋的底部砖墙应满足下列要求：

（1）砖抗震墙墙厚不应小于240mm，砌筑砂浆强度等级不应低于M10，应先砌墙后浇框架。墙长大于5m时，应在墙内增设钢筋混凝土构造柱。

（2）沿框架柱每隔500mm配置2φ6拉结钢筋，并沿砖墙全长设置；在墙体半高处尚应设置与框架柱相连的钢筋混凝土水平系梁。

（3）墙长大于5m时，应在墙内增设钢筋混凝土构造柱。

2. 底部框架—抗震墙房屋的底部钢筋混凝土抗震墙应满足下列要求：

（1）抗震墙墙板的厚度不宜小于160mm，且不应小于墙板净高的1/20；抗震墙宜开设洞口形成若干墙段，各墙段的高度比不宜小于2。

（2）抗震墙的竖向和横向分布钢筋不应小于0.25%，并应采用双排布置；双排分布钢筋间拉筋的间距不应大于600mm，直径不应小于6mm。

（3）抗震墙两端和洞口两侧应设置满足一般部位（非底部加强部位）规定的构造边缘构件。因使用要求无法设置边框柱的墙，应设置暗柱，其截面高度不宜小于2倍的墙板厚度，并应单独设置箍筋。

（4）底部抗震墙采用钢筋混凝土抗震墙时，其混凝土强度等级不应低于C30。

3. 开竖缝的钢筋混凝土墙：

当钢筋混凝土墙的高宽比小于等于1.0时，宜设置为带边框开竖缝的钢筋混凝土墙，钢筋混凝土墙的水平钢筋应在竖缝处断开，竖缝处应放置两块预制的钢筋网砂浆板或钢筋混凝土板，其每块厚度可为40mm，宽度与钢筋混凝土墙的厚度相同。竖缝两侧应设暗柱，暗柱的截面范围为1.5倍的混凝土墙厚度，暗柱的纵筋不宜小于4φ16，箍筋可采用φ8，箍筋间距不宜大于200mm；对于边框梁的箍筋除其他加密要求外，还应在竖缝处1.0倍的梁高范围内给予加密，箍筋间距不应大于100mm。

【禁忌5.18】 过渡层楼板采用预制板

【后果】 过渡层楼板刚度不够，其平面内弯曲变形过大，使框架产生无法承受的柱顶位移，而导致框架结构失效。

【正解】 底层框架—抗震墙砖房的第1层顶板和底部两层框架—抗震墙砖房第2层的顶板称为底部框架—抗震墙砖房过渡层或转换层楼板，它是联结上部砖房和底部框架—抗震墙结构的重要部件，应有足够的水平刚度来传递、分配楼层的水平地震剪力，并作为上部砖结构的底部边缘构件与上层砖结构形成一体，共同担负起上面各层水平地震力引起的倾覆力矩在底部构件之间的分配。采用刚性楼盖是保证同一层内抗侧力构件共同受力的关键，也是各抗侧力构件按各自侧移刚度分配地震作用的保证。底部框架砖房是两种不同材料的混合承重房屋，两种材料抗震性能不同，底部框架—抗震墙结构为刚柔性结构，主要依靠框架来承受竖向荷载，砌体墙或钢筋混凝土墙来承受水平地震力。上部砌体结构是刚性结构，依靠砌体（脆性材料）来进行抗剪。上部结构的地震水平力，要通过转换层楼板传递给下部的抗震墙，完成上下层剪力的重新分配，协调两种材料的侧向变形，因此要求转换层楼板具有足够的水平刚度和充分的平面内抗弯强度。不会因其平面内弯曲变形过大，使框架产生无法承受的柱顶位移，而导致框架结构失效。而设计中转换层楼板采用预制板会削弱房屋的整体性和刚度，不利于水平力的传递。

因此，过渡层应设计成现浇钢筋混凝土刚性楼盖，板厚不宜小于 120mm；当底部框架柱距大于 3.6m 时，其板厚可采用 140mm，并应少开洞、开小洞。当洞口尺寸大于 800mm 时洞口四周应设边梁。

上部砖房最好也采用现浇楼、屋盖。因为现浇楼、屋盖不仅可消除滑移、散落，提高房屋的整体性，增加楼板的刚度，而且对平面上墙体对齐的要求也可以予以适当的放宽。因为作为以剪切变形为主的砌体结构，楼层间变形是可控制的，较强的楼、屋盖水平刚度使荷载传递具有良好的条件。平面上，当上下墙体不对齐时，现浇楼、屋盖能起到一定的传递水平力的作用。同时楼、屋盖现浇增加了楼板对墙体的约束。

【禁忌5.19】　抗震墙通过墙下暗梁或构造地梁支承在两端的柱下基础上

【后果】　有很多设计人员设计底部框架—抗震墙房屋时抗震墙通过墙下暗梁或构造地梁支承在两端的柱下基础上，这违反了抗震规范强制性条文 7.1.8 第 5 款。这样会导致传力路径的加长，传力不直接，极不利于房屋的抗震。

【正解】　底部框架房屋抗震墙应设置自己的基础。如果抗震墙两端柱下为桩基础，应沿墙下布桩，用带形承台连接两端柱下承台形成整体。如果抗震墙两端柱下为独立扩展基础，抗震墙下可设置条形基础连接两端形成整体。此外，设计时可以采用筏形基础解决该问题。总之，应让抗震墙直接传力于基础。

【禁忌5.20】　多排柱内框架砖房平面、立面布置不合理

【后果】　内框架结构抗震墙数量少，在地震中很容易产生破坏。如果设计时平面、立面布置不合理，将使房屋的安全度降低。

【正解】 多层内框架房屋是砌体墙和框架的混合承重体系。由于使用要求设置较大空间，砌体墙数量比较少，但砌体墙的刚度比框架内柱和外墙（砌体墙，或砌体柱，或组合柱）大得多。在地震作用下，砌体墙首先开裂破坏，砌体墙开裂后在内框架的抗侧力构件砌体墙和框架将进行塑性内力重分布，框架将承担较多的地震作用。内框架砌体房屋中的框架由内柱为钢筋混凝土柱、外柱为外墙砌体壁柱组成，由于横墙间距比较大，在地震时又首先承受地震作用，易出现裂缝；外纵墙容易外闪破坏，因此，由于纵横墙的破坏而部分或全部退出工作，钢筋混凝土内柱承受的地震作用将大大增加，当超过其抗震能力时，则内柱产生破坏。由于单排柱内框架房屋较多排柱内框架房屋破坏重，为了提高这类房屋的抗震性能，《建筑抗震设计规范》（GB 50011—2001）取消了单排柱内框架房屋。

根据内框架砌体房屋的抗震性能和震害规律的分析，对这类房屋的平面布置、房屋的高度和层数等抗震设计的基本要求为：

1. 房屋的平面与立面形状

由于内框架砌体房屋的抗震性能差，因此内框架房屋在无特殊要求的情况宜采取矩形平面，立面也应尽量规则，楼梯间横墙宜贯通房屋全宽。

2. 纵横墙的布置

对于内框架房屋而言，楼层侧移刚度主要取决于砌体墙，纵、横墙布置如果不对称，就意味着房屋侧移刚度分布的不均匀、不对称，房屋的刚度中心就与质量中心不重合。此种情况下即使在单向平动作用下，房屋也会发生平移—扭转耦联振动，在地震时的多维地面运动作用下，房屋的扭转振动将是强烈的。它可以使房屋侧移刚度较弱一端的砖墙、框架的变形进一步增大，从而加重震害。因此，进行内框架房屋的平面设计时，在满足工艺、使用要求的情况下，应尽量使纵、横墙的布置对称均匀，从而使房屋的震害缩小到最低限度。

受工艺条件的限制，如果因使用要求的特殊性，纵墙布置无法做到对称于房屋纵墙轴线，横墙布置也无法做到对称于房屋横墙轴线时，需要进行房屋的"差异平移—扭转"耦联振动分析，以利于获得各片砌体墙和各榀内框架较精确的地震内力分布结果，并采取相应的针对性构造措施。

3. 墙体要求

砌体墙应该满足在墙厚、开洞尺寸等方面的要求（与多层砌体房屋的抗震横墙相同），且当7度横墙间距大于18m或8度横墙间距大于15m时，外纵墙的窗间墙宜设置组合柱。

4. 横墙间距

承重砌体墙的间距对内框架房屋的震害有着明显的影响，它不仅关系到砌体墙的破坏程度，而且对内框架的破坏尤其是外纵墙的平面弯曲破坏等影响甚大。横墙间距大，砌体墙所承担的地震荷载就大，当地震荷载超过砌体墙的抗剪强度时，就造成墙体的破坏。而横墙间距小的内框架房屋，外纵墙的破坏程度则较轻，仅房屋中段的几个窗间墙在窗洞口的顶面和底面出现水平裂缝，设计时稍采取相应构造措施即可限制和消除。内框架房屋在地面振动情况下，沿楼盖水平面，各层楼盖的振型均为凹凸线。横墙处的振型幅值小于两横墙之间中点处的振型幅值，两横墙之间中点处的振型幅值随着房屋的长宽比的增大而增大。根据结构动力学的基本原理，对于内框架房屋来说，地震时的实际变形与振动情况下的基本振型是相似的。这清楚地说明，一般装配式楼盖在水平方向也不是绝对刚性的，横墙间距大，地震时楼盖的水平变形就大，中央的几榀内框架及其外纵墙的层间侧移值就大，框架柱特别是外纵墙沿房屋横向的弯曲破坏就表现得更严重。

对于内框架房屋，在工艺和使用要求能够认可的情况下，横墙的间距应尽可能地小一些，这样有助于减轻纵、横砖墙的震害。规范规定多排柱内框架结构房屋的最大横墙间距如表5-3。

抗震墙最大间距（m） 表5-3

房屋形式	烈　度		
	6	7	8
底部两层框架抗震墙房屋	25	21	18

5. 楼梯间

地震作用下楼梯间的破坏往往最严重，尤其是刚度较小的内框架结构房屋。因此，平面设计时，如楼梯间必须布置在房屋的中段，且楼梯间的两侧横墙应延伸贯通房屋全宽。否则，可局部加厚墙身，并采用构造柱、圈梁、配筋混凝土带等措施予以加强。

6. 房屋的总高度和层数

因为内框架房屋的主要抗震构件仍是砖墙，而砖墙的数量相对来说又较少，墙体的破坏程度往往较严重，因此应比多层砌体结构房屋更加严格地控制房屋总高度和层数。对6、7度地震区多排柱的内框架房屋层数不宜超过五层，房屋总高度不超过16m；对6、7度地震区房屋层数不宜超过四层，房屋总高度不超过13m。

7. 内框架砌体房屋的抗震墙基础

多层内框架砌体房屋的抗震墙承受这类房屋较大部分的地震作用，除砌体墙本身的承载能力满足要求外，基础也应给予重视，应根据地基的情况，设置为条形基础、筏板础或桩基。

【禁忌 5.21】　多排柱内框架房屋的地震力分布按倒三角形分布

【后果】　房屋顶层地震力太小，与震害不符。

【正解】　多层内框架砌体房屋的水平地震作用计算可采用底部剪力法进行计算，对于刚度均匀的多层砌体结构房屋，其地震作用是按倒三角形分布的。但根据内框架砌体房屋"上重下轻"的震害规律和考虑楼盖平面剪切变形的"串并联多质点系"的分析，空间变形特性不容忽视。根据分析研究的结果，对多层内框架砌体房屋水平地震作用沿高度的分布作了改进，即取总水平地震作用的 20% 集中于顶部，其余的 80% 仍按倒三角形分布。沿房屋横向或纵向第 i 层的水平地震作用 F_i 为：

$$F_i = \frac{G_i H_i}{\sum_{j=1}^{n} G_j H_j} 0.8 F_{EK} \tag{5-23}$$

式中　G_i、G_j——分别为第 i、j 层的重力荷载代表值；

　　　H_i、H_j——分别为第 i、j 层的计算高度。

各层的水平地震剪力的标准值 V_{iK} 为：

$$V_{iK} = \sum_{i=i}^{n} F_i + 0.2 F_{EK} \tag{5-24}$$

【禁忌 5.22】　多排柱内框架房屋的地震剪力由砌体墙和框架共同承担

【后果】　不符合规范要求。

【正解】　多层内框架砌体房在横向和纵向都要设置一定数量的砌体墙，砌体墙的侧向刚度远大于内框架的刚度。因此，楼层纵、横向设计地震剪力，可全部由该方向的砌体墙承担，该方向的设计地震剪力在各片砌体墙和墙肢间的分配，可按多层砖房的分配方法。第 i 层第 j 片墙承担的地震剪力设计值 V_{ij} 为：

$$V_{ij} = \frac{K_{ij}}{\sum_{j=1}^{m} K_{ij}} V_i \tag{5-25}$$

式中　V_i——第 i 层地震总剪力设计值；

　　　K_{ij}——第 i 层第 j 片墙的侧向刚度；

　　　m——第 i 层砌体墙片的数量。

需要指出的是，上面所计算砌体墙时，考虑楼层全部剪力由砌体墙承受，这并不意味着内框架不承担地震剪力了。内框架承担的地震剪力设计值是考虑了多层内框架房屋中的砖墙开裂后的弹塑性内力重分布，它属于内框架结构抗震设计的第二道防线。经过分析给出了简化的计算公式，见《建筑抗震设计规范》（GB 50011—2001）第 7.2.6 条，可根据抗震墙间距、跨数、开间数和房屋总宽度来计算。

【禁忌 5.23】 内框架房屋的外纵墙承载力计算不考虑平面外地震弯矩作用

【后果】 偏不安全。

【正解】 内框架房屋结构砌体外墙通常设计成带壁柱墙或者组合砌体。计算这种构件时，通常包括静力设计和抗震验算。

1. 静力设计

由于构造要求内框架结构的楼面是现浇或者整体装配式钢筋混凝土楼屋盖，抗震设计时要求的最大横墙间距已经可以保证房屋的静力计算方案是刚性方案房屋（横墙间距小于 32m），所以内框架结构房屋的外纵墙可以按两端铰接的受压构件进行计算，但必须注意的是，如果梁的跨度大于 9m，要按《砌体结构设计规范》（GB 50003—2001）第 4.2.5 条考虑约束弯矩影响系数。

2. 抗震墙的抗震承载力验算

抗震墙所承担地震剪力的分配在弹性变形阶段进行，假定某一方向的地震剪力全部由该方向的抗震墙承担，而不考虑框架柱的作用。

对于现浇或装配整体式钢筋混凝土楼（屋）盖，地震剪力按抗震墙等效刚度 K 的比例分配。

对于装配式钢筋混凝土楼（屋）盖，地震剪力按抗震墙等效刚度 K 和抗震墙从属面积上的重力荷载代表值 G 平均值的比例分配。其设计计算方法和一般多层砌体结构房屋类似。

3. 外纵墙砖柱或组合砖柱的抗震承载力验算

（1）砌体窗间墙的地震弯矩

外纵墙通常是开有窗户的墙体，内框架梁支承在窗间墙上。砌体窗间墙通常有两种形式：无筋砌体窗间墙和组合砌体窗间墙。

内框架作为结构抗震的第二道防线，窗间墙所承担水平地震剪力的分配应在弹塑性变形阶段进行，地震剪力按墙体开裂后的刚度和框架柱刚度的比例分配。为了简化计算，抗震规范通过对 360 幢各种情况的多层内框架砖房进行计算机分析，同时考虑了楼盖的水平变形、高阶振型及墙体刚度退化的影响，取不同横墙间距、不同层数、不同烈度进行计算，得出了框架柱所承担地震剪力的简化计算公式。

框架的钢筋混凝土内柱承担的水平剪力为：

$$V_{ci} = \frac{0.012}{n_b n_s}(\zeta_1 + \zeta_2 \lambda)V_i \qquad (5\text{-}26)$$

外纵墙为组合砌体时，窗间墙顶部承担的水平剪力为：

$$V_{ci} = \frac{0.0075}{n_b n_s}(\zeta_1 + \zeta_2 \lambda)V_i \qquad (5\text{-}27)$$

外纵墙为无筋砌体时，窗间墙顶部承担的水平剪力为：

$$V_{ci} = \frac{0.005}{n_b n_s}(\zeta_1 + \zeta_2 \lambda)V_i \qquad (5\text{-}28)$$

式中　V_{ci}——第 i 层外墙砌体（组合）柱的地震剪力设计值；

　　　n_b——抗震墙间的开间数；

　　　n_s——内框架的跨数；

　　　λ——抗震横墙间距与房屋总宽度的比值，当小于 0.75 时，采用 0.75；

　　　ζ_1、ζ_2——分别为计算系数，可按表 5-4 采用。

计算系数　　　　　　　　　　　　　　　　　　表 5-4

房屋总层数	2	3	4	5
ζ_1	2.0	3.0	5.0	7.5
ζ_2	7.5	7.0	6.5	6.0

地震弯矩反弯点在柱的中部，则由上面公式计算得到的柱顶截面剪力可以化为柱顶地震弯矩：

$$M_E = (0.5H)V_{ci} \qquad (5\text{-}29)$$

利用这个地震弯矩可以进行地震内力组合得到构件的组合内力值。

（2）承载力计算

由地震作用设计值所产生的总偏心 e，当 e 不超过 0.9 倍截面形心到竖向力所在方向截面边缘的距离 S_0，可采用无筋砖柱，其承载力按照无筋砌体构件进行设计计算，承载力调整系数 γ_{RE} 可采用 0.9。

当 $e > 0.9S_0$ 时，或当 7 度横墙间距大于 18m 或 8 度横墙间距大于 15m 时，要采用组合砖柱，则应按偏心受压组合砖砌体确定配筋面积，计算时承载力抗震调整系数 γ_{RE} 取 0.85。

【禁忌 5.24】 内框架房屋的楼盖和屋盖采用预制板

【后果】 若抗震墙间楼板采用预制板，由于其平面内刚度不足，势必有过多的地震作用传给内框架柱，将导致内框架柱易发生破坏。

【正解】 多层内框架砖房是指外墙为承重砖墙，内部为钢筋混凝土框架的混合结构房屋，这种房屋由于空间较大缺少横墙联系，房屋的刚度较差。同时，它是由两种不同材料组成的承重结构，震动时很不协调，海城和唐山地震震害表明，其墙体损坏程度则比多层砖房严重，尤其是顶层墙体平面弯曲破坏更为严重。工程中常采用预制装配式楼盖或现浇整体楼盖，而这两种楼盖形式对传递水平地震剪力的能力大不一样。若抗震墙间楼板采用预制板，由于其平面内刚度不足，势必有过多的地震作用传给内框架柱，将导致内框架柱易发生破坏。因此我国规范规定，为了提高楼盖水平刚度，应采用现浇或装配整体式楼板。

对内框架结构房屋，除了对楼屋盖的类型有要求外，为了保证房屋的整体性，还应对构造柱的设置等构造要求引起注意。

1. 构造柱设置

（1）构造柱的设置部位：

设置钢筋混凝土构造柱对约束砖墙，提高多层内框架房屋的整体抗震能力有良好的效果。多层内框架房屋的构造柱设置部位为：外墙四角和楼、电梯间四角，楼梯休息平台梁的支承部位；抗震墙两端及未设置组合柱的外纵墙、外横墙上对应于中间柱列轴线的部位。

（2）构造柱的截面，不宜小于 240mm×240mm。

（3）构造柱的纵向钢筋不宜少于 $4\phi14$，箍筋间距不宜大于 200mm。

（4）构造柱应与每层圈梁连接，或与现浇楼板可靠连接。

2. 组合柱

组合柱能提高砖墙、砖壁柱平面外抗弯能力。组合柱的截面高度可采用 490mm，钢筋不宜小于 $2\phi12$，箍筋间距不宜大于 250mm。

3. 圈梁

由于内框架房屋的砖墙数量少，圈梁应多设置一些。地震区的内框架房屋，在屋盖和各层楼盖高度处，沿其中的承重砖墙设置现浇钢筋混凝土圈梁。采用现浇钢筋混凝土楼板、屋盖可不另设圈梁，但楼板沿墙体周边应加强配筋并应与相应的构造柱、组合柱可靠连接。

4. 多层内框架梁在外墙上的搁置长度

多排柱内框架梁在外纵墙、外横墙上的搁置长度不应小于 300mm，且梁端应与圈梁或组合柱、构造柱连接。

参 考 文 献

[1] 高小旺，龚思礼.《建筑抗震设计规范》理解与应用. 北京：中国建筑工业出版社，2002

[2] 戴国莹. 多层的砌体结构抗震设计新规定 GB 50011—20011《建筑抗震设计规范》讲座之四. 建筑科学，2002 年 4 月第 18 卷第 2 期

[3] 施楚贤，徐建，刘桂秋. 砌体结构设计与计算. 北京：中国建筑工业出版社，2003

[4] 徐建. 多层内框架砖房的抗震设计. 工厂建设与设计，1991 年 3 期

[5] 常业军，张富有. 底部框架—抗震墙房屋抗震审查中的若干问题探讨. 工程抗震与加固改造，2005 年 10 月第 27 卷第 5 期

[6] 聂波，底部框架—抗震墙房屋结构设计中底部钢筋混凝土抗震墙设计要点. 工程建设与设计，2005 年第 8 期

[7] 李建宁. 底部框架—抗震墙结构设计要点和常见问题. 江苏建筑，2002 年第 2 期

[8] 陈丽辉. 底部框架—抗震墙砖房的结构抗震与建筑方案. 工程抗震，2000 年 3 月第 1 期

[9] 郑山锁，杨勇. 底部框架—抗震墙砖房的抗震设计. 工业建筑，2002 年第 32 卷第 7 期

[10] 金旭. 底框结构设计若干问题的探讨. 四川建筑科学研究，2005 年 6 月第 31 卷第 3 期

[11] 张三柱. 多层内框架砖房抗震设计若干问题探讨. 低温建筑技术，2000 年第 4 期

[12] 王宏. 内框架房屋抗震设计的建筑布局. 苏盐科技，1995 年第三期

[13] 常业军，张富有等. 底部框架—抗震墙砖房结构选型与抗震设计中的若干问题. 建筑结构，2003 年 4 月

[14] 黄晓莺，葛允海，李瑞房. 浅谈底部两层框架砌体结构的抗震设计. 河北建筑科技学院学报，2002 年第 2 期

[15] 尹保江，杨溢，戴国莹. 底部框架—抗震墙房屋抗震设计中几个问题的探讨. 工程抗震，2002 年第 4 期

[16] 贾秉胜. 底部框架—抗震墙结构设计中有关问题的探讨. 山西建筑，2005 年 7 月第 14 期

[17] 张保珍. 底部框架—抗震墙砖房抗震设计应注意的问题. 山西建筑，2003 年 12 月第 17 期

[18] 吴曙光，郑志华，程传林，常业军. 底部框架砌体房屋抗震设计中的几个问题. 建筑技术开发，2003 年 1 月第 30 卷第 1 期

[19] 孟亚平，徐圣田，高秀云. 底部两层框架—抗震墙砖房抗震设计的初步探讨. 淮南工业学院学报，1999 年 9 月第 3 期

[20] 吕恒柱. 底层框架砌体房屋的抗震设计探讨，四川建筑，2004 第 3 期

第六章　高层配筋砌块砌体剪力墙房屋

配筋混凝土小型空心砌块体系是建设部批准的推广应用技术。原国家科委工业科技司赴美对小砌块的考察报告认为，小砌块具有节约土地资源、保护环境、美化人们住宅的作用。目前由砌块作为承重墙体，最具应用前景的结构形式就是配筋砌块砌体结构。配筋砌块砌体剪力墙的设计方法已列入《砌体结构设计规范》（GB 50003—2001）中，该结构体系在中高层住宅、办公楼、旅馆等建筑的应用，对推动我国墙体材料的革新有着积极的意义和实用价值。

图 6-1 为正在施工的配筋砌块砌体剪力墙房屋。该结构结合了传统砖结构的特点和混凝土及钢材的材料特性，具有取材广泛、施工速度快（4～5 天/层）、节省钢材木材（由于该结构不需模板，可以大量节省木材。该结构的最小配筋率为混凝土剪力墙的一半，可以大量节省钢材）、造价低廉、吸声隔声性能好的特点，又具有强度高、延性好、耐震等钢筋混凝土剪力墙结构的特性。另外，它具有较好的耐火性能，它还可以利用轻质灌孔混凝土来减小房屋总体的重量，从而大大减小房屋在地震作用下的反应。所以说，配筋砌块砌体剪力墙结构是一种融砌体与钢筋混凝土性能于一体又具有突出自身特点的一种新型结构形式。

图 6-1　正在施工中的高层配筋砌块砌体剪力墙结构房屋

【禁忌 6.1】　设计配筋砌块砌体剪力墙结构房屋时任意超高

【后果】　不符合我国规范要求。

【正解】　混凝土发明及应用之后，为拓宽传统材料（砖、石）的应用范围研制出了混凝土空心砌块。自 1897 年美国建成世界第一幢砌块建筑以来，砌块结构已经历了一百多年的发展。配筋砌块砌体剪力墙结构始创于美国。美国在 1933 年加利福尼亚长滩大地震之后，鉴于无筋砌体结构遭到严重损害，推出了配筋砌块砌体剪力墙结构，建造了大量的配筋砌块砌体结构房屋。如 1952 年建成的 26 栋 6～13 层的美国退伍军人医院，1966 年在圣地亚哥建成的 8 层海纳雷旅馆（相当于我国的 9 度区）和洛杉矶 19 层公寓，1971 年在加州这个世界有名的重震区建造的 13 层的希尔顿饭店等。这些建筑分别经历了 1971 年 2 月 9 日圣维南多里氏 6.6 级地震和 1987、1989 和 1994 年洛杉矶大地震，基本完好无损。鉴于高层配筋砌块砌体结构在地震中的良好表现，美国又建了大量的配筋砌块砌体结构建筑。

早在 1978 年，美国学者 F. Whan 认为，如采用高强砌块、高强砂浆和含钢量为 1％的配筋灌孔砌体，建造 60 层的房屋是可能的。

20 世纪 60 年代至今，美国已经建立了较完整的配筋砌体结构系列标准，指出配筋砌体与钢筋混凝土结构具有相似的性能和运用范围。英国、加拿大、澳大利亚和新西兰等国对该体系进行了大量的研究并颁布了相应的标准，国际标准化组织 ISO 也制定了配筋砌体标准。

我国最早于 20 世纪 30 年代在上海采用砌块砌体结构建造了一批低层房屋。20 世纪 70 年代，我国在一些地区建造了不少多层房屋。自唐山大地震以后，20 世纪 80 年代以来，我国逐渐开始了对配筋砌块砌体剪力墙结构的研究并进行了一些工程实践。1986 年，我国在广西南宁和辽宁本溪先后建造了 11 层高的配筋砌块办公楼。1997 年在辽宁省盘锦市建成了 15 层的国税局住宅楼是我国在配筋砌块砌体结构发展的新阶段的标志性建筑，见图 6-2。1998 年在上海建成了 18 层（局部 20 层）的配筋砌块砌体剪力墙结构的试点住宅，见图 6-3。紧接着，抚顺、哈尔滨的高层配筋砌块房屋也陆续完工。这一系列配筋砌块砌体结构房屋的建成，为我国高层配筋砌块砌体结构的进一步研究提供了大量数据和性能指标，并填补了我国在中、高地震设防区建造高层配筋砌块砌体结构的空白。

当今，高层建筑有几个发展趋势，首先，为加强抗扭刚度，抗推构件正从中心转向周边布置；同时为了防止结构的扭转破坏而把竖向构件与承重构件合二为一；使用的材料更轻质高强。根据我国高层配筋砌块砌体结构体系几栋试点建筑建成后的经济指标分析表明，与同规模的钢筋混凝土结构相比较，它使建筑物重量减轻 22％～40％，减轻了房屋的地震反应；它缩短房屋建设周期 25％～40％，降低了建筑物每平方米单位造价 10％～25％，钢材水泥木材减少 30％～50％，所以在一般中高层住宅中应用该结构，具有很好的经济效益。

图 6-2　盘锦市国税局试点住宅　　　图 6-3　上海园南小区试点住宅楼

在美国、加拿大、新西兰等发达国家，多高层配筋砌块砌体结构在住宅、公寓、学生宿舍、旅馆被广泛应用，在许多办公楼和医院建筑中也采用高层配筋砌块砌体结构。在我国，目前主要是在高层住宅中使用。

现代高层建筑对功能的要求越来越高，在同一座建筑中，沿房屋高度方向建筑功能经常需要发生改变，许多高层建筑要求在底层或底下几层设置商场、餐厅、银行、邮局、大门厅、大型车库及大型舞厅、影院等，而在上部布置旅馆、住宅或办公用房等，因而在建筑物的底部需要较大的空间。在这种情况下，单纯采用配筋砌块砌体剪力墙结构已不能满足建筑功能的要求。框支配筋砌块砌体剪力墙是适应底层或底部几层要求大开间而采用的一种结构形式。它的标准层采用剪力墙，底部采用框架结构或框架—剪力墙结构。

国内外已建成的框支配筋砌块砌体剪力墙结构房屋主要在美国和中国。1995年，美国在俄亥俄州克力夫市区建了一幢 17 层的公寓大楼——Crittenden 庭园。它的底层是一个用于零售的大空间，上部 16 层为公寓（公寓采用配筋砌块砌体剪力墙结构）。该楼建成仅用了 17 个星期（平均 7 天一层），建成时为美国中部最高建筑。伊利诺伊首府 12 层的复兴饭店（Renaissance Hotel），含有客房、会议室、娱乐厅、办公室等各种功能的房间。它在 1～3 层采用了混凝土框架结构，4～10 层采用了配筋砌体结构，最上面两层采用了钢柱砌体墙的组合结构。1990年建成的位于美国内华达州拉斯维加斯（相当于我国 7 度区）的 Excalibur 旅馆（五星级宾馆，由四幢 28 层的高层配筋混凝土砌块结构的建筑物组成的建筑群），在底层采用混凝土结构设置了大空间，上部 27 层为配筋砌块砌体剪力墙，见图

6-4。加州圣地亚哥大学对这栋房屋的模型结构进行了振动台试验，结果表明，该结构抗震性能良好。在1994年洛杉矶地震中，该房屋周围建筑都遭到严重破坏，只有该建筑保持完好。我国在哈尔滨阿继科技园建成地上18层（地下1层）的双塔式框支混凝土配筋砌块砌体剪力墙高层住宅，A、B栋总高度为62.5m（至18层女儿墙顶），总建筑面积约为28483m²，见图6-5。1～5层因考虑商业用途需要大空间而采用现浇钢筋混凝土框剪结构，6层采用了钢筋混凝土剪力墙结构，7～18层为配筋砌块砌体剪力墙结构。

图6-4　美国Excalibur旅馆

图6-5　哈尔滨阿继科技园建筑

尽管美国建了28层的高层配筋混凝土砌块结构的建筑物，但由于配筋砌块砌体剪力墙结构在我国很多地区还算新型结构体系，各方面需要进一步完善和总结，因此我国规范针对我国的具体情况制定了高层配筋混凝土砌块结构最大高度，如表6-1。

配筋混凝土砌块砌体剪力墙房屋适用的最大高度（m）和层数　　　表6-1

最小墙厚	非抗震		6度		7度		8度	
	高度	层数	高度	层数	高度	层数	高度	层数
190mm	66	22	54	18	45	15	30	10

注：1. 房屋高度指室外地面至檐口的高度；

　　2. 对大开间房屋的总高度和层数，其高度和层数应适当降低；

　　3. 房屋高度超过表内高度时，应根据专门的研究，采取有效加强措施；

　　4. 非抗震区的高度和层数来自于《砌体结构设计手册》。

【禁忌6.2】　高层配筋砌体房屋采用普通多层砌块砌体结构中的砌块块形

【后果】　施工中严重影响钢筋的放置。

【正解】　配筋混凝土砌块砌体剪力墙结构是由承受竖向和水平作用的配筋砌块砌体剪力墙和混凝土楼、屋盖所组成的房屋建筑结构。

配筋砌块砌体剪力墙结构由四种基本材料组成：混凝土小型空心砌块、砌筑砂浆、竖向和水平向钢筋、大流动性灌注混凝土（稀浆），见图 6-6。

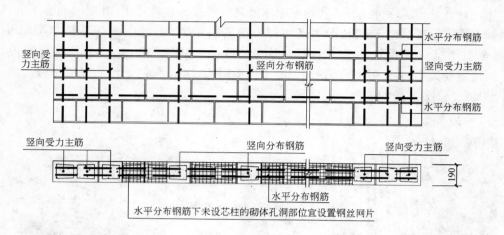

图 6-6　配筋砌块砌体剪力墙

图 6-7　几种常用的开槽砌块

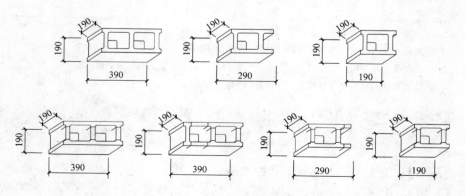

图 6-8　几种常用的未开槽砌块（上排）和开槽砌块（下排）

高层配筋砌块砌体剪力墙使用的砌块除了在普通多层砌块砌体结构中使用的标准砌块外，还应有开槽砌块。开槽砌块主要是为了放置直径较大的水平钢筋的要求。实际工程中几种常用的开槽砌块见图 6-7～图 6-9。施工时，如需要设置水平钢筋，将图中砌块被切开的部分打掉，便形成了放置水平钢筋的槽。

图 6-9　几种常用的开槽砌块

【禁忌6.3】　不设置清扫孔砌块

　　【后果】　砌块砌体剪力墙的灌孔质量得不到保证。

　　【正解】　为了防止配筋砌块砌体剪力墙结构在砌筑过程中砂浆掉落在孔洞中影响灌孔的质量，在每层的第一皮砌块需要设置清扫块，以便在每层灌孔前对孔洞进行清扫，保证灌孔的质量。所以设计人员在进行排块设计时应记得标明清扫孔的位置，防止在施工中出现质量隐患。清扫孔砌块见图 6-10 和图 6-11。

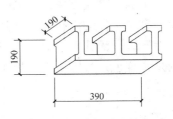

图 6-10　清扫孔砌块

图 6-11　清扫孔砌块

【禁忌6.4】 不绘制配筋砌块砌体剪力墙的建筑排块图

【后果】 施工中易返工，且出现质量问题。

【正解】 配筋砌块砌体剪力墙房屋使用的砌块由专门的厂家生产，具有较高的强度，砌筑时不可能像黏土砖一样可以在现场砍砖。所以进行这类房屋设计时，就需要根据确定的建筑模数，绘制砌块排块图，排块图的内容包括：

(1) 墙体的块形排列组合。

(2) 门窗洞口、过梁、窗台板、门窗固定砌块的位置、尺寸。

(3) 电线在墙体内的位置和较大洞、槽的处理。

(4) 墙体内竖向钢筋和水平钢筋的位置、所用块形和连接构造。

(5) 各种功能砌块，如预埋件砌块等的位置。

(6) 墙体与楼盖、屋盖、圈梁、柱和墙体的关系和连接等。

【禁忌6.5】 灌孔砌块砌体强度取值错误

【后果】 低估配筋砌块砌体剪力墙的承载力。

【正解】 灌孔砌块砌体由于灌孔混凝土的加入，使得砌体的基本力学性能发生很大的改变，如果忽视了这种改变，就会低估配筋砌块砌体剪力墙的受压和受剪性能，易使设计的配筋砌块砌体剪力墙结构的经济性能大打折扣。

未灌孔砌块砌体的砌体强度的设计值一般可直接查《砌体结构设计规范》。

砌块砌体的灌孔混凝土强度等级不应低于 Cb20，也不应低于 1.5 倍的块体强度等级。灌孔砌体的抗压强度设计值 f_g，应按下列公式计算确定。值得指出的是，这也是我国研究人员作出的一个较大的贡献，与国外的规范明显不同。

$$f_g = f + 0.6\alpha f_c \tag{6-1}$$

$$\alpha = \delta\rho \tag{6-2}$$

式中　f_g——灌孔砌体的抗压强度设计值，并不应大于未灌孔砌体的抗压强度设计值的 2 倍；

　　　　f——未灌孔砌体的抗压强度设计值；

　　　　f_c——灌孔混凝土的轴心抗压强度设计值；

　　　　α——砌块砌体中灌孔混凝土面积和砌体毛面积的比值；

　　　　δ——混凝土空心砌块的孔洞率；

　　　　ρ——混凝土空心砌块砌体的灌孔率，系截面灌孔混凝土面积和截面孔洞面积的比值，ρ 不应小于 33%，即墙体中连续 3 个孔中必须有一个孔灌混凝土，或在 600mm 范围内两端孔中有竖筋并灌孔，这也是灌孔砌体的最小灌孔率。

【算例1】 混凝土灌孔砌块砌体的抗压强度设计值的计算

已知混凝土砌块 MU20，砌块专用砂浆 Mb15，混凝土砌块砌体的抗压强度设计值 $f=5.68$MPa，其灌孔率 $\rho=33\%$。

$$\alpha=\delta\rho=0.45\times0.33=0.15$$

$$f_g=f+0.6\alpha f_c=5.68+0.6\times0.15\times14.3=6.97\text{MPa}<2f$$

灌孔砌块砌体的抗剪强度与非灌孔砌体有较大的不同。前者主要受灌孔混凝土的影响，且与灌孔率成正比，因此比非灌孔砌体高得多，并用抗压强度 f_g 表示；非灌孔砌体的抗剪强度仅用砂浆强度表示，但二者均用根式表达。

未灌孔砌体的抗剪强度设计值 f_v，应按下述方法确定：M7.5 为 0.08MPa，M10.0 为 0.09MPa。

灌孔砌体的抗剪强度设计值 f_{vg}，应按下列公式计算：

$$f_{vg}=0.2f_g^{0.55} \tag{6-3}$$

【禁忌6.6】 地震设防地区配筋砌块砌体剪力墙房屋不重视房屋的概念设计

【后果】 影响配筋砌块砌体剪力墙结构的抗震性能。

【正解】 目前国内外的房屋建筑抗震理论都基于较简化的模型，并未完全反映出房屋结构在地震作用时的真实情况。因此，配筋砌块砌体剪力墙的抗震概念设计具有较大意义，在地震区进行房屋设计时，要予以高度重视房屋的概念设计。

配筋砌块砌体结构的抗震概念设计需要注意的事项如下：

1. 房屋布置应符合下列要求：

（1）在配筋砌块砌体剪力墙建筑的一个独立单元内，宜使结构平面形状简单、规则，刚度和承载力分布均匀。

（2）配筋砌块砌体剪力墙建筑宜选用风作用效应较小的平面形状。

（3）平面形状凹凸不宜过大，减少扭转作用并应具有良好的整体性。

（4）结构竖向布置宜规则，侧向刚度宜规则、均匀，避免过大的外挑和内收。结构的侧向刚度宜下大上小，逐渐均匀变化，不应采用竖向布置严重不规则的结构。

（5）抗震设计的配筋砌块砌体剪力墙结构，其楼层侧向刚度不宜小于相邻上部楼层侧向刚度的 70% 或其上相邻三层侧向刚度平均值的 80%。

（6）抗震设计的配筋砌块砌体剪力墙结构的楼层层间抗侧力结构（一般指配筋砌块砌体剪力墙）的受剪承载力不宜小于其上一层受剪承载力的 80%。

（7）竖向抗震墙宜拉通对直；每个墙段不宜太长，每个独立墙段的总高度与截面高度之比不应小于 2；墙肢截面高度不宜大于 8m；门窗洞口宜上下对齐，成列布置。

（8）结构在两个主轴方向的动力特性宜相近。

2. 房屋宜选用规则、合理的建筑结构方案，尺量不设防震缝，当需要设置防震缝时，其最小宽度应符合下列要求：

当房屋高度不超过 20m 时，可采用 70mm；当超过 20m 时，6 度、7 度相应高度每增加 6m、5m，宜加宽 20mm。缝宽应充分考虑缝两侧建筑沉降引起相互靠拢的影响及施工容许误差。

3. 配筋混凝土砌块砌体剪力墙厚度，不应小于 190mm，且不应小于层高的 1/25。

4. 抗震等级二、三级时，配筋混凝土砌块砌体剪力墙在重力荷载代表值作用下的轴压比不宜大于 0.6。

5. 配筋混凝土砌块砌体剪力墙中的竖向和水平钢筋，宜采用 HRB335、HRB400 级钢筋；拉结钢筋及边缘构件约束箍筋可采用 HPB235 级钢筋。

6. 结构在多遇地震作用下，其最大弹性层间位移角不宜超过 1/1000。

7. 结构在风荷载作用下，其最大弹性层间位移角不宜超过 1/1100。

8. 配筋砌块砌体剪力墙结构宜采用现浇楼盖，且现浇楼盖的混凝土强度等级不宜低于 C20、不宜高于 C40。顶层楼板的厚度不宜小于 120mm，且双层双向配筋。

9. 配筋砌块砌体剪力墙建筑宜设地下室，地下室楼层应采用现浇楼盖结构。普通地下室的楼板厚度不宜小于 160mm；作为上部结构嵌固部位的地下室楼层的楼盖宜采用梁板结构，楼板厚度不宜小于 180mm，混凝土强度等级不宜低于 C30，应采用双层双向配筋，且每层每个方向的配筋率不宜小于 0.25%。

10. 配筋砌块砌体剪力墙建筑应层层设置圈梁。

11. 房屋抗震横墙的最大间距不超过表 6-2 要求的抗震设防类别为丙类的配筋混凝土砌块砌体剪力墙房屋。

配筋混凝土砌块砌体剪力墙房屋的最大高宽比和抗震横墙的最大间距（m）　表 6-2

设防烈度	非抗震	6、7 度	8 度
最大高宽比	6	5	4
最大间距	15	15	11

【禁忌 6.7】 配筋砌块砌体剪力墙的最小配筋率采用钢筋混凝土剪力墙结构的最小配筋率

【后果】 造成浪费。

【正解】 最小配筋率的确定按照钢筋混凝土剪力墙结构的最小配筋率进行计

算，造成浪费。

配筋砌块砌体剪力墙结构在灌孔前砌块的收缩已基本完成，因此不需要像混凝土剪力墙那样配置大量的构造钢筋抵抗混凝土的收缩，因此其最小配筋率为0.07%，仅为钢筋混凝土剪力墙的一半左右，配筋砌块砌体剪力墙房屋可以大大节省钢筋，降低造价。

【禁忌6.8】 设计时不考虑配筋砌块砌体剪力墙结构的平面外偏心受压承载力

【后果】 造成安全隐患。

【正解】 配筋混凝土砌块砌体剪力墙，当竖向钢筋仅配在中间时，应进行平面外偏心受压承载力的验算，其平面外偏心受压承载力可按下式进行计算：

$$N \leqslant \varphi f_g A \tag{6-4}$$

式中 N——轴向力设计值；

φ——高厚比 β 和轴向力的偏心距 e 对受压构件承载力的影响系数，按《砌体结构设计规范》（GB 50003—2001）附录 D 的规定采用；

f_g——灌孔砌体的抗压强度设计值。

【禁忌6.9】 计算配筋砌块砌体剪力墙偏心受压截面承载力时，e_N、e'_N 及 a_s、a'_s 取值错误

【后果】 配筋计算错误。

【正解】 a_s、a'_s 主要出现在配筋砌块砌体剪力墙结构的受压性能计算公式中，如不注意配筋砌块砌体剪力墙结构和一般钢筋混凝土构件 a_s、a'_s 的区别，则易出现计算中的严重错误。首先来看一下配筋砌块砌体剪力墙结构的受压性能计算公式。

矩形截面偏心受压配筋混凝土砌块砌体剪力墙正截面承载力计算，应符合下列规定：

1. 大偏心受压界限：

当 $x \leqslant \xi_b h_0$ 时，为大偏心受压；

当 $x > \xi_b h_0$ 时，为小偏心受压；

ξ_b 可按下式计算：

$$\xi_b = \frac{0.8}{1 + \dfrac{f_y}{0.003 E_S}} \tag{6-5}$$

式中 ξ_b——界限相对受压区高度，对 HPB235 级钢筋取 $\xi_b = 0.60$，对 HRB335

取 $\xi_b=0.53$，对 HRB400 和 RRB400 级钢筋取 $\xi_b=0.50$；

x——截面受压区高度；

h_0——截面有效高度，一般情况下 $h_0=h-300$；

E_S——钢筋弹性模量；

f_y——墙体中竖向钢筋的抗拉强度设计值。

2. 大偏心受压时应按下列公式计算（图 6-12a）：

$$N\leqslant f_gbx+f_y'A_s'-f_yA_s-\sum f_{si}A_{si} \tag{6-6}$$

$$Ne_N\leqslant f_gbx(h_0-x/2)+f_y'A_s'(h_0-a_s')-\sum f_{si}S_{si} \tag{6-7}$$

$$e_N=e+e_a+(h/2-a_s) \tag{6-8}$$

$$e_a=\frac{\beta^2 h}{2200}(1-0.022\beta) \tag{6-9}$$

式中 N——轴向力设计值；

f_g——灌孔砌体的抗压强度设计值；

f_y、f_y'——竖向受拉、受压主筋的强度设计值；

b——截面宽度；

f_{si}——竖向分布钢筋的抗拉强度设计值；

A_s、A_s'——竖向受拉、受压主筋的截面面积；

A_{si}——单根竖向分布钢筋的截面面积；

S_{si}——第 i 根竖向分布钢筋对竖向受拉主筋的面积矩；

e_N——轴向力作用点到竖向受拉主筋合力点之间的距离；

e——轴向力的初始偏心距，按荷载设计值计算，当 $e<0.05h$ 时，应取 $e=0.05h$；

e_a——配筋砌体构件在轴向力作用下的附加偏心距；

a_s、a_s'——分别为钢筋 A_s 和 A_s' 重心至截面较近边的距离。

当受压区高度 $x<2a_s'$ 时，其截面承载力可按下式计算：

$$Ne_N'\leqslant f_y'A_s'(h_0-a_s') \tag{6-10}$$

$$e_N'=e+e_a-(h/2-a_s') \tag{6-11}$$

式中 e_N'——轴向力作用点至竖向受压主筋合力点之间的距离。

3. 小偏心受压时应按下列公式计算（图 6-12b）：

$$N\leqslant f_gbx+f_y'A_s'-\sigma_sA_s \tag{6-12}$$

$$Ne_N\leqslant f_gbx(h_0-x/2)+f_y'A_s'(h_0-a_s') \tag{6-13}$$

$$\sigma_s=\frac{f_y}{\xi_b-0.8}\left(\frac{x}{h_0}-0.8\right) \tag{6-14}$$

168

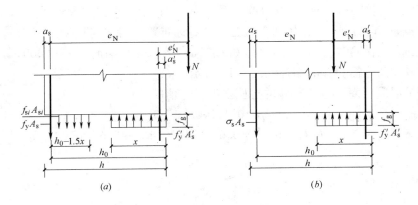

图 6-12　矩形截面偏心受压构件正截面承载力计算简图

(a) 大偏心受压；(b) 小偏心受压

注：当受压区竖向受压主筋无箍筋或无水平钢筋约束时，可不考虑竖向受压主筋的作用，即取 $f'_y A'_s = 0$。

4. 矩形截面对称配筋砌块砌体剪力墙小偏心受压时，也可近似按下式计算钢筋截面面积：

$$A_s = A'_s = \frac{Ne_N - \xi(1 - 0.5\xi) f_g bh_0^2}{f'_y(h_0 - a'_s)} \qquad (6\text{-}15)$$

此处，相对受压区高度可按下式计算：

$$\xi = \frac{x}{h_0} = \frac{N - \xi_b f_g bh_0}{\dfrac{Ne_N - 0.43 f_g bh_0^2}{(0.8 - \xi_b)(h_0 - a'_s)} + f_g bh_0} + \xi_b \qquad (6\text{-}16)$$

注：小偏心受压计算中未考虑竖向分布钢筋的作用。

由以上公式可见，在配筋砌块砌体的大偏心和小偏心的受压公式中，受压强度与 a_s、a'_s 密切相关，a_s、a'_s 分别为钢筋 A_s 和 A'_s 重心至截面较近边的距离，在配筋砌块砌体剪力墙中一般取 300mm，与一般混凝土构件中取 35mm 或 65mm 差距较大。如取值不当，将可能使计算结果产生严重错误。

【算例 2】

一配筋砌块砌体剪力墙的墙片截面内力为：$N = 2288.17$kN，$M = 983.45$ kN・m，$V = 337.5$kN；

墙片尺寸：190mm×3600mm×7800mm；

砌体组成材料的强度等级：混凝土砌块 MU20，砌块专用砂浆 Mb15，灌孔混凝土 Cb30，$f_c = 14.3$MPa；

竖向钢筋为 HRB335 级钢筋，强度设计值 $f_y = 300$MPa；水平钢筋为 HPB235 级钢筋，强度设计值 $f_y = 210$MPa；

三级抗震等级，加强区剪力调整系数为 1.2；承载力抗震调整系数 0.85。该墙片的配筋情况：竖向受力钢筋：3Φ18（对称布置），其配筋率为 0.67%；竖向分布钢筋：Φ14@600，其配筋率为 0.135%；水平分布钢筋 2ϕ12@600，其配筋率为 0.198%。需验算的墙片如图 6-13 所示。

（1）混凝土灌孔砌块砌体的抗压强度设计值的计算

$$\alpha = \delta\rho = 0.45 \times 0.33 = 0.15$$

$$f_g = f + 0.6\alpha f_c = 5.68 + 0.6 \times 0.15 \times 14.3 = 6.97\text{MPa} < 2f$$

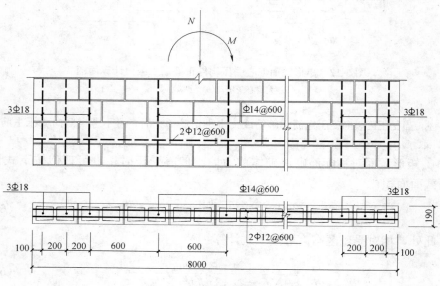

图 6-13　需验算的墙片配筋图

（2）偏心受压时正截面抗弯验算（平面内）

轴向力的初始偏心距

$$e = M/N = 983.45 \times 10^3 / 2288.17 = 429.8\text{mm}$$

$$\beta = H_0/h = 3.6/7.8 = 0.46$$

配筋砌体构件在轴向力作用下的附加偏心距

$$e_a = \frac{\beta^2 h}{2200}(1 - 0.022\beta) = \frac{0.46^2 \times 7800}{2200}(1 - 0.022 \times 0.46) = 0.743\text{mm}$$

轴向力作用点到竖向受拉主筋合力点之间的距离

$$e_N = e + e_a + (h/2 - a_s) = 429.8 + 0.743 + (7800/2 - 300) = 4030.5\text{mm}$$

假定为大偏压，对称配筋，则：

$$x = \frac{\gamma_{RE}N + f_{yw}\rho_w b h_0}{(f_g + 1.5 f_{yw}\rho_w)b} = \frac{0.85 \times 2288.17 \times 10^3 + 300 \times 0.00135 \times 190 \times 7500}{(6.97 + 1.5 \times 300 \times 0.00135) \times 190}$$

$$= \frac{2522069.5}{1439.7} = 1751.8\text{mm} > 2 \times 300 = 600\text{mm}$$

170

$<\varepsilon_b h_0 = 0.53 \times 7500 = 3975 \text{mm}$，故该墙为大偏心受压

$$Ne_N = 2288.17 \times 4030.5 \times 10^{-3} = 9222.5 \text{kN} \cdot \text{m}$$

$$\sum f_{si} A_{si} = 0.5 f_{yw} \rho_w b (h_0 - 1.5x)^2$$
$$= [0.5 \times 300 \times 0.00135 \times 190 \times (7500 - 1.5 \times 1751.8)^2] \times 10^{-6}$$
$$= 1271.3 \text{kN} \cdot \text{m}$$

$$\frac{1}{\gamma_{RE}} \left[f_g b x \left(h_0 - \frac{x}{2} \right) + f'_y A'_s (h_0 - a'_s) - \sum f_{si} S_{si} \right]$$

$$= \frac{1}{0.85} \{ [6.97 \times 190 \times 1751.8 \times$$
$$(7500 - 1751.8/2) + 300 \times 763 \times (7500 - 300)] \times 10^{-6} - 1271.28 \}$$

$= (15367 + 1648.08 - 1271.28)/0.85 = 18522.1 \text{kN} \cdot \text{m} > Ne_N = 9222.5 \text{kN} \cdot \text{m}$

计算结果表明，材料及配筋设计满足要求，而且结构有较大的富余度。

【禁忌6.10】 未按要求进行墙端约束区的设计验算

【后果】 造成配筋砌块砌体剪力墙的延性和承载力不足。

【正解】 墙端约束区设计包括两项内容，一是验算是否要配置约束钢筋，二是按规范要求设置纵向钢筋。

（1）约束箍筋

首先计算墙片的最大压应力

$$\sigma = \frac{N}{A} + \frac{M}{W} \tag{6-17}$$

$\sigma < 0.5 f_g$ 可以不设约束箍筋，$\sigma > 0.5 f_g$ 必须设置约束箍筋。

即使计算可不设约束箍筋，但建议设计时在底部两层加强层中设置约束箍筋以提高墙体的抗震性能和抗弯能力。

（2）纵向弯曲钢筋

在距墙端至少3倍的墙厚范围内的孔中设置不小于 $\phi 12$ 的通长竖向钢筋。

【算例3】

墙片同算例2，验算该墙是否需要配置约束箍筋。

墙片最大压应力 $\sigma = \dfrac{N}{A} + \dfrac{M}{W}$，$A = 190 \times 7800 = 1482 \times 10^3 \text{mm}^2$

$$W = \frac{1}{6} \times 190 \times 7800^2 = 1962.6 \times 10^6 \text{mm}^3$$

$$\sigma = \frac{2288.17 \times 10^3}{1482 \times 10^3} + \frac{983.45 \times 10^6}{1926.6 \times 10^6} = 1.54 + 0.51 = 2.05 \text{MPa} < 0.5 f_g = 3.49 \text{MPa}$$

从计算知可以不设约束箍筋，但建议设计时在底部两层加强层中设置约束箍筋以提高墙体的抗震性能和抗弯能力。

【禁忌6.11】 斜截面受剪承载力设计时，对偏压和偏拉两种情况的轴力影响项采取相同系数

【后果】 偏拉时不安全。

【正解】 偏心受压和偏心受拉配筋砌块砌体剪力墙，其斜截面受剪承载力应根据下列情况进行计算：

1. 配筋混凝土砌块砌体剪力墙的截面应符合下列要求：

$$V \leqslant 0.25 f_g bh \tag{6-18}$$

式中 V——配筋混凝土砌块砌体剪力墙的剪力设计值；

    b——配筋混凝土砌块砌体剪力墙截面宽度或 T 形、倒 L 形截面腹板宽度；

    h——配筋混凝土砌块砌体剪力墙的截面高度。

2. 配筋混凝土砌块砌体剪力墙在偏心受压时的斜截面受剪承载力应按下列公式计算：

$$V = \frac{1}{\lambda - 0.5}\left(0.6 f_{vg} bh_0 + 0.12 N \frac{A_W}{A}\right) + 0.9 f_{yh}\frac{A_{sh}}{s}h_0 \tag{6-19}$$

$$\lambda = M/Vh_0 \tag{6-20}$$

式中 f_{vg}——灌孔砌体抗剪强度设计值；

M、N、V——计算截面的弯矩、轴向力和剪力设计值，当 $N > 0.2 f_g bh$ 时，取 $N = 0.2 f_g bh$；

    A——配筋混凝土砌块砌体剪力墙的截面面积，其中翼缘计算宽度，可按表 6-3 的规定确定；

    A_W——T 形、工形截面腹板的截面面积，对矩形截面取 $A_W = A$；

    λ——计算截面的剪跨比，当 $\lambda \leqslant 1.5$ 时取 1.5，当 $\lambda \geqslant 2.2$ 时取 2.2；

    h_0——配筋混凝土砌块砌体剪力墙截面的有效高度；

    A_{sh}——配置在同一截面内的水平分布钢筋的全部截面面积；

    s——水平分布钢筋的竖向间距；

    f_{yh}——水平钢筋的抗拉强度设计值。

T 形、L 形截面偏心受压构件翼缘计算宽度 b_f'   表 6-3

考 虑 情 况	T 形截面	L 形截面
按构件计算高度 H_0 考虑	$H_0/3$	$H_0/6$
按腹板间距 L 考虑	L	$L/2$
按翼缘厚度 h_f' 考虑	$b + 12h_f'$	$b + 6h_f'$
按翼缘的实际宽度 b_f' 考虑	b_f'	b_f'

3. 剪力墙在偏心受拉时的斜截面受剪承载力应按下式计算：

$$V \leqslant \frac{1}{\lambda - 0.5}\left(0.6 f_{vg} b h_0 - 0.22 N \frac{A_w}{A}\right) + 0.9 f_{yh} \frac{A_{sh}}{s} h_0 \tag{6-21}$$

由以上公式可以看出，对轴向力或正应力对抗剪承载力的影响项，砌体规范对偏压和偏拉采取了不同的系数：偏压为 0.12，偏拉为 −0.22。而混凝土规范对这两种情况取值大小是一样的。在设计时应注意区分。

【算例4】 墙片同算例2，偏心受压时斜截面抗剪承载力验算

（1）截面复核

剪跨比 $\lambda = M/V h_0 = 184.66 \times 10^3 / (64.12 \times 7500) = 0.384 < 1.5$，取 $\lambda = 1.5$。

$0.15 f_g bh = 0.15 \times 5.9 \times 190 \times 7800 \times 10^{-3} = 1345.2 \text{kN} > V = 64.12 \text{kN}$

（2）斜截面承载力

$0.25 f_g bh = 0.25 \times 5.9 \times 190 \times 7800 \times 10^{-3} = 2186 \text{kN} < N = 2288.17 \text{kN}$

正应力贡献 N 取 2186kN

$f_{vg} = 0.2 f_g^{0.55} = 0.2 \times 5.9^{0.55} = 0.53 \text{MPa}$

$$\frac{1}{\lambda - 0.5}\left(0.48 f_{vg} b h_0 + 0.10 N \frac{A_w}{A}\right) + 0.72 f_{yh} \frac{A_{sh}}{s} h_0$$

$$= \left[(0.48 \times 0.53 \times 190 \times 7500 + 0.1 \times 2186 \times 10^3) + 0.72 \times 210 \times \frac{2 \times 78.5}{600} \times 7500\right] \times 10^{-3}$$

$$= 362.5 + 218.6 + 296.7$$

$$= 877.8 \text{kN} > V = 64.12 \text{kN}$$

计算结果表明，材料及配筋设计满足要求，而且结构有较大的富余度。

【禁忌6.12】 **配筋砌块砌体剪力墙结构连梁套用钢筋混凝土结构连梁的设计计算方法**

【后果】 计算方法错误。

【正解】 配筋砌块砌体剪力墙结构的连梁与钢筋混凝土剪力墙的连梁最大的区别是配筋砌块砌体连梁的形式有两种，而钢筋混凝土剪力墙结构的连梁形式只有一种。

1. 非抗震时钢筋混凝土连梁设计

当配筋混凝土砌块砌体剪力墙的连梁采用钢筋混凝土时，连梁的承载力计算：

连梁的截面应符合下列要求：

$$V_b \leqslant 0.25 \beta_c f_c b_b h_{b0} \tag{6-22}$$

连梁的斜截面受剪承载力按下式计算：

$$V_b \leqslant 0.7 f_t b_t h_{b0} + f_{yv} \frac{A_{sv}}{s} h_{b0} \qquad (6\text{-}23)$$

式中　V_b——钢筋混凝土连梁的剪力设计值；

$\qquad b_b$——钢筋混凝土连梁截面宽度；

$\qquad h_{b0}$——钢筋混凝土连梁的截面有效高度；

$\qquad A_{sv}$——配置在同一截面内箍筋各肢的全部截面面积；

$\qquad f_{yv}$——箍筋的抗拉强度设计值；

$\qquad s$——沿构件长度方向箍筋的间距。

2. 非抗震时配筋混凝土砌块砌体连梁设计

应符合下列规定：

连梁的截面应符合下列要求：

$$V_b \leqslant 0.25 f_g b h_0 \qquad (6\text{-}24)$$

连梁的斜截面受剪承载力按下式计算：

$$V_b \leqslant 0.8 f_{vg} b h_0 + f_{yv} \frac{A_{sv}}{s} h_0 \qquad (6\text{-}25)$$

式中　V_b——配筋混凝土砌块砌体连梁的剪力设计值；

$\qquad b$——配筋混凝土砌块砌体连梁截面宽度；

$\qquad h_0$——配筋混凝土砌块砌体连梁的截面有效高度；

$\qquad A_{sv}$——配置在同一截面内箍筋各肢的全部截面面积；

$\qquad f_{yv}$——箍筋的抗拉强度设计值；

$\qquad s$——沿构件长度方向箍筋的间距。

3. 抗震时钢筋混凝土连梁设计

连梁的截面应符合下列要求：

（1）当跨高比大于 2.5 时

$$V_b \leqslant \frac{1}{\gamma_{RE}} 0.2 \beta_c f_c b_b h_{b0} \qquad (6\text{-}26)$$

（2）当跨高比小于或等于 2.5 时

$$V_b \leqslant \frac{1}{\gamma_{RE}} 0.15 \beta_c f_c b_b h_{b0} \qquad (6\text{-}27)$$

连梁的斜截面受剪承载力按下式计算：

（1）当跨高比大于 2.5 时

$$V_b \leqslant \frac{1}{\gamma_{RE}} \left(0.42 f_t b_t h_{b0} + f_{yv} \frac{A_{sv}}{s} h_{b0} \right) \qquad (6\text{-}28)$$

（2）当跨高比小于或等于 2.5 时

$$V_b \leqslant \frac{1}{\gamma_{RE}}\left(0.38f_{vg}bh_0 + 0.9f_{yv}\frac{A_{sv}}{s}h_0\right) \tag{6-29}$$

式中　V_b——钢筋混凝土连梁的剪力设计值；

　　　b_b——钢筋混凝土连梁截面宽度；

　　　h_{b0}——钢筋混凝土连梁的截面有效高度；

　　　A_{sv}——配置在同一截面内箍筋各肢的全部截面面积；

　　　f_{yv}——箍筋的抗拉强度设计值；

　　　s——沿构件长度方向箍筋的间距。

4. 抗震时配筋混凝土砌块砌体连梁设计

连梁的截面应符合下列要求：

（1）当跨高比大于 2.5 时

$$V_b \leqslant \frac{1}{\gamma_{RE}}0.2f_gbh \tag{6-30}$$

（2）当跨高比小于或等于 2.5 时

$$V_b \leqslant \frac{1}{\gamma_{RE}}0.15f_gbh \tag{6-31}$$

连梁的斜截面受剪承载力按下式计算：

（1）当跨高比大于 2.5 时

$$V_b \leqslant \frac{1}{\gamma_{RE}}\left(0.64f_{vg}bh_0 + 0.8f_{yv}\frac{A_{sv}}{s}h_0\right) \tag{6-32}$$

（2）当跨高比小于或等于 2.5 时

$$V_b \leqslant \frac{1}{\gamma_{RE}}\left(0.56f_{vg}bh_0 + 0.7f_{yv}\frac{A_{sv}}{s}h_0\right) \tag{6-33}$$

式中　V_b——配筋混凝土砌块砌体连梁的剪力设计值；

　　　b——配筋混凝土砌块砌体连梁截面宽度；

　　　h_0——配筋混凝土砌块砌体连梁的截面有效高度；

　　　A_{sv}——配置在同一截面内箍筋各肢的全部截面面积；

　　　f_{yv}——箍筋的抗拉强度设计值；

　　　s——沿构件长度方向箍筋的间距。

【禁忌 6.13】　不注意配筋砌块砌体剪力墙抗震设计与非抗震设计
　　　　　　　在构件承载力计算方面的区分

【后果】　造成浪费或不安全。

【正解】 特别需要注意的是不仅在配筋砌块砌体剪力墙承载力计算中需要对抗震设计和非抗震设计进行区分，在抗震设计中应考虑承载力抗震调整系数。

考虑地震作用组合的配筋砌块砌体剪力墙的正截面承载力其抗力应除以承载力抗震调整系数。

配筋混凝土砌块砌体剪力墙的截面抗震时应符合下列要求：

当剪跨比大于 2 时

$$V_w \leqslant \frac{1}{\gamma_{RE}} 0.2 f_g bh \tag{6-34}$$

当剪跨比小于或等于 2 时

$$V_w \leqslant \frac{1}{\gamma_{RE}} 0.15 f_g bh \tag{6-35}$$

配筋混凝土砌块砌体剪力墙在偏心受压时的斜截面受剪承载力抗震时应按下列公式计算：

$$V_w \leqslant \frac{1}{\gamma_{RE}} \left[\frac{1}{\lambda - 0.5} \left(0.48 f_{vg} bh_0 + 0.10 N \frac{A_w}{A} \right) + 0.72 f_{yh} \frac{A_{sh}}{s} h_0 \right] \tag{6-36}$$

$$\lambda = M/Vh_0 \tag{6-37}$$

式中　f_{vg}——灌孔砌体抗剪强度设计值；

M、N、V——考虑地震作用组合的剪力墙计算截面的弯矩、轴向力和剪力设计值，当 $N > 0.2 f_g bh$ 时，取 $N = 0.2 f_g bh$；

　　A——配筋混凝土砌块砌体剪力墙的截面面积；

　　A_w——T 形、工形截面腹板的截面面积，对矩形截面取 $A_w = A$；

　　λ——计算截面的剪跨比，当 $\lambda \leqslant 1.5$ 时取 1.5，当 $\lambda \geqslant 2.2$ 时取 2.2；

　　h_0——配筋混凝土砌块砌体剪力墙截面的有效高度；

　　A_{sh}——配置在同一截面内的水平分布钢筋的全部截面面积；

　　f_{yh}——水平钢筋的抗拉强度设计值；

　　f_g——灌孔砌体抗压强度设计值；

　　s——水平分布钢筋的竖向间距。

剪力墙在偏心受拉时的斜截面受剪承载力抗震时应按下式计算：

$$V_w \leqslant \frac{1}{\gamma_{RE}} \left[\frac{1}{\lambda - 0.5} \left(0.48 f_{vg} bh_0 - 0.17 N \frac{A_w}{A} \right) + 0.72 f_{yh} \frac{A_{sh}}{s} h_0 \right] \tag{6-38}$$

注：当 $0.48 f_{vg} bh_0 - 0.17 N \frac{A_w}{A} < 0$ 时，取 $0.48 f_{vg} bh_0 - 0.17 N \frac{A_w}{A} = 0$。

【禁忌 6.14】 *配筋砌块砌体剪力墙结构非抗震构造要求不全面、不合理*

【后果】 造成安全隐患或浪费。

【正解】 非抗震构造规定如下：

1. 钢筋

（1）钢筋的规格应符合下列规定：

1）钢筋的直径不宜大于 25mm，当设置在灰缝中时不应小于 4mm；

2）配置在孔洞或空腔中的钢筋面积不应大于孔洞或空腔面积的 6%。

（2）钢筋的设置应符合下列规定：

1）设置在灰缝中钢筋的直径不宜大于灰缝厚度的 1/2；

2）两平行钢筋的净距不应小于 25mm。

（3）配筋混凝土砌块砌体剪力墙中的竖向钢筋应在每层墙高范围内连续布置，竖向钢筋可采用单排钢筋；水平分布钢筋或网片宜沿墙长连续布置，水平分布钢筋宜采用双排钢筋。

（4）竖向受拉钢筋在芯柱混凝土中和水平受力钢筋在凹槽混凝土中及在砌体灰缝中的锚固长度、搭接长度应符合表 6-4 的规定。

受拉钢筋的锚固长度和搭接长度 表 6-4

钢筋所在位置	锚固长度 l_a	搭接长度 l_d
竖向钢筋在芯柱混凝土中	$35d$，且不小于 500mm	$38.5d$，且不小于 500mm
水平钢筋在凹槽混凝土中	$30d$，且弯折段不小于 $15d$ 和 200mm	$35d$，且不小于 350mm
水平钢筋在水平灰缝中	$50d$，且弯折段不小于 $20d$ 和 250mm	$55d$，且不小于 300mm；隔皮错缝搭接为 $55d+2h$（h 为水平灰缝间距）

（5）钢筋的最小保护层厚度应符合下列要求：

1）灰缝中钢筋外露砂浆保护层不宜小于 15mm；

2）位于砌块孔槽中的钢筋保护层，在室内正常环境不宜小于 20mm；在室外或潮湿环境不宜小于 30mm。

注：对安全等级为一级或设计年限大于 50 年的配筋混凝土砌块砌体结构构件，钢筋的保护层应比该条要求的厚度至少增加 5mm，或采用经防腐处理的钢筋、抗渗混凝土等措施。

2. 配筋混凝土砌块砌体剪力墙、连梁

（1）配筋混凝土砌块砌体剪力墙的构造配筋应符合下列规定：

1）应在墙的转角、端部和孔洞的两侧配置竖向连续的钢筋，钢筋的直径不宜小于 12mm；

2）应在洞口的底部和顶部设置不小于 $2\phi10$ 的水平钢筋，其伸入墙内的长度不宜小于 $35d$ 和 400mm；

3）应在楼（屋）盖的所有纵横墙处设置现浇钢筋混凝土圈梁，圈梁的宽度和高度宜等于墙厚和块高，圈梁主筋不应少于 $4\phi10$，圈梁的混凝土强度等级不宜低于同层混凝土砌块强度等级的 2 倍，或该层灌孔混凝土的强度等级，也不应低于 C20；

4）剪力墙其他部位的竖向和水平钢筋的间距不应大于墙长、墙高之半，也不应大于 1200mm。对局部灌孔的砌体，竖向钢筋的间距不应大于 600mm；

5）剪力墙沿竖向和水平方向的构造钢筋配筋率均不宜小于 0.07%。

（2）配筋混凝土砌块砌体剪力墙应按下列规定设置边缘构件：

1）在距墙端至少 3 倍墙厚范围内的孔中设置不小于 ϕ12 通长竖向钢筋；

2）当剪力墙端部的压应力大于 $0.8f_g$ 时，除按 1）的规定设置竖向钢筋外，应设置间距不大于 200mm、直径不小于 6mm 的水平钢筋（钢箍），该水平钢筋宜设置在灌孔混凝土中。

（3）配筋混凝土砌块砌体剪力墙中当连梁采用钢筋混凝土时，连梁混凝土的强度等级不宜低于同层墙体块体强度等级的 2 倍，或同层墙体灌孔混凝土的强度等级，也不应低于 C20；其他构造尚应符合现行国家标准《混凝土结构设计规范》GB 50010 的有关规定要求。

（4）配筋混凝土砌块砌体剪力墙中当连梁采用配筋砌块砌体时，连梁应符合下列规定：

1）连梁的截面高度不应小于两皮砌块的高度和 400mm，且应采用 H 形砌块或凹槽砌块组砌，孔洞应全部现浇混凝土。

2）连梁的上、下水平受力钢筋宜对称、通长设置，在灌孔砌体内的锚固长度不应小于 35d 和 400mm；水平受力钢筋的含钢率不宜小于 0.2%，也不宜大于 0.8%。

3）连梁的箍筋直径不应小于 6mm；间距不宜大于 1/2 梁高和 600mm；在距支座等于梁高的范围内的箍筋间距不应大于 1/4 梁高，距支座表面第一根箍筋的间距不应大于 100mm；箍筋的面积配筋率不宜小于 0.15%；箍筋宜为封闭式，双肢箍末端弯钩为 135°；单肢箍末端的弯钩为 180°，或弯 90°加 12 倍箍筋直径的延长段。

【禁忌 6.15】 配筋砌块砌体剪力墙结构的抗震构造要求不全面、不合理

【后果】 造成安全隐患或浪费。

【正解】 抗震构造规定如下：

1. 配筋混凝土砌块砌体剪力墙的竖向分布钢筋和水平分布钢筋应符合表 6-5 的要求；剪力墙底部加强区的高度不应小于房屋高度的 1/6，且不应小于两层的高度。

剪力墙竖向和水平分布钢筋的配筋构造 表 6-5

抗震等级	最小配筋率（%）		最大间距（mm）	最小直径（mm）	
	一般部位	加强部位		竖向钢筋	水平钢筋
一 级	0.13	0.13	400	$\phi12$	$\phi8$
二 级	0.11	0.13	600	$\phi12$	$\phi8$
三 级	0.11	0.11	600	$\phi12$	$\phi6$
四 级	0.07	0.10	600	$\phi12$	$\phi6$

注：顶层和底层竖向钢筋的最大间距应适当减小，顶层和底层水平钢筋的最大间距不应大于 400mm。

2. 配筋混凝土砌块砌体剪力墙边缘构件，当剪力墙的压应力大于 $0.5f_g$ 时，其构造配筋应符合表 6-6 的规定。

剪力墙边缘构件构造配筋 表 6-6

抗震等级	底部加强区	其他部位	箍筋或拉筋直径和间距
一 级	$3\phi20$	$3\phi18$	$\phi8@200$
二 级	$3\phi18$	$3\phi16$	$\phi8@200$
三 级	$3\phi14$	$3\phi14$	$\phi6@200$
四 级	$3\phi12$	$3\phi12$	$\phi6@200$

配筋混凝土砌块砌体剪力墙的竖向分布钢筋和水平分布钢筋（网片）的锚固、搭接要求应符合表 6-7 的规定。

剪力墙竖向和水平分布钢筋（网片）的锚固长度与搭接长度 表 6-7

锚固长度（l_{ae}），搭接长度（l_{de}）			抗 震 等 级		
			二级	三级	四级
竖向钢筋	所有部位	l_{ae}	$1.15l_a$	$1.05l_a$	l_a
		l_{de}	$1.2l_a+5d$	$1.2l_a$	$1.2l_a$
	房屋高度＞50m 的基础顶面 l_{de}		50d	40d	
水平钢筋	钢筋在末端弯 90°锚入灌孔混凝土的长度		≥250mm	≥200mm	
	焊接网片的弯折端部加焊的水平钢筋在末端弯 90°锚入灌孔混凝土的长度		≥150mm		
	搭接长度		40d	35d	

3. 配筋混凝土砌块砌体剪力墙连梁的构造，采用钢筋混凝土连梁时，应符合现行国家标准《混凝土结构设计规范》GB 50010 中有关地震区连梁的构造要求；当采用配筋砌块砌体连梁时，应符合下列要求：

（1）连梁上、下纵向钢筋锚入墙体内的长度，一、二级抗震等级不应小于

$1.1l_a$，三、四级抗震等级不应小于 $1.0l_a$ 且不应小于 600mm；

（2）连梁的箍筋应沿梁长布置，并应符合表 6-8 的要求：

连梁箍筋的构造要求 表 6-8

抗震等级	箍筋加密区		箍筋非加密区		
	长度	箍筋间距(mm)	直径	间距(mm)	直径
二级	$2h$ 和 600mm 中的较大值	纵向钢筋直径的 8 倍、梁高 1/4 和 100 中的最小值	$\phi 8$	200	$\phi 8$
三级		纵向钢筋直径的 8 倍、梁高 1/4 和 150 中的最小值			
四级		纵向钢筋直径的 8 倍、梁高 1/4 和 150 中的最小值			

注：表中 h 为连梁截面高度。

（3）在顶层连梁伸入墙体的钢筋长度范围内，应设置间距不大于 200mm 的构造箍筋，箍筋直径应与梁的箍筋直径相同；

（4）跨高比大于 2.5 的连梁，宜采用钢筋混凝土连梁；跨高比小于等于 2.5 的连梁，在自梁底以上 200mm 和梁顶以下 200mm 范围内，梁的两个侧面每隔 200mm 增设纵向构造钢筋，二～四级抗震等级时为 $2\phi 10$，纵向构造钢筋伸入墙内的长度不小于 $30d$ 和 300mm；

（5）连梁不宜开洞。当需要开洞时，应在跨中梁高 1/3 处预埋外径不大于 200mm 的钢管套，洞口上下的有效高度不应小于 1/3 梁高，且不应小于 200mm，洞口处应配补强钢筋并在洞周边浇筑灌孔混凝土，被洞口削弱的底截面应进行受剪承载力验算。

4. 配筋混凝土砌块砌体剪力墙房屋的楼、屋盖宜采用现浇钢筋混凝土结构。

5. 应在配筋混凝土砌块砌体剪力墙房屋的楼、屋盖的所有纵横墙处按下列规定设置现浇混凝土圈梁：

（1）圈梁的宽度和高度宜等于墙厚和块高，高度不宜小于 200mm；纵向钢筋直径不应小于墙中水平分布钢筋的直径，且不宜小于 $4\phi 12$；箍筋直径不应小于 $\phi 6$，间距不应大于 200mm；

（2）圈梁的混凝土强度等级不宜低于同层混凝土砌块强度等级的 2 倍，或该层灌孔混凝土的强度等级，也不应低于 C20。

6. 配筋混凝土砌块砌体剪力墙房屋的基础与剪力墙结合处的受力钢筋，当房屋高度超过 50m 时宜采用机械连结或焊接，其他情况可采用搭接。当采用搭接时，二级抗震等级时搭接长度不宜小于 $50d$，三、四级抗震等级时不宜小于 $48d$。

【禁忌6.16】 底部加强部位截面的组合剪力设计值不调整

【后果】 不安全。

【正解】 配筋混凝土砌块砌体剪力墙承载力计算时，底部加强部位截面的组合剪力设计值 V_w，应按下列规定调整，在设计中要特别注意，以免存在安全隐患。

二级抗震等级 $\qquad\qquad V_w=1.4V$ $\qquad\qquad$ (6-39)

三级抗震等级 $\qquad\qquad V_w=1.2V$ $\qquad\qquad$ (6-40)

四级抗震等级 $\qquad\qquad V_w=1.0V$ $\qquad\qquad$ (6-41)

式中 V——考虑地震作用组合的剪力墙计算截面的剪力设计值。

【禁忌6.17】 连梁的剪力设计值不进行调整

【后果】 不能满足连梁的延性抗震要求。

【正解】 配筋混凝土砌块砌体剪力墙连梁的剪力设计值，抗震等级二、三级时应按下列公式调整，四级时可不调整：

$$V_b=\eta_v\frac{M_b^l+M_b^r}{l_n}+V_{Gb} \qquad\qquad (6-42)$$

式中 V_b——连梁的剪力设计值；

$\qquad$ η_v——剪力增大系数，二级时取 1.2；三级时取 1.1；

M_b^l、M_b^r——分别为梁左、右端考虑地震作用组合的弯矩设计值；

$\qquad$ V_{Gb}——在重力荷载代表值作用下，按简支梁计算的截面剪力设计值；

$\qquad$ l_n——连梁净跨。

【禁忌6.18】 未对门窗周边进行加强处理

【后果】 门窗处墙体开裂。

【正解】 配筋砌块砌体剪力墙结构在门窗部位需采取一些加强措施，防止门窗处墙体的开裂，详见图 6-14。原则上保证门窗四周用灌孔混凝土和钢筋加强，有圈梁的除外。

【禁忌6.19】 竖向设计不合理，不注意圈梁与层高的关系

【后果】 圈梁的高度过高或太低，影响房屋的造价或会减弱房屋的整体安全性。

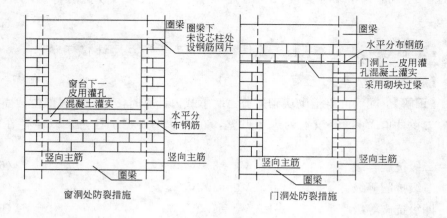

图 6-14　门窗处墙体防裂措施

【正解】　在配筋砌块砌体剪力墙的设计中，可以通过合理调整圈梁的高度来保证层高的要求。一般圈梁的实际高度在不同的层高处有 360mm 和 260mm 两种，图 6-15 给出了层高为 2.7m 和 2.8m 的墙体竖向布置，如果层高为 2.9m 和 3.0m 时，则相应增加一皮砌块即可解决。

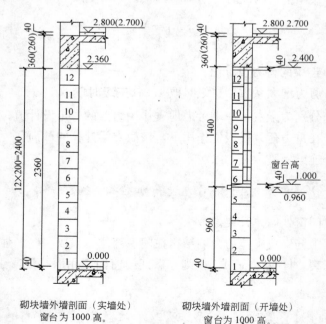

图 6-15　圈梁与层高的关系

参 考 文 献

[1] 施楚贤主编. 砌体结构理论与设计（第二版）. 北京：中国建筑工业出版社，2003

[2] 中华人民共和国国家标准.《砌体结构设计规范》（GB 50003—2001）. 北京：中国建筑工业出版社，2001

[3] 中华人民共和国国家标准.《建筑抗震设计规范》（GB 50011—2001）. 北京：中国建筑工业出版社，2001

[4] 中华人民共和国国家标准.《高层建筑混凝土结构技术规程》（JGJ 3—2002）. 北京：中国建筑工业出版社，2002

[5] 苑振芳主编. 砌体结构设计手册（第二版）. 北京：中国建筑工业出版社，2002

[6] 苑振芳. 国际标准《配筋砌体结构设计》ISO 9652-3 介绍. 1999 年全国砌体结构学术会议论文集. 杭州：浙江大学出版社，1999

[7] 苑振芳，何振文. 15 层配筋砌块住宅试点工程简介. 施工技术. 1998，27（7）：18～20

[8] 苑振芳，刘斌. 我国砌体结构的发展和展望. 建筑结构，1999，29（10）：9～13

[9] 王世旺. 关于现代砌体结构的设想. 1999 年全国砌体结构学术会议论文集. 杭州：浙江大学出版社，1999

[10] 谢小军. 混凝土小型砌块砌体力学性能及其配筋墙体抗震性能的研究 ［湖南大学硕士学位论文］，1998

[11] 周炳章. 砌体结构的现状与展望. 1999 年全国砌体结构学术会议论文集. 杭州：浙江大学出版社，1999

[12] 刘玉兰. 美国小砌块考察报告. 建筑砌块与砌块建筑，1994，（3）：1～4

[13] 刘玉兰. 美国小砌块考察报告（续）. 建筑砌块与砌块建筑，1994，（4）：1～3

[14] 苑振芳，高连玉. 混凝土砌体建筑发展现状及展望. 1999 年全国砌体结构学术会议论文集. 杭州：浙江大学出版社，1999

[15] ［美］Narendra Taly 著. 周克荣等译. 现代配筋砌体结构. 上海：同济大学出版社，2004

[16] 徐正忠，雷宝乾. 考察美国混凝土砌块建筑情况简介. 建筑科学，1998，14（6）：56～59

[17] 丁大钧. 墙体改革与可持续发展. 建筑结构，2004，34（3）：56～62

[18] Priestley M J N. Seismic Resistance of Reinforced Concrete Masonry Shear Walls with High Steel Percentages. Bull. New Zealand Nat. Soc. Earthquake Engrg. 1977，10（1）：226～236

第七章　条形基础、地下室及挡土墙

地基基础设计是建筑物设计的一个重要组成部分，它包括地基验算和基础设计两大部分，要满足地基和基础两方面的要求。一般情况下，进行地基基础设计，应具备必要的资料，包括：建筑场地的地形情况，场地的工程地质和水文地质条件，上部结构的平、立、剖面及作用在基础上的荷载、设备基础、管道布置等情况，建筑材料的供应情况，施工单位的设备和技术力量等。设计时，要综合考虑上述各种条件，因地制宜，合理地选择地基基础方案。

混合结构房屋中常用的有刚性基础、钢筋混凝土条形基础、柱下单独基础、墙下筏板基础及桩基础等。

按照多层混合结构房屋静力计算的假定，多层房屋的墙、柱基础按中心受压基础计算，单层房屋的墙、柱基础按偏心受压构件计算。墙、柱基础设计的主要内容包括：选择基础的类型及材料；确定基础的埋深；计算基底尺寸及基础高度；绘出基础剖面施工图。

重力式挡土墙通常采用毛石或砖砌体，这种挡土墙结构形式简单，施工方便，造价低廉。但在实际工程中，其设计计算很容易被忽视。

【禁忌 7.1】　随意选取基础形式

【后果】　基础受力不合理，不经济。

【正解】　砖砌体房屋基础投资约占整个建筑物总造价的 20%～30%，甚至更高。而基础形式又是直接影响基础造价的一个重要的因素，所以合理选择基础形式，对于降低工程造价，减少投资，提高经济效益，提高勘察设计人员的设计水平都具有重要的现实意义。

常用于砌体结构的基础形式主要有两类：

1. 浅基础

（1）砖基础

砖并非是良好的基础材料，其抗冻性与耐久性较差。砖基础由于易于取材，价格较低，施工简便，所以应用还比较广泛，可用于地质条件较好的砌体结构房屋。

（2）毛石基础

毛石的抗冻性和耐久性好于砖材，所以其耐久性较砖基础好。

（3）灰土基础

为节省砖石材料，在砖石基础大放脚下面可做一定厚度的灰土基础（或称垫层）。灰土基础用于五层及五层以下的民用建筑。

（4）三合土基础

三合土是用石灰、砂和骨料配制而成。三合土基础在我国南方地区使用，一般用于四层及四层以下的民用建筑。

（5）混凝土和毛石混凝土基础

混凝土是一种较好的基础材料，其强度、耐久性和抗冻性都比较好。有时为了节约水泥，可掺入 $25\%\sim30\%$ 的毛石，做成毛石混凝土基础。

（6）钢筋混凝土基础

钢筋混凝土的强度、耐久性和抗冻性都很好，且具有较强的抗弯抗剪性能。在相同的基础宽度下，钢筋混凝土的高度远小于砖石和混凝土基础，基础的埋深可以大为减小。钢筋混凝土的单价虽高于其他基础材料，但因高度小、埋深浅，其施工费用低，总造价在某些情况下也可能低于其他基础材料。当上部结构传递荷载较大或地基土质较差时，常用这种基础。

2. 深基础

建筑物在选择地基基础方案时，应从安全、合理和经济等角度出发，充分利用地基土的承载力，尽量采用天然地基上的浅基础。如果地基浅层土质不良，无法满足建筑物对地基的变形和强度要求，而又不适宜采用人工地基时，可利用深部较为坚实的土层或岩层作为持力层，采用深基础方案。深基础主要类型有桩基础、沉井和地下连续墙等。多层砌体结构房屋深基础一般采用桩基础，用于多层砌体结构的桩主要有：

按制桩材料，有混凝土桩、钢筋混凝土桩等。

按施工方法，有预制桩和灌注桩。

按桩的荷载传递方式，有端承桩和摩擦桩。

具体设计中采用哪种桩，要根据桩的受荷载情况、地质条件和施工条件等因素来确定。多层砌体房屋的上部墙、柱直接砌筑在桩基的承台或承台梁上。

砌体结构采用浅基础时，必须充分考虑场地的地质情况和上部结构情况确定具体的方案，使基础受力最合理，最经济。例如，某六层砖砌体住宅楼，一层层高 3.4m，其他层层高 2.8m，室内外高差 300mm，当该楼分别置于不同地质条件的场地上（一般黏性土，基础持力层地基强度分别为 $f_k=100\text{kPa}$，120kPa，140kPa，160kPa），并分别按毛石条形基础、钢筋混凝土条形基础和钢筋混凝土平板基础三种形式来进行设计，通过比较发现：

（1）当持力层的地基强度 $f_k<120\text{kPa}$ 时，采用钢筋混凝土平板基础较经济；

（2）当持力层的地基强度 120kPa$<f_k<$150kPa 时，采用钢筋混凝土条形基础较经济；

（3）当持力层的地基强度 $f_k>$ 150kPa 时，采用毛石条形基础较经济。

由此可以看出，不同地质情况下基础形式的最佳方案是不同的。当然，确定基础形式时，应综合考虑地基土条件，施工条件及环境，施工季节，材料供应等诸多因素，才比较完备和切合实际。

在进行基础设计时，一般可遵循无筋条形基础（刚性基础）——墙下钢筋混凝土条形基础——墙下钢筋混凝土筏板基础的顺序来选择基础形式。只有在上述情况下无法满足要求时，才考虑运用桩基础等深基础的形式，以避免过多的浪费。各种基础类型的选择条件如表 7-1 所示。

各种基础类型的选择条件   表 7-1

岩土性质与荷载条件	适宜的基础类型
土质均匀，承载力高，无软弱下卧层，地下水位以上，荷载不大（5 层以下建筑物）	无筋扩展基础
土质均匀性较差，承载力较低，有软弱下卧层，基础需浅埋	墙下条基或交叉条基
土质均匀性差，承载力低，承载较大，采用条基面积超过建筑物投影面积 50%	墙下筏板基础

【禁忌 7.2】 基础宽度较大时，仍采用刚性条形基础

【后果】 基础宽度越大，基础高度越高，土方开挖工作量越大，基础砌体材料用量越大。如较大宽度条形基础仍采用刚性条基，不经济且施工难度加大。

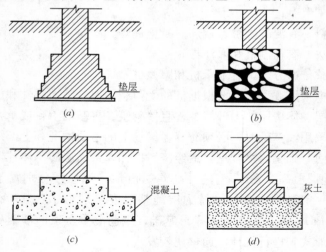

图 7-1 刚性条形基础

（a）砖基础；（b）毛石基础；（c）混凝土或毛石混凝土基础；（d）三合土或灰土基础

【正解】 因为刚性条形基础稳定性好，施工简便，经济，砌体结构优先采用刚性条形基础。常用的刚性条形基础有砖砌体条形基础、灰土条形基础、C15 素混凝土条形基础、毛石混凝土条形基础和三合土条形基础等（如图 7-1），各类刚性基础对材料和台阶宽高比（刚性角，如图 7-2）要求见表 7-2。

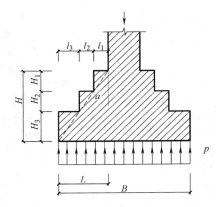

图 7-2　刚性条形基础刚性角

当墙体荷载较大、地基土承载力较低时，若采用刚性条形基础，则要求有较大的基底宽度，为满足基础刚性角的要求又需要较大的基础高度。这样，不仅增加了基础材料的用量，更增加了土方的开挖量和施工难度，既不合理也不经济。根据工程经验，当基础宽度大于 2.5m 时，采用钢筋混凝土扩展基础即柔性基础，如图 7-3。

各类刚性基础材料和台阶宽高比（$L：H$）要求　　　　　表 7-2

基础材料	材料要求	台阶宽高比 $L：H$ 限值		
		$p_k \leqslant 100$	$100 < p_k \leqslant 200$	$200 < p_k \leqslant 300$
混凝土基础	C15 混凝土	1：1.00	1：1.00	1：1.25
毛石混凝土基础	C15 混凝土	1：1.00	1：1.25	1：1.50
砖（砌块）基础	砖不低于 MU10，砂浆不低于 M5； 砂浆为水泥砂浆； 不得采用多孔砖和空心砖； 混凝土小型空心砌块不低于 Mb7.5，应用 Cb20 灌实； 不宜用除烧结普通砖、蒸压灰砂砖和混凝土砌块以外的其他块材	1：1.50	1：1.50	1：1.50
毛石基础	水泥砂浆不低于 M5	1：1.25	1：1.50	—
灰土基础	体积比为 3：7 或 2：8 的灰土，其最小干密度： 粉土 1.55t/m³； 粉质黏土 1.5t/m³； 黏土 1.45t/m³	1：1.25	1：1.50	—
三合土基础	体积比 1：2：4～1：3：6（石灰：砂：骨料），每层约虚铺 220mm，夯至 150mm	1：1.50	1：2.00	

注：1. p_k 为荷载效应标准组合时基础底面处的平均压力值（kPa）；
　　2. 阶梯形毛石基础的每阶伸出宽度，不宜大于 200mm；
　　3. 当基础由不同材料叠合组成时，应对接触部分作抗压验算；
　　4. 基础底面处的平均压力值超过 300kPa 的混凝土基础，尚应进行抗剪验算。

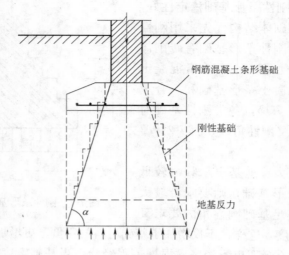

图 7-3　刚性基础与钢筋混凝土条形基础的比较

【禁忌 7.3】　基础埋置深度不根据规范和地质情况确定

【后果】　有的设计人员不仔细研究建筑特性和建筑所处场地的条件，随意确定基础埋置深度，导致不合理，甚至更严重的是使结构产生不均匀沉降或冻胀而开裂。

【正解】　从室外地面到基础底面的距离称为基础埋置深度。选择适宜的基础埋置深度对保证建筑物的安全、正常使用以及缩短施工工期、降低工程造价起着重要作用。在确定基础埋置深度时，应遵循的原则是：在满足地基稳定和变形要求的前提下，基础应尽量浅埋；除岩石地基外，一般不宜小于 0.5m；基础顶面应低于设计地面 100mm 以上，以避免基础外露。还应综合考虑建筑物本身的特性、荷载的大小、工程地质条件等，按下列条件确定：

（1）场地工程地质和水文地质条件

在深度方向土质比较均匀的地基，若自上而下都是良好的土层，基础埋深不受土质的影响，在满足强度、稳定、变形和构造的要求下，应尽量浅埋，但基础埋深不宜小于 0.5m；当上层地基的承载力大于下层土时，宜利用上层土作为持力层；基础宜埋置在地下水位以上，当必须埋在地下水位以下时，应在施工时采取地基土不受扰动的措施；如果基础埋置在易风化的岩层上，施工时应在基坑开挖后立即铺筑垫层。

在实际工程中所遇到的情况，远比上述理想而典型的地基类型复杂得多，因而上述原则不能生搬硬套，往往还需结合其他因素进行综合考虑比较。

（2）建筑物的自身条件

对于承受较大水平荷载的基础，为了保证结构的稳定，也常将埋深加大；对于地震区或有振动荷载的基础，不宜将基础浅埋或放在易液化的土层上，应加大基础埋深，将基础放在不液化的土层上。

作用在地基上的荷载大小也是确定基础埋深的主要依据。同一荷载作用在较好的土层上，可认为荷载相对较小，基础埋深可能较浅；对于较差的土层，则认为荷载相对较大，基础埋深可能较深。

（3）相邻建筑物的基础埋深

当存在相邻建筑物时，新建建筑物的基础埋深不宜大于原有建筑基础，否则，两基础间应保持一定净距，其数值应根据原有建筑荷载大小、基础形式和土质情况确定并应考虑新增荷载对原有建筑物的影响，当新建的建筑物基础深于原有建筑物基础时，两基础之间应保持一定距离（l），一般为两相邻基底高差（h）的 $1\sim2$ 倍（图 7-4）。当不满足这项要求时，在施工过程中应采取有效措施，如分段施工、设置临时支撑、打板桩、护壁或采用地下连续墙等，以保证原有建筑物的安全使用。

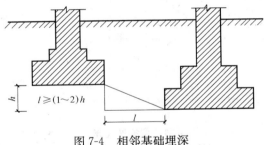

图 7-4　相邻基础埋深

（4）地基土冻胀和融陷的影响

按照土的冻胀性来确定基础埋深时，一般根据土的种类、含水量和地下水位高低，进行全面的分析，然后正确地确定基础埋深。我国《建筑地基基础设计规范》根据冻土层的平均冻胀率大小，将地基土的冻胀性划分为五类：不冻胀、弱冻胀、冻胀、强冻胀和特强冻胀。

建筑基础底面之下允许有一定厚度的冻土层，可用下式计算基础的最小埋深：

$$d_{min}=z_d-h_{max}$$

式中　h_{max}——基础底面下允许残留冻土层的最大厚度；

　　　z_d——设计冻深。

当有充分依据时，基底下允许残留冻土层厚度也可根据当地经验确定。

在冻胀、强冻胀、特强冻胀地基上的基础，还应采用有效的防冻害措施。

【后果】 基础类型对地震作用有影响，不能实现上部结构的预期反应，造成实际地震反应与设计计算产生较大误差。

【正解】 在实际工程中，经常碰到在山坡地基或者地质条件较复杂的地基上建造房屋，场地土软硬相差较为悬殊（如图7-5），部分设计者为了减少土方开挖量，或者节省防震缝设置，或者不进行地基处理，在较软地基上简单采用桩基础，在较硬的地基上采用条形基础，这仅仅只满足静力荷载作用下的可靠性要求，而不能估计出地震作用下的反应。

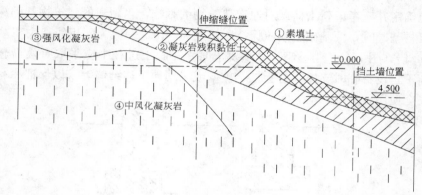

图7-5 某教学楼沿纵向地质构造剖面图

教学楼纵向地层构造及承载力状况　　　　表7-3

地　层	颜色	状态	成　　分	层厚(m)	承载力标准值(kPa)	极限端阻力标准值(kPa)
①素填土	灰	松散稍湿	黏性土为主，含少量砂粒及碎石	0.4～2.9	—	—
②凝灰岩残积黏性土	白黄灰黄	可塑湿	黏性土为主，含少量砂粒10%，有微弱残余机构，原岩为凝灰岩	0.4～6.5	180	
③强风化凝灰岩	白黄灰黄	坚硬湿	由高岭土、石英、未风化长石等组成，有明显残余结构，原岩为凝灰岩	0～8.1	500	3500
④中风化凝灰岩	灰黄灰白	坚硬湿	由石英、长石及少量暗色矿物组成，原岩为凝灰岩	3.1～6.0	1500	—

近年来，地基土与结构相互作用的理论研究和宏观震害经验分析表明，基础类型（主要是基础刚度和埋深）对地震作用亦有重要影响。桩基础的刚度通常较条形基础的刚度低，两种基础结构对上部结构的地震反应有所不同，地震作用也因此不同。如果同时将两种基础设计在一个结构单元之中，上部结构的地震反应将十分复杂，且无法准确估计。

研究和震害还表明，不同的场地土类别对地震反应影响很大，要是同一结构单元的基础设置在不同场地土上，也不能准确预估上部结构的地震反应。

因此我国抗震规范规定，同一结构单元的基础不宜设置在性质截然不同的地基上，同一结构单元也不宜部分采用天然地基部分采用桩基。

通常在这种情况下，一般应该采取有效结构措施：

（1）用防震缝（兼沉降缝）将房屋分开成不同的结构单元，使得同一单元的基础结构形式相同，场地土性质相近；

（2）若较软区域较小，可采取换土等地基处理方法，使得其场地土性质相近，然后设计成条形基础形式；

（3）若较硬区域较小，可采用褥垫的方法，使得其场地土性质相近，设计成条形基础（如图 7-6）。褥垫可采用炉渣、中砂、粗砂、土夹石（其中碎石含量占 20%～30%）或黏性土等，厚度宜取 300～500mm，采用分层夯实；

（4）有的建筑需要采取地基处理和褥垫相结合的方法才能使场地土的性质相近。

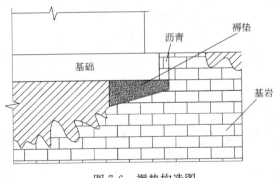

图 7-6　褥垫构造图

需要说明的是，在非地震设防地区，山坡地基的基础结构要求就要简单得多，可以采用多种基础体系并用的结构形式。这种地基需要满足承载力要求，还应采取一定的构造措施来保证结构不会因为地基沉降不均匀产生的开裂，并应进行变形验算（地基均匀时，多层砖混结构一般不需要进行变形验算）。

非地震设防地区，复杂地基上砖混结构基础体系的构造措施：

（1）建造在软硬相差比较悬殊地基（如土岩组合地基）上，若建筑物长度较大或造型复杂，为减小不均匀沉降所造成的危害，宜用沉降缝将建筑物分开，缝宽 30～50mm。

（2）加强上部结构的刚度，如加密隔墙，增设圈梁等。

（3）处理压缩性较高部分的地基，使之适应压缩性较低的地基。如采用桩基础（如图 7-7）、局部深挖、换填或用梁（如图 7-8）、板、拱跨越，当石芽稳定可靠时，以石芽作支墩基础等方法。此类处理方法效果较好，但费用较高。

（4）处理压缩性较低部分的地基，使之适应压缩性较高的地基。如在石芽出露部位做褥垫，也能取得良好效果。

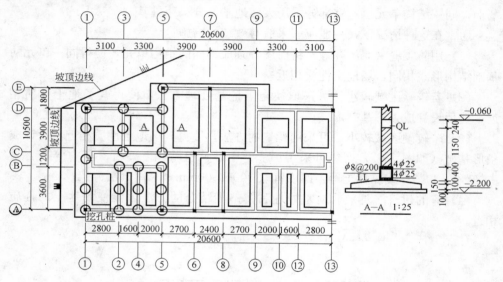

图 7-7　非地震设防区采用桩基础处理山坡地基

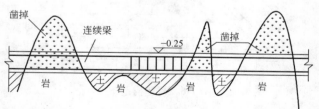

图 7-8　非地震设防区采用托梁处理复杂地基

【禁忌 7.5】　抗震设防区砌体结构房屋采用桩基础时，若桩长不一致，用调整承台标高的办法使桩长相同

【后果】　房屋不能实现上部结构的预期（设计计算时）反应，造成实际地震反应与设计计算产生较大误差。

192

【正解】 抗震规范规定同一结构单元的基础宜采用同一类型的基础，底面宜埋置在同一标高。若基础采用桩基，桩身长度不一致时应将承台及承台梁设置在同一标高，不应将承台梁逐步放坡，即基础底面保持在同一标高。

【禁忌7.6】 砌体结构毗邻既有建筑时，基础不做特殊处理

【后果】 造成既有建筑地基不均匀沉降、开裂。

【正解】 新建房屋基础的荷载对相邻既有建筑地基会引起附加应力，使既有建筑基础产生附加沉降。影响这种附加沉降的因素有：新建房屋基础荷载的大小、两基础间的距离、地基土性质等。两基础间的距离越近，荷载越大，地基越软弱，影响就越大。因此，在旧建筑旁新建建筑时，对旧建筑要深入调查研究，弄清旧建筑的地基、结构及施工情况，必要时应开挖基础实测，作补充勘测，以确保旧建筑具备足够的抵抗新建房屋所产生的附加沉降的能力。

为了最大限度减少既有建筑的地基沉降，保证新建结构传力路径清晰，通常砌体结构毗邻既有建筑的基础设计可采用挑梁法来进行处理。即由新建建筑纵墙基础伸出挑梁，挑梁端部设托梁，承受上部荷载（如图7-9）。托梁上部墙体为承重墙时，上部楼面、屋面传来荷载及墙体自重均作用在托梁上，然后传到挑梁上。

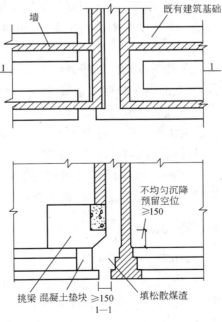

图7-9 新旧建筑物基础处理

采用挑梁法时，应该注意：

（1）挑梁、托梁所受荷载很大，梁的刚度要求较大，以利于保证抗剪强度。一般地，将托梁上部墙体做成轻质隔墙，并在每一楼层纵墙上分别设置挑梁，挑梁端部再设托梁，即层层设置挑梁及托梁，承受本楼层荷载及本层墙自重，这样可减小仅在基础设一道托梁时所产生的荷载过大的不利影响。

（2）挑梁下应设置钢筋混凝土梁垫，以保证挑梁下局部受压满足要求。

（3）应根据悬挑基础上部结构的荷载情况，将悬挑梁下部分基础底相应加宽，或做成单独的支座基础（如图7-10），减小新基础下应力，减少新基础下沉引起对旧基础的影响。

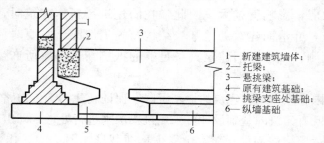

1——新建建筑墙体；
2——托梁；
3——悬挑梁；
4——原有建筑基础；
5——挑梁支座处基础；
6——纵墙基础

图 7-10　挑梁下设置单独基础

（4）新建基础基底应高于旧基础基底。当新建基础比原有基础低时，原有基础下地基土一侧临空，可能地基土从此侧面挤出而使原有基础失去稳定，导致旧建筑施工时因地基变形太大而开裂。

（5）基础挑梁下预留大于建筑物最终沉降量可供自由沉降的净空高度，一般要求大于150mm，并且挑梁下部填筑松散煤渣或采取其他措施，防止施工时将空隙填死或预留空隙过小，造成旧房基础受挤压而发生事故。

（6）当新建房屋的沉降太大时，旧有建筑的不均匀沉降也将加大，由此引起房屋开裂的可能性加大。设计新建筑时，应注意验算，预估影响建筑的平均沉降量。当此值等于或大于70mm时，可将后建的用桩基础或局部用桩基加挑梁的做法（即只在挑梁下的基础部分加灌注桩），以减少新建建筑的沉降量。

【禁忌7.7】　房屋长高比太大

【后果】　产生地基不均匀沉降，房屋开裂。

【正解】　建筑物在平面上的长度 L 和从基础底面起算的高度 H_f 之比，称为建筑物的长高比。建筑物长高比是决定结构整体刚度的主要因素，长高比大的建筑物整体刚度差，纵墙很容易产生过大的挠曲而出现开裂，如图7-11。一般三层和三层以上的砌体承重房屋的长高比 L/H_f 不宜大于2.5；当房屋的长高比满足 2.5<L/H_f<3.0 时，应尽量做到纵墙不转折或少转折，其内墙间距不宜过大，且与纵墙之间的连接应牢固，同时纵横墙开洞不宜过大。必要时还应增强基础的刚度和强度。当房屋的预估最大沉降量少于或等于 120mm 时，在一般情况下，砌体结构的长高比可不受限制。

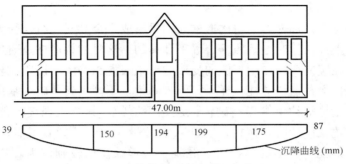

图 7-11 过长建筑物的开裂实例（长高比 7.6）

若设计房屋长高比大于以上规定，也可以采用设置沉降缝方法来解决。沉降缝通常设置在以下部位：

（1）建筑物转折处；

（2）建筑物高度或荷载相差较大处；

（3）建筑结构或基础类型截然不同处；

（4）地基土的压缩性有显著变化处；

（5）分期建造房屋的交界处；

（6）长高比过大的建筑物的适当部位；

（7）拟设置伸缩缝处。

沉降缝应从屋顶到基础把建筑物完全分开；沉降缝不应填塞，但寒冷地区为了防寒，可填以松软材料；沉降缝应有足够的宽度，以保证沉降缝上端不致因相邻单元内倾而挤压损坏。工程中建筑物沉降缝宽度一般可参照表 7-4 选用。

房屋沉降缝宽度	表 7-4
房　屋　层　数	沉降缝宽度（mm）
一～三	50～80
四～五	80～120
五层以上	不小于 120

注：当沉降缝两侧单元层数不同时，缝宽按层数大者取用。

【禁忌7.8】 组合墙中钢筋混凝土构造柱只伸入地圈梁或伸入室外
地面以下 500mm

【后果】 基顶到地圈梁之间墙的承载力不满足。

【正解】 在一般的多层砌体结构房屋中，普遍利用构造柱和圈梁所形成的"弱框架"对砌体的约束作用，来提高砌体结构房屋的整体性，增加房屋在地震荷载作用下的变形性能，构造柱不承担上部竖向荷载。因此，规范规定构造柱可不单独设置基础，但应伸入室外地面以下 500mm，或者与埋深小于 500mm 的基础圈梁相连。

如果将构造柱加密，使得构造柱与圈梁形成一个共同的组合受力构件，即组合墙，设计上部结构时是按照组合墙来计算的。这时的构造柱是通过本身的承载力和对墙体在竖向荷载作用下侧向变形的约束来提高墙体的抗压承载力的。如果此时构造柱也像普通构造柱一样，只伸入圈梁，不伸入到基础，基顶到地圈梁间的墙体仅靠土体的约束来提高砌体强度是不够的，其抗压强度不能满足设计要求。因此，建议设计时，将构造柱伸入承台梁（如图 7-12）或者埋入条形基础（如图 7-13）。需要说明的是，由于混凝土的弹性模量较砌体大，构造柱承受的压应力较砌体大，构造柱处的基础应较砌体处的宽度要大。考虑构造柱加密后，间距很小，砌体内应力与构造柱相差不大，故为了施工简便起见，一般设计成条形基础。

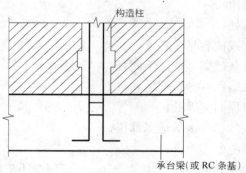

图 7-12　组合墙构造柱伸入承台梁或 RC 条基

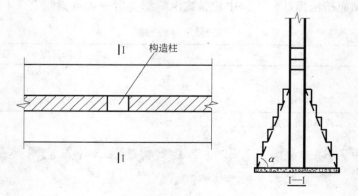

图 7-13　组合墙构造柱伸入砖基础

196

【后果】 大梁下墙体由于受到大梁传来的集中力作用，该段墙传到基础上的荷载比没有支承大梁时要大，因此其基础应该予以加强。

【正解】 大梁下墙体传给基础的荷载是因为结构的静力计算方案不同而不同，也因为构件的截面形式不同而不同的，应该具体情况具体分析，予以区别对待。

1. 多层刚性方案房屋

该类房屋常见于纵横混合承重的大开间房屋，如教学楼、试验楼等。

当大梁传来的荷载较小时，一般采用等厚度的砌体墙来承受大梁及上层传来的荷载作用；当大梁传来的荷载较大时，可以采用设壁柱或者用钢筋混凝土组合墙的方式来承受大梁及上部结构传来的荷载。不论是哪种方式，承受集中荷载的墙体基础的计算长度 l 取相邻大梁（壁柱）间距离。

由于刚性方案房屋的计算简图可以将底层墙看成上下铰支，因此墙体作用于基础顶面的荷载的合力作用在墙体计算截面的形心处，当墙体截面形心和基础截面形心重合或者接近时，基础的计算可以按照轴心受压基础验算地基承载力。

（1）等厚度砌体墙

基础可以设计成条形基础，其地基承载力可按下式计算

$$p_k \leqslant f_a \tag{7-1}$$

式中　　p_k——相应于荷载效应标准组合时，基础底面处的平均压力值；

f_a——修正后的地基承载力特征值。

（2）带壁柱墙

对带壁柱墙，其基础平面图可以按图7-14进行设计。其地基承载力仍可以按照轴心受压计算，即可以按式（7-1）计算。

（3）带与墙等厚的钢筋混凝土构造柱墙

对带与墙等厚的构造柱墙体，由于混凝土的弹性模量比砌体大，构造柱单位

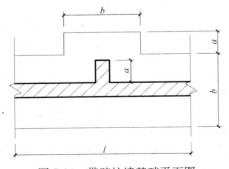

图 7-14　带壁柱墙基础平面图

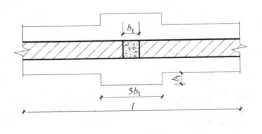

图 7-15　带构造柱墙基础平面图

面积承受的压应力也大于砌体，因此，在局部基础尺寸应该加大。一般可以设计成十字形基础，由于一般混凝土的弹性模量为砌体的 10 倍左右，故近似取构造柱处基础加大尺寸如图 7-15。

2. 单层弹性或刚弹性方案房屋

对于单层砌体结构房屋，一般属于弹性或者刚弹性方案房屋，这时上部结构的计算简图一般取为柱底截面为固支，墙传给基础的荷载不仅有轴向力还有弯矩，或者是偏心荷载。基础下地基承载力需要按偏心荷载作用下的计算方法进行计算。

承受集中荷载的墙体基础的计算长度 l 取相邻大梁（壁柱）间距离。

（1）等厚度砌体墙

对等厚度墙，可以设计成条形基础。一般按下式确定基底尺寸：

$$p_{kmax} \leqslant 1.2 f_a \tag{7-2}$$

$$p_{kmin} \geqslant 0 \tag{7-3}$$

式中　　p_{kmax}——相应于荷载效应标准组合时，基础底面边缘的最大压力值，按下式计算：

$$p_{kmax} = \frac{(F_k + G_k)}{A} + \frac{M_k}{W} \tag{7-4}$$

　　　　p_{kmin}——相应于荷载效应标准组合时，基础底面边缘的最小压力值，按下式计算：

$$p_{kmin} = (F_k + G_k)/A - M_k/W \tag{7-5}$$

　　　　F_k——相应于荷载效应标准组合时，上部结构传至基础顶面的竖向力值；

　　　　G_k——基础自重和基础上的土重；

　　　　A——基础底面面积；

　　　　M_k——相应于荷载效应标准组合时，作用于基础底面的力矩值；

　　　　W——基础底面的抵抗矩。

然后按轴心受压基础式（7-1）复核地基承载力要求。

（2）带壁柱墙

偏心受压带壁柱墙受力情况如图 7-16 所示，图中 y 为荷载作用点离墙体中心线的距离。

带壁柱墙基础尺寸的确定和地基承载力验算的步骤与不带壁柱的等厚度墙相似。不同的主要有两方面，一是基础计算单元的形心轴与墙的形心轴有偏离，实际工程中由于壁柱突出部分面积相对墙体来说很小，这个偏差不大，计算时为了简便起见，忽略不计，即认为基础上荷载偏心距 $e = y$；二是基础底面的抵抗矩计算方法不同，这里是按照 T 形截面进行计算的。

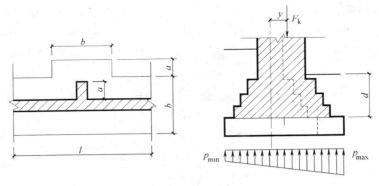

图 7-16　偏心受压带壁柱基础

（3）带与墙等厚的钢筋混凝土构造柱墙

可参照图 7-15 的基础形式，按照式（7-2）、（7-3）确定基底尺寸和验算地基承载力。

【禁忌 7.10】　不考虑纵横墙基础重叠面积

【后果】　开间较小、地基承载力较小时，若不考虑纵横墙基础重叠面积，计算得到的基底面积偏小，地基承载力可能不满足。

【正解】　砌体结构条形基础的宽度在设计中一般是根据房屋各墙段在基础顶面的竖向荷载和已知的地基承载力沿基础长度方向取 1m 长计算确定的，且刚性方案砌体结构条形基础是按地基反力均匀分布进行设计的，并且在设计中隐含了"基底总面积的形心与基顶总荷载合力的重心相重合"这一假定，所以不必考虑荷载偏心的影响，仅须考虑力的竖向平衡。因此，根据我国地基基础规范：

$$p_k = \frac{F_k + G_k}{A} = \frac{F_k + G_k}{1 \times b} \leqslant f_a \tag{7-6}$$

则有

$$b \geqslant \frac{F_k + G_k}{f_a} = \frac{F_k + \gamma(1 \times b)d}{f_a} \tag{7-7}$$

即：

$$b \geqslant \frac{F_k}{f_a - \gamma d} \tag{7-8}$$

这种常规设计方法简单方便。但由于基础纵横交叉处基底面积重叠，由上述方法确定的基础宽度构成的基底面积将小于所需的基底面积。当墙长较小或者地基承载力较低，基础宽度较大时，这个问题更加突出，对房屋而言是不安全的，应当对基底宽度进行合理的调整。《建筑地基基础设计规范》（GB 50007—2002）第 8.2.7 条明确规定：在墙下条形基础相交处，不应重复计入基础面积。

将纵横基础交叉处定义为结点。每个结点的范围为开间方向相邻墙体中心线间距离及进深方向相邻墙体中心线间的距离。假定条形基础的中心线与各墙体的中心线重合，并把结点分类为中结点、边结点和角结点，如图 7-17 所示。

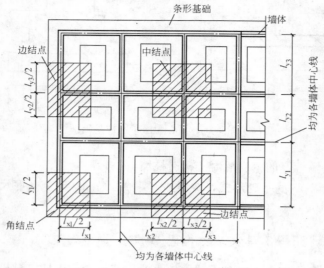

图 7-17　条形基础计算节点示意图

1. 角节点（L 形节点）

如图 7-18，阴影部分 A_1 为纵横墙条形基础重叠部分的面积，A_0 为条形基础计算时未计及部分的面积。

$$A_1 = (b_1 \times b_2)/4$$

$$A_0 = (b_1 \times b_2)/4$$

由于 $A_1 = A_0$，因此 L 形节点可不考虑纵横墙条形基础的重叠问题。

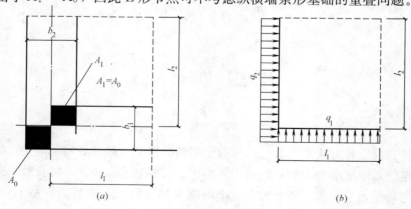

图 7-18　角节点

（a）重叠面积示意图；（b）基顶荷载

2. 边节点（T形节点）

如图 7-19，阴影部分 A_1、A_2 为纵横墙条形基础重叠部分的面积。

$$A_1 = (b_3 \times b_1)/4$$
$$A_2 = (b_3 \times b_2)/4$$

纵横墙条形基础重叠部分的总面积为

$$\Delta A = A_1 + A_2 = b_3 \times (b_1 + b_2)/4$$

当 $b_1 = b_2$ 时，则有 $A_1 + A_2 = b_3 \times b_1/2$

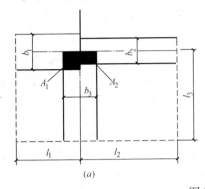 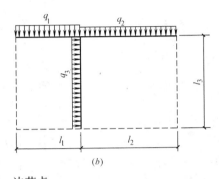

图 7-19　边节点

(a) 重叠面积示意图；(b) 基顶荷载

3. 中节点（十字形节点）

如图 7-20，阴影部分 A_1、A_2、A_3、A_4 为纵横墙条形基础重叠部分的面积。

$$A_1 = (b_1 \times b_4)/4$$
$$A_2 = (b_2 \times b_4)/4$$
$$A_3 = (b_1 \times b_3)/4$$
$$A_4 = (b_2 \times b_3)/4$$

纵横墙条形基础重叠部分的总面积为

$$\Delta A = A_1 + A_2 + A_3 + A_4 = (b_3 + b_4) \times (b_1 + b_2)/4$$

当 $b_3 = b_4$、$b_1 = b_2$ 时，则有

$$A_1 + A_2 + A_3 + A_4 = b_1 \times b_4$$

4. 基底宽度调整

一般来说，砌体结构条形基础是按地基反力均匀分布进行设计的，并且在设计中隐含了"基底总面积的形心与基顶总荷载合力的重心相重合"这一假定，所以不必考虑荷载偏心的影响，仅须考虑力的竖向平衡。于是，可根据竖向静力平衡原理按结点各墙段的竖向荷载的合力与结点荷载总合力的比值将 ΔA 分配到各个墙段相应的基底面积中去。

现以中节点为例，推导基底宽度的增加值。

201

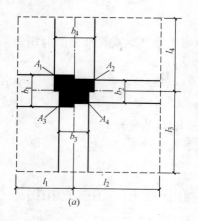
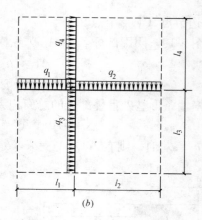

图 7-20 中节点

(a) 重叠面积示意图；(b) 基顶荷载

中节点荷载总合力为：

$$P = q_1 l_1 + q_2 l_2 + q_3 l_3 + q_4 l_4$$

则中结点各墙段应补足的基底面积为：

$$\Delta A_1 = \frac{q_1 l_1}{P} \Delta A$$

$$\Delta A_2 = \frac{q_2 l_2}{P} \Delta A$$

$$\Delta A_3 = \frac{q_3 l_3}{P} \Delta A$$

$$\Delta A_4 = \frac{q_4 l_4}{P} \Delta A$$

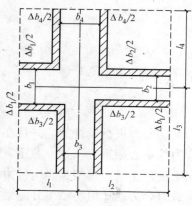

图 7-21 中节点各墙段基
底宽度增加示意图

上述应补足的面积可以转化为各墙段原有基底宽度增加 Δb_1、Δb_2、Δb_3、Δb_4，如图 7-21 所示。精确计算很麻烦，且这些值并不大，也无必要，为计算方便，可简化求得：

$$\frac{1}{2} \Delta b_1 \left[\left(l_1 - \frac{b_3}{2} \right) + \left(l_1 - \frac{b_4}{2} \right) \right] = \Delta A_1$$

从而

$$\Delta b_1 = \frac{\Delta A_1}{l_1 - \frac{1}{4}(b_3 + b_4)}$$

若 $b_3 = b_4$，或者为了偏安全起见取 b_3、b_4 中较大者进行计算，则上式变为：

$$\Delta b_1 = \frac{\Delta A_1}{l_1 - 0.5 b_4}$$

同理，$\Delta b_2 = \dfrac{\Delta A_2}{l_2 - 0.5 b_4}$，$\Delta b_3 = \dfrac{\Delta A_3}{l_3 - 0.5 b_1}$，$\Delta b_4 = \dfrac{\Delta A_4}{l_4 - 0.5 b_1}$。

对于边节点的情形，同样地，中节点荷载总合力为：

$$P = q_1 l_1 + q_2 l_2 + q_3 l_3$$

则边结点各墙段应补足的基底面积为：

$$\Delta A_1 = \frac{q_1 l_1}{P} \Delta A$$

$$\Delta A_2 = \frac{q_2 l_2}{P} \Delta A$$

$$\Delta A_3 = \frac{q_3 l_3}{P} \Delta A$$

基底宽度增加值为：$\Delta b_1 = \dfrac{\Delta A_1}{l_1 - 0.5 b_3}$，$\Delta b_2 = \dfrac{\Delta A_2}{l_2 - 0.5 b_3}$，$\Delta b_3 = \dfrac{\Delta A_3}{l_3 - 0.5 b_1}$。

按上述方法计算后的基底宽度，通常会出现相邻结点之间同一墙段的基底宽度不相等的情况，因而有必要对计算结果做进一步的调整。调整的方法建议如下：①位于中结点、边结点之间的墙体，当两相邻结点之间的同一墙段为承重墙、与之垂直方向的相邻墙体为非承重墙（或虽为承重墙、但单位长度所承担的荷载较小）时，该墙段的基础宽度取两相邻结点计算所得基础合理宽度的较小值，此时，基础宽度调小墙体所在的结点应按结点处各墙段承受的竖向荷载之和不变的原则，将该承重墙调减的竖向荷载分配至与其垂直方向的相邻墙段上去。反之非承重墙则应视相邻承重墙的情况酌情调增，即采用承重墙基础宽度取小、非承重墙基础宽度调增的原则以加强基础的整体刚度。②位于角结点的墙段，取相邻边结点墙的基础宽度。③整个房屋结构是以横墙承重为主时，先调整横墙的基础宽度，反之整个房屋结构是以纵墙承重为主时，则先调整纵墙的基础宽度，调整次序采用先承重墙基础、后非承重墙基础。

在实际的结构设计中，为使条基宽度的调整更加简便，当有足够的设计计算经验后，可以求得"调整系数"。调整系数一般可取 1.1～1.3，对于重叠部分较多的内墙，其调整系数可适当放大。

对于软弱地基上基础相交较密集时，还须验算墙体下条形基础的局部倾斜值，其值应小于或等于《建筑地基基础设计规范》（GB 50007—2002）规定的容许变形值，如果不满足规范要求可再次调整局部基宽。在设计上部结构时，还应该适当增加圈梁和构造柱的布置，以提高上部结构的整体刚度。

【禁忌 7.11】 横向承重房屋挑阳台下外纵墙基础按照自承重墙设计条形基础宽度

【后果】 横墙上挑梁传来的荷载会传到纵墙上，这时纵墙不再是自承重墙，若按自承重墙设计其条形基础，基底宽度可能会偏小，不满足地基承载力要求。

【正解】 带有悬挑梁的多层砖混结构在一般民用建筑中应用广泛，如外凸梁板式阳台的住宅楼、带有悬挑外走廊的办公楼等。对于悬挑梁下纵墙基础宽度的计算，应当引起足够的重视。

砌体结构规范中，挑梁对墙体的作用如图 7-22 所示，对于常见的柔性挑梁（$l_1 \geqslant 2.2h_b$），挑梁对梁下的作用合力距离墙边缘距离为：

$$x_0 = 0.3h_b \tag{7-9}$$

由挑梁的抗倾覆时力的平衡条件，合力大小为：

$$R = 2q_2l + 2F \tag{7-10}$$

上式中的均布荷载和集中荷载均为荷载标准值。

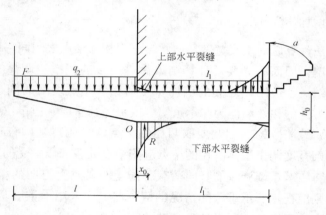

图 7-22 挑梁对墙体的作用

这个合力 R 往往距离纵横墙交接处很近，会有相当一部分挑梁传下的荷载要通过纵墙传给基础。因此，在确定砌体结构基础宽度时，不能忽视挑梁荷载对基础的作用。

对于刚性方案砌体结构房屋，墙体的计算简图可以看成是两端铰支的受压柱，柱的上端承受上部结构传来的偏心压力，而下端仅承受上部结构传来的轴向压力，即上部结构传到基础的力仅为轴向力，挑梁传来的轴向力 R 由挑梁下纵墙和横墙组成的 T 形条形基础来共同承担（如图 7-23）。

如果横墙基础宽度 B_1 与纵墙基础宽度 B_2 相等，且横墙的间距 L_2 与纵墙的间距 L_1 相等的话，那么，纵墙分担挑梁作用力的 2/3，而横墙分担 1/3。实际工

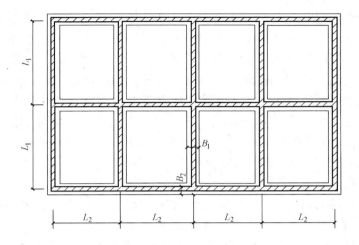

图 7-23　挑梁下条形基础

程中，纵横墙的基础宽度和间距都是有差距的，但是为了计算简单，通常在进行基础设计时，计算出悬挑梁上的重力荷载，扩大 2 倍后按一定的比例分配到纵、横墙上，取为 2:1，再加上纵、横墙原有荷载，进行基础宽度计算。

上述方法为简单的近似计算方法。有的设计人员通过分析，得到了较为精确的计算方法，但是计算较麻烦。

【禁忌 7.12】　当地圈梁设在室外地坪以上时，构造柱伸入圈梁即可

【后果】　圈梁与地面以上之间墙体无约束。

【正解】　《建筑抗震设计规范》（GB 50011—2001）中对构造柱下部在基础中的锚固问题是这样说明的：构造柱可以不单独设置基础，但应伸入室外地面以下 500mm，或锚入浅于 500mm 的基础圈梁内。设计人员在施工图中对构造柱在基础内的锚固一般都不绘详图或加详细说明，仅注明参照规范或某标准图集施工，而施工人员一般都习惯于将构造柱纵筋锚入基础圈梁。在实际工程中，基础圈梁的标高各不相同，一般无特殊要求，基础圈梁都兼作防潮层，设置在室内地面 ±0.000 附近，较室外地面有 300～600mm，甚至更高的高差。基础圈梁截面高度一般为 180～300mm。这样在室外地面以上，±0.000 以下一段高度的墙体范围内没有构造柱的约束。

许多震害资料表明，一般的多层砖房 ±0.000 以下的墙体及基础较少因地震作用而发生破坏，这是因为 ±0.000 地面以下墙体内多回填并夯实，受地震水平荷载作用时，回填土能与周围墙体共同作用，承受水平剪力；另外，这一部分墙体较少开洞，墙截面削弱少，故震害轻。考虑到构造柱是墙体的一部分，两者良好的整体结合，故构造柱一般不单独设置基础，只需伸到室外地面以下 500mm，或锚入基础圈梁中。但是，从唐山地震震害资料中可以看出：对于一些室内外高差较大的房屋，其±0.000以下，室外地面以上这部分墙体都有不同程度的开裂破坏，尤其以设有半地下室的房屋，房屋四角及洞口处墙体都有严重开裂情况。近年来，许多砖混房屋为了隔潮在一层地面做架空层或设半地下室，在外墙上设许多通风洞或设备洞门，若不设构造柱，将使这部分墙体在地震荷载作用下成为薄弱部位。

另外，在一些软弱地基上的砌体结构，因地基易产生不均匀沉降，会引起上部结构的开裂。在这种情况下，仅将构造柱锚入基础圈梁中，对整个结构的抗震安全和抗沉降变形能力不利，而应加强构造柱在基础中的锚固。参照各地经验，具体做法如下：

（1）在无特殊要求及无不良地质情况下，构造柱应伸到室外地面以下500mm或者或锚入室外地面以下的浅于500mm的基础圈梁内。

（2）9度设防区，无论什么情况均应伸至室外地面以下500mm，或锚入室外地面以下500mm以上的基础圈梁中。

（3）当构造柱根部附近的墙体有开洞时，构造柱埋深应大于洞口底深。

（4）当遇软弱地基土情况时，构造柱应向下延伸至基础，有地基圈梁时应锚入地基圈梁中。

（5）当一层地面设架空层或半地下室，构造柱应延伸至地下室地面以下，或可延伸至基础内。

（6）构造柱纵筋在基础梁中的锚固长度应$\geq l_d$。

【禁忌7.13】　地质条件复杂的地区，刚性基础不按规定设置台阶

【后果】　在地质条件较复杂的地基上，有时山坡较陡，有的设计人员为了节省土方开挖和节约基础工程量，将放坡的台阶设计得过大。台阶高度太大，不能将基础上荷载有效传递到地基上。

【正解】　在地质条件较复杂的地基上局部采用阶梯式基础时，随着基础深度的加大，基础下土的类型、持力层厚度和离下卧层的距离都在改变，基础以上土的加权平均重度γ_0、地基土承载力设计值f也随着基础埋深改变，所以基础的宽度会因不同的情况发生变化（变大或变小）。在钻探时对于局部的山坡、暗沟、暗塘往往难于准确估计其土层分布及位置，直到开挖基槽时才发现。如果设计人员仅在原有图纸的基础上作出采用阶梯式基础处理局部异常情况的变更，基础材料、形式、基宽均同原有基础而不变，这就忽略了局部阶梯式基础基宽的验算，当土层变化较大时，基础宽度也会有较大幅度的变化，因而基宽有可能不足或太宽，导致与其他部位基础沉降不一而引起上部墙体发生正八字形或倒八字形裂缝。

当条形基础底面标高不同时，基础底面应做成阶梯形（图7-24）。

206

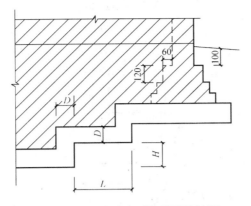

图 7-24　基础底面阶梯形放坡图

在坚实基土中 $H/L \leqslant 1$，$H \leqslant 1000$mm；

在非坚实基土中 $H/L \leqslant 1/2$，$H \leqslant 500$mm。

【禁忌7.14】　建筑物与河沟边坡距离太近，基础不做处理

【后果】　建筑物与河沟边坡距离太近，如果基础设计考虑不周，往往会出现局部基础下沉、位移、墙体外倾或裂缝等情况。当横墙或纵墙平行于河沟，墙体会发生外倾并在窗间墙上发生水平裂缝。当房屋某一角靠近河沟时，会发生沿横墙和纵墙向下延伸的包角斜裂缝。

如果基础沉降或位移较大，则会发生墙体倒塌的事故。

【正解】　在靠近河沟坡顶处建造建筑物，使得原有边坡上增加了新的荷载，改变了原来的平衡状态。如果设计中对建筑物基础的埋深或离开坡顶的距离没有进行具体的分析和计算，仅简单地把墙体离开坡顶距离定为2～3m，则新增加的建筑物荷载可能导致原有边坡滑动，使得基础下沉或移位，上部墙体发生倾斜、裂缝，甚至倒塌。另外，靠近河沟边坡处往往存在软弱土层（淤泥或淤泥质土），土层分布也较其他地方复杂，因局部地基没有处理好易引起局部基础下沉。

当建筑物靠近河沟建造时，首先应详细了解河沟边坡的土质分布及坡角、坡高大小等情况。应当避免在无详细勘测资料的情况下，靠估计确定基础离开坡顶的距离。在掌握资料后，为防止墙体倾斜、裂缝，基础设计可采取以下措施：

（1）建筑物基础离开坡顶应有一定的安全距离。当河沟边坡为稳定边坡，垂直于坡顶边缘线的条形基础宽度小于或等于3m时，条形基础底面外边缘至坡顶的水平距离（如图7-25）可按下式确定，但不得小于2.5m。

$$a \geqslant 3.5b - \frac{d}{\tan\beta} \tag{7-11}$$

式中　a——基础底面外边缘线至坡顶的距离；

b——垂直于坡顶边缘线的基础底面边长；

d——基础埋置深度；

β——边坡坡角。

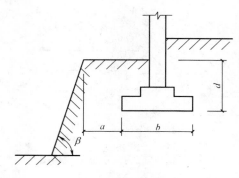

图 7-25　基础底面外边缘线至坡顶的水平距离示意

当计算后不满足上式要求或坡角 $\beta>45°$、坡高 $R>8\mathrm{m}$ 时，可根据基底平均压力按下式验算边坡稳定性，并确定基础距边坡顶边缘的距离和基础埋深。

$$\frac{M_R}{M_S}\geq1.2 \tag{7-12}$$

式中　M_S——滑动力矩；

　　　M_R——抗滑力矩。

当不满足边坡稳定性要求时，可采用设挡土墙或打混凝土围护桩等方法，以确保土坡的稳定性。

（2）局部基础深埋：如建筑物基础离开坡顶的距离不满足要求，当地基土层分布较简单时，也可将靠近边坡的墙体基础局部深埋，以台阶式与其他基础相连。

局部基础深埋可有效地减小基底外边缘至坡顶的距离，若基底土承载力没有变化时，基础埋深增加 1m，基底外边缘至坡顶距离就可减小 1m 左右。若基底土越往下越好，运用此方法效果更显著。局部基础的具体埋置深度可根据土质和地下水位以及离开坡顶距离等情况综合考虑。由于基础埋得较深，为了防止地下水对施工的影响，可选在枯水季节施工。

局部基础深埋法一般适用于房屋横墙（建筑物短边）与河沟边坡平行时，也即不太适合于建筑物长边与河沟边坡平行的情况。因建筑物长边如纵墙与之相连的横墙太多，采用此法施工较麻烦。

（3）其他措施：当建筑物建好后，为了防止地面水渗入土坡中降低土的抗剪强度和渗流时带走泥土，还应采取以下措施：

① 屋面采取有组织排水，雨水从水管直接进入下水道。

② 地面设雨水沟，将雨水引入下水道，下水道应畅通，容积要足够。

③ 靠近边坡处，建筑物散水可适当加宽。

④ 建筑物处边坡做块石或混凝土护坡，并设排水孔。

【禁忌7.15】 房屋底层较大洞口处基础不做处理

【后果】 设计中如将较大洞口处基础仍同有墙处基础一样，将上部荷载当作均布荷载作用在基础上而做成墙下条基，此时较大洞口两边的纵墙窗上下口墙体中会出现正八字形裂缝（如图7-26）。当洞口两边荷载不同且相差较多时，还会在洞边上部墙体中发生斜裂缝。

【正解】 对于多层砌体房屋较大洞口往往有两种情况：一是建筑物的纵墙在

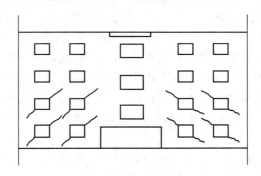

图7-26 纵墙上八字裂缝

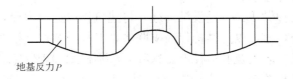

地基反力 P

图7-27 基底反力分布示意

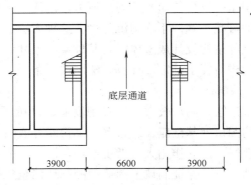

底层通道

3900　　6600　　3900

图7-28 某综合楼底层通道

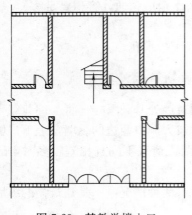

图 7-29　某教学楼入口

某处全部断开，将房屋分成两部分，如底层设有通道的房屋（图 7-28）；二是仅在一片墙或几片墙上设有较大的洞口，如门厅或楼梯间的出入口处（图 7-29）。

较大洞口处由于无墙体，上部荷载不直接作用在基础上，而是通过洞边柱、墙体将洞口上部荷载传至纵横墙基础上，靠近洞边荷载最大，所以基底反力 P 在洞边也最大。然后向两边递减呈曲线分布（见图 7-27），当洞口尺寸较大时，洞口下基底反力 P 可渐趋于零。洞口尺寸越大，上部层数越多，洞边地基反力越集中，如果忽略了此处地基反力分布情况，仍然按均匀荷载状况做成等宽的墙下条基，从而形成了洞口跨靠近中部的基础不能发挥全部作用，而靠近洞边的基础面积又不足的现象。因此，洞边基础沉降大于其他地方，当沉降差在墙体中引起的应力大于墙体的抗拉强度时，墙体即产生了裂缝。这些裂缝几乎都发生在纵墙上，这是由于纵墙上门窗洞较多，刚度较差的缘故。

当首层开大洞的洞口宽度大于洞底至基底高度时，需要采取相应的结构措施来减缓基底的应力分布不均匀，从而减少地基的不均匀沉降而导致裂缝产生。

（1）底层为通道

基础可有两种做法：一是设沉降缝，将建筑物以通道为界，将基础分为两个互相独立的部分，通道以上结构以简支联系，上部荷载按结构实际布置形式将荷载传至两边的纵横墙上及洞边柱上。这种方法不仅适用于房屋较长、通道两边层数不一样或荷载相差较大、需设沉降缝时，而且也适用于通道两边荷载相差不大、房屋刚度较均匀不需设沉降缝的情况。二是在通道及紧邻通道两边跨的基础中设基础反梁，利用基础反梁传递基底附加压力，以使土中附加应力在基础的各断面上趋于均匀，即可减小基础不均匀沉降量。这种方法适用于上部荷载和房屋刚度较均匀，通道上部结构设计成整体时。基础梁的尺寸和配筋应根据通道上部荷载及洞口的大小和构造要求确定，计算方法同柱下条基。

（2）较大出入口的洞口处

由于此处墙体不连续，洞口较大，房屋刚度弱，抵抗不均匀沉降的能力差，所以在较大出入口的洞口处基础应连续布置，不得断开或缺省，以保证基础的整体性，而基础整体性好，协同作用大，抵抗不均匀沉降的能力就大。洞口处基础中也同样必须设基础反梁，保证洞口上部荷载顺利地传至条基各个部位。

也可以采用局部基础降低的措施来增加洞边集中应力的扩散范围，从而减少应力不均状况。地面以下墙体如被管沟削弱较多，还应考虑抗震的不利影响，地下墙体宜加厚。

【禁忌 7.16】 挡土外墙采用不合理的计算简图计算

【后果】 挡土外墙的受力特点与挡土墙有相同之处，也有不同的地方，设计时如果不具体情况具体分析，除了计算麻烦以外，还造成结构不安全。

【正解】 对于坡度较大场地内的砖混结构房屋，经常碰到一侧挡土，一侧敞开的情况（如图 7-30），这样可以节约用地，降低工程造价，在丘陵地区和山区城市较为常用。

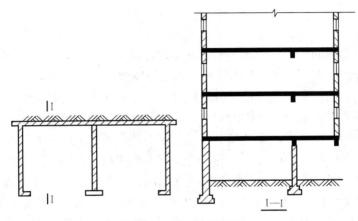

图 7-30 挡土外墙房屋

设计这类挡土墙时，主要要注意的几个方面：

1. 由于挡土墙的厚度较大，一般不需要对墙体进行高厚比验算。

2. 由于所有纵墙或者横墙均对挡土墙有支承作用，不需要进行抗倾覆稳定性验算；由于整栋房屋的基础和挡土墙基础相连，挡土墙的抗滑移也是可以保证的。

3. 挡土外墙的计算简图及计算方法：

挡土外墙支承在楼面、基础及垂直于挡土外墙的连续板（如图 7-31），板的上面由楼板支承，下面由基础或地下室地面支承，还受到垂直于挡土外墙的竖向支承。当 $S/H \geqslant 2$ 时，为单向板，该板可以看成是支承在基础和楼板上的单向板；当 $0.5 \leqslant S/H < 2$ 时，为双向连续板，板在上部结构传来竖向荷载和水平土压力的作用下可能产生弯曲破坏和剪切破坏，由于竖向荷载较大，它对砌体的抗剪强度有较大的提高作用，故剪切破坏一般不会发生，偏安全地，也可以近似地将板看成是支承在楼板和基础之间的单向板，由此求出计算截面的弯矩和轴力，以保证其截面的抗弯（正截面）承载力要求；当 $S/H < 0.5$ 时，该连续板为支承

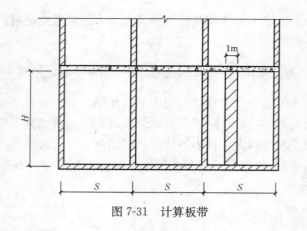

图 7-31　计算板带

在垂直于该墙板的墙上，但是实际工程中这种情况几乎是没有的。因此，对所有这类挡土外墙，取 1m 支承在楼板和基础上的宽板带，在上部荷载和水平土压力共同作用下，按偏心受压构件进行承载力计算，这种方法是偏于安全的。

挡土外墙根据基础对墙体的约束情况主要有以下两种计算简图：

（1）当挡土外墙基础宽度较小时，与地上楼层间的墙体计算一样，挡土外墙也按竖向简支构件计算内力。墙的上端支座可取在挡土外墙顶板底面处，当混凝土地面具有一定厚度或墙体基础为整体现浇的钢筋混凝土底板时，墙的下端支座可取在混凝土地面或钢筋混凝土底板的顶面（图 7-32b）；当混凝土地面尚未施工，或虽已施工但混凝土未达到足够的强度时即在外墙外侧回填土，则墙的下端支座应取在钢筋混凝土底板顶面或基础底面（图 7-32c）。工程实践中，地下室外

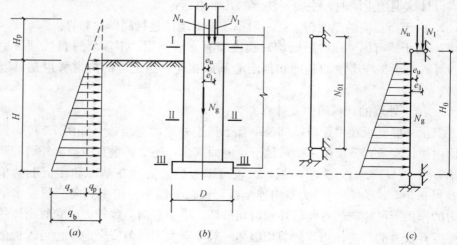

图 7-32　计算简图

(a) 外墙的侧压力；(b) 计算简图；(c) 计算简图

212

墙常采用后一种计算简图。

（2）当挡土外墙墙体基础的宽度与墙厚的比值 D/h 较大、基础刚度也较大时，墙体下部支座可按部分嵌固端考虑。此时墙体的计算简图为上端为铰支座、下端为弹性固定支座的单跨竖向梁，下端支座位置可取在基础底面水平处。计算时要考虑地基承载力和地基变形性能的不同。但按这种计算简图计算的结果表明，除非 D/h 值很大，其控制内力组合值往往小于上述按两端简支竖向杆件的计算值，且计算复杂。所以，一般情况下可不考虑基础对墙体的嵌固作用。

4. 为了确保对挡土外墙的支承，垂直于挡土外墙的墙体厚度、开洞应符合砌体规范要求，墙体间距应满足刚性方案房屋墙体间距要求，且纵横墙及纵横墙基础应有可靠的连接。

【禁忌 7.17】 重力式毛石挡土墙的截面尺寸计算方法不正确

【后果】 在进行重力式挡土墙设计时，有的设计人员由于抓不住该类型挡土墙的设计要点，导致需经过多次试算才能得到正确的挡土墙尺寸。

【正解】 一般重力式挡土墙的设计需考虑以下五方面问题：

（1）抗滑移稳定性；

（2）抗倾覆稳定性；

（3）墙身的强度；

（4）地基的承载力；

（5）地基的整体稳定性。

其中墙身的强度一般都能满足要求，不必计算，如有必要，仅验算墙身和基础结合处的强度即可。地基承载力不足时，可将挡土墙前趾改为钢筋混凝土底板，向前伸出使基宽 B 满足地基承载力要求。当地基为抗剪强度较低的软土或基底下有软弱夹层时，除验算基底和下卧层的应力外，还需做地基稳定性验算。一般挡土墙设计的必要内容是抗滑移稳定性和抗倾覆稳定性验算，这两种验算都是以挡土墙所受的土压力的计算为基础的。

抗滑移和抗倾覆稳定性验算是在进行重力式挡土墙设计时的两个主要问题。孤立地处理两者之中的任何一个，对于设计人员来说，不是难事，但要在进行抗滑移稳定性验算过程中同时考虑满足抗倾覆稳定性要求，以及如何确保重力式挡土墙在同时满足两者要求的前提条件下，使挡土墙的截面尺寸更合理，却颇为费事。设计人员通常采用反复试算的方法来确定截面尺寸。

重力式挡土墙的设计，一般是先根据墙后填土性质、工程地质情况和砌筑材料等条件凭经验拟定挡土墙截面尺寸，首先作抗滑移稳定验算，如不能满足要求，则改变截面尺寸重新验算，待满足抗滑移要求后再作其他各种验算，即通常是抗滑移稳定性决定了挡土墙的截面尺寸。因此，不妨以抗滑移稳定为先决条件，经计算决定截面尺寸，既避免了反复调整尺寸，又避免了因尺寸过大而造成的经济上和空间上浪费。

一般重力式挡土墙，为了增大其抗滑稳定性，并尽可能减少砌体的截面积，可将基底设计成与土压力方向相反的斜坡，但其倾斜度不宜过大，以免基底和墙趾前的土体发生剪切破坏。通常，如为土质地基，可视其软硬程度，选用基底倾斜度 $i=0.1\sim0.2$，岩石地基时 $i<0.3$。地基软弱时，基底摩擦系数 μ 较小，挡土墙体积庞大，可于基底夯垫一层 150mm 厚、μ 值较大的砾砂或级配碎石，μ 值即可按新垫材料计算，可大大减小挡土墙体积。

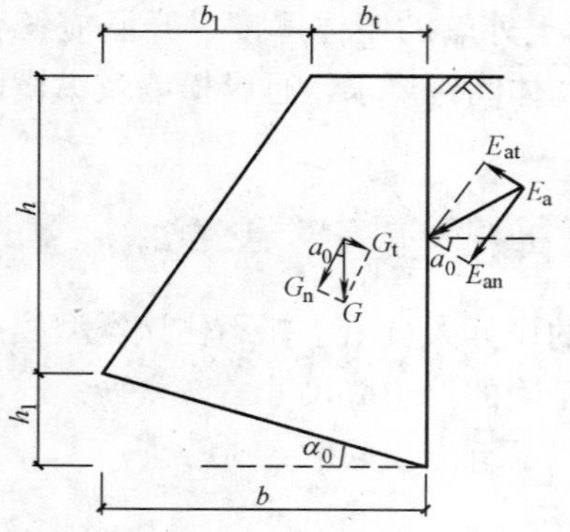

下面以直背式挡土墙为例说明以抗滑移稳定和抗倾覆稳定性为条件，计算决定截面尺寸。

图 7-33 直背式挡土墙示意图

如图 7-33 所示，直背式挡土墙，墙背土坡坡度为 β，土对墙背的摩擦角为 δ。

1. 库伦主动土压力

首先根据地质勘察结果求出库伦主动土压力 E_a。

2. 抗滑稳定性

库伦主动土压力与墙背的法平面成 δ 角，即与水平面成 δ 角，因而，平行于基底面的切向分力 E_{at} 和垂直于基地面的法向分力 E_{an} 为：

$$E_{at}=E_a\cos(\alpha_0+\delta)$$
$$E_{an}=E_a\sin(\alpha_0+\delta)$$

挡土墙的截面面积为

$$A=0.5b_1h+0.5bh_1+b_th=0.5(b-b_t)h+$$
$$0.5bb\tan\alpha_0+b_th=0.5(b+b_t)h+0.5b^2\tan\alpha_0$$

若挡土墙的重度为 γ，则挡土墙重量为

$$G=\gamma A=\gamma[0.5(b+b_t)h+0.5b^2\tan\alpha_0]$$

挡土墙总重 G 在平行于基底面的切向分力 G_t 和在垂直于基地面的法向分力 G_n 为：

$$G_t=G\sin\alpha_0$$
$$G_n=G\cos\alpha_0$$

若基底摩擦系数为 μ，则根据《建筑地基基础设计规范》（GB 50007—2002），挡土墙应满足下式才能保证抗滑安全：

$$\frac{\mu(G_n+E_{an})}{E_{at}-G_t}=\frac{\mu[G\cos\alpha_0+E_a\sin(\alpha_0+\delta)]}{E_a\cos(\alpha_0+\delta)-G\sin\alpha_0}\geqslant1.3 \qquad (7\text{-}13)$$

3. 抗倾覆稳定性（图 7-34）

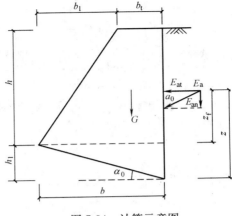

图 7-34　计算示意图

挡土墙重力荷载和库伦主动土压力 E_a 竖向分力共同产生的抗倾覆弯矩：

$$M_{OV} = \frac{1}{2}h_1 b\gamma \frac{2}{3}b + \frac{1}{2}b_1 h\gamma \frac{2}{3}b_1 + b_t h\gamma\left(b - \frac{1}{2}b_t\right) + E_{ax}b$$

$$= \frac{1}{3}\gamma b^3 \tan\alpha_0 + \frac{1}{3}\gamma b^2 h + \frac{1}{3}\gamma bb_t h - \frac{1}{6}\gamma b_t^2 h + E_a \sin\delta \cdot b$$

若挡土墙背无集中荷载等，且无地下水，则挡土墙后的压力沿高度呈三角形分布，其合力距离地面高度为总高度的 2/3。这时，挡土墙的倾覆力矩为：

$$M_R = E_{at} z_f = E_a \cos\delta(z - h_1) = E_a\left(\frac{h}{3} - \frac{2}{3}h_1\right)\cos\delta = \frac{1}{3}E_a(h - 2b\tan\alpha_0)\cos\delta$$

为了保证挡土墙的抗倾覆稳定性，规范规定：

$$\frac{M_{OV}}{M_R} = \frac{\frac{1}{3}\gamma b^3 \tan\alpha_0 + \frac{1}{3}\gamma b^2 h + \frac{1}{3}\gamma bb_t h - \frac{1}{6}\gamma b_t^2 h + E_a b\sin\delta}{\frac{1}{3}E_a(h - 2b\tan\alpha)\cos\delta} \geqslant 1.6 \quad (7\text{-}14)$$

由式（7-13）、（7-14）可见，设计挡土墙时，其稳定性主要取决于截面尺寸和形状，只要选定了截面形状和墙底的坡角 α_0，便可以由以上两个方程式求出两个变量：墙顶宽度 b_t 和墙底宽度 b。

若 $\alpha_0 = 0$，$\delta = 0$，则式（7-13）、式（7-14）可以简化为：

$$\frac{\mu G}{E_a} = \frac{\mu\gamma(b + b_t)h}{2E_a} \geqslant 1.3 \quad \text{或} \quad (b + b_t) \geqslant \frac{2.6E_a}{\mu\gamma h} \quad (7\text{-}15)$$

$$\frac{\gamma b^2 + \gamma bb_t - 0.5\gamma b_t^2}{E_a} \geqslant 1.6 \text{或} b^2 + bb_t - 0.5b_t^2 \geqslant \frac{1.6E_a}{\gamma} \quad (7\text{-}16)$$

为节省材料，希望在满足各项稳定性要求的前提下，选取最小面积的截面尺寸，因此由式（7-15），取

$$(b+b_t) = \frac{2.6E_a}{\mu\gamma h} \tag{7-17}$$

将式（7-17）代入式（7-16）中，便可以求得挡土墙的上下截面宽度。

如某墙高为 $h=4m$ 的毛石挡土墙，其重度 $\gamma=22kN/m^3$，墙后填土为无水砂性土，填土表面水平，即 $\beta=0$，库伦土压力为 $E_a=52.0kN/m$，与墙背摩擦角 $\delta=0$，基础底面与地基摩擦系数 $\mu=0.55$。

由式（7-17）可得

$$b_t = \frac{2.6E_a}{\mu\gamma h} - b = \frac{2.6\times52}{0.55\times22\times4} - b = 2.79 - b$$

代入式（7-16）得

$$b^2 + b(2.79-b) - 0.5(2.79-b)^2 \geqslant \frac{1.6E_a}{\gamma} = \frac{1.6\times52}{22} = 3.78$$

由上式可以求得 $b=1.61m$，$b_t=1.18m$。

挡土墙的尺寸确定后，还应该按规范进行其他方面的验算。当地基承载力不够时，可以设置墙趾或者钢筋混凝土底板来增大地基的受压面积。

参 考 文 献

[1] 中华人民共和国国家标准.《建筑地基基础设计规范》（GB 50007—2002）. 北京：中国建筑工业出版社，2002

[2] 杨太文. 六层砖砌体住宅楼基础型式的合理选择. 四川建筑科学研究，1995 年第 1 期

[3] 赵毅强. 砌体结构条形基础宽度的合理确定 [J]. 建筑结构，2000（3）：17～20

[4] 张守峰. 多层住宅的条形基础设计. 住宅科技，2003 年第 8 期

[5] 舒丽雅. 砌体结构条形基础宽度的实用计算方法. 长沙铁道学院学报，2002 年 9 月第 20 卷第 3 期

[6] 李玉，卫国祥. 悬挑梁下纵墙基础宽度的计算. 建筑技术开发，2004 年 8 月第 31 卷第 8 期

[7] 徐爱华. 多层砌体房屋由于局部基础设计不当引起墙体裂缝的分析及防治措施. 工业建筑，2002 年第 11 期

[8] 崔俐，王长存. 多层住宅砖混结构设计的几点建议. 煤炭工程，2002 年第 8 期

第八章　非结构砌体构件

建筑非结构构件指建筑中除承重骨架体系以外的固定构件和部件。非结构砌体构件主要指非承重墙体，包括框架结构中的砌体填充墙、砌体结构中的后砌隔墙、单层钢筋混凝土柱厂房的砌体围护墙和隔墙、高低跨的封墙、单层钢结构房屋的砌体围护墙、女儿墙、阳台栏板等。

我国《砌体结构设计规范》对这类构件未提出过多的要求，只要求墙体满足高厚比要求和一定的构造要求就可以了。由于非结构构件在历次地震中的破坏比较严重，且影响主体结构的破坏形态，所以在我国《建筑抗震设计规范》中对非结构构件的要求比较详细，对非结构构件的设计计算、与主体结构的连接方式和其他构造要求都有较明确的要求。

这类构件由于不承担结构荷载，往往容易被设计人员所忽视，带来设计错误。

【禁忌8.1】　对非结构构件的布置表示在建筑图上，在结构图上不予表示

【后果】　结构工程师对非结构砌体构件的布置和设计计算的忽略，留下不安全隐患。

【正解】　设计时，一般由建筑图上标注构造柱、圈梁、女儿墙压顶梁及其他非结构构件与主体结构连接件的位置，在结构图的设计总说明里明确圈梁、构造柱等的截面、混凝土强度等级、配筋及墙体与主体结构的连接要求，结构设计计算时，应分析非结构构件对主体结构产生作用（包括静力和地震作用）大小、作用方式（计算简图、结构刚度）、结构承载力等。

非结构砌体构件设计应注意以下几个方面：

1. 结构布置

混凝土结构和钢结构的非承重墙体优先采用轻质墙体材料。

填充墙在结构平面上布置应该均匀、对称，尽量减少地震时由之产生的扭转的不利影响。

填充墙在结构竖向上布置应均匀，不设计不到顶的填充墙，避免形成薄弱层和短柱。

边缘构件尺寸控制。

2. 结构设计

应进行墙体高厚比验算，以保证结构的稳定性和耐久性。

墙体与主体结构的连接，尽量采取柔性连接。

承载力验算。当主体结构与墙体刚性连接时，需计入其刚度对结构体系的影响，主体结构的自振周期需修正，一般不考虑墙体的承载力作用，但有专门的构造措施时，可按有关规定计入其抗震承载力；当主体结构与墙体柔性连接，可不计入其刚度对结构体系的影响，主体结构的自振周期不需修正，也不考虑墙体的承载力作用；填充墙自身的抗震承载力计算，在规范中未做要求。

非结构构件的构造柱、圈梁的布置、截面设计和配筋。

3. 建筑设计

不属于结构专业的工作范围，但必须配合设计。

墙体与门窗的连接；

墙体的保温隔热要求；

墙体的隔声要求；

墙体的防渗、防漏措施；

墙体的防裂措施。

【禁忌8.2】 采用框架填充墙时，结构自振周期计算错误

【后果】 使结构上地震作用产生计算错误。

【正解】 对嵌入抗侧力构件平面内的刚性填充墙，一般采用周期调整系数等简化方法计入主体结构刚度影响，可根据实际情况及经验对结构基本周期进行折减。在能量法和顶点位移法计算结构基本周期时均引入了周期折减系数 Ψ_T，对于多层钢筋混凝土框架结构，与填充墙的数量、填充墙的长度、填充墙是否开洞等因素有关，通过大量的算例和工程分析，给出了以一片填充墙长度和数量以及填充墙有无开洞为参数的简化估计多层钢筋混凝土框架周期折减系数 Ψ_T 的方法，具体见表8-1。

填充墙为实心砖时周期折减系数 ψ_T 取值表 　　　　　表 8-1

Ψ_c		0.8～1.0	0.6～0.7	0.4～0.5	0.2～0.3
Ψ_T	无门窗洞	0.50(0.55)	0.60(0.65)	0.70(0.75)	
	有门窗洞	0.65(0.70)	0.70(0.75)	0.75(0.80)	0.85(0.90)

注：1. Ψ_c 为有填充墙框架榀数与框架总榀数之比；

　　2. 无括号的数值用于一片填充墙长 6m 左右时，括号内的数值用于一片填充墙长为 5m 左右时；

　　3. 填充墙为轻质材料或外挂墙板时，周期折减系数 Ψ_T 取 0.8～0.9。

对高度低于 25m 且有较多的填充墙框架办公楼、旅馆的基本周期也可以近似地按下式估算：

$$T_1 = 0.22 + 0.35H/\sqrt[3]{B} \tag{8-1}$$

式中　　H——房屋的总高度，当房屋为不等高时，取平均高度；

　　　　B——所考虑方向房屋总宽度。

该式根据房屋在脉动或激振下，忽略了填充墙布置、质量分布差异等，实测统计而得，它比脉动实测平均值增大 1.2～1.5 倍，以反映地震时与脉动测量的差异。

框架与墙采用柔性连接时，不考虑结构周期的折减。

【禁忌 8.3】　墙体与柱没有采用可靠连接措施或连接方式不正确

【后果】　造成填充墙与柱之间出现竖向裂缝；使框架结构的抗水平荷载的计算简图发生变化。

【正解】　为了提高结构的抗震性能，保证填充墙与框架柱连接牢固，避免填充墙与柱间出现裂缝，设计规范规定了连接要求。目前填充墙与框架的连接方法多采用拉结筋。根据工程实践经验，现在多是在混凝土柱上钻孔埋设拉结筋，或是柱模采用夹板时，穿短钢筋预埋在柱内，在砌填充墙时再焊接接长。

不管是否考虑填充墙的抗侧力作用，框架的填充墙或隔墙均应与框架牢固地连接。在施工中有的把框架柱的拉结筋按构造柱的拉结筋的留设要求留设；有的误把多层砌体房屋的有关抗震设防要求中"后砌的非承重砌体隔墙应沿墙高每隔 500mm 配置 2φ6 钢筋与承重墙或柱拉结，并每边伸入墙内不应小于 500mm"的规定套用到多层和高层框架结构房屋中来，致使框架柱拉结筋留设长度不足，影响结构的抗震性能。

框架与砌体填充墙通常有两种连接方式：

1. 刚性连接

填充墙体顶部与框架梁紧密连接，墙体与梁间的粘结砂浆饱满，墙与柱之间用拉结筋连接。试验研究表明，这种填充墙和框架形成一个很好的整体，抗震强度高，墙体刚度大，但最大荷载相应的位移很小，不能满足大震下的位移允许值，开裂位移虽然大于小震下位移允许值，但安全储备量较小，且施工困难。

我国目前大多采用这种连接方式。中等烈度地区层数不多（7 度 6 层，8 度 5 层）的框架结构采用这种连接方式，可以利用砖砌填充墙作为抗侧力构件，此填充墙在某种程度上起到了一道抗震防线的作用。这种结构的计算简图考虑墙和框架的共同作用。

起抗侧力作用的填充墙与框架的连接，应符合以下要求：

（1）二级抗震等级且层数不超过五层、三级抗震等级且层数不超过八层和四级抗震等级框架结构，可考虑普通砖填充墙的抗侧力作用，但应符合有关剪力墙设置的要求；

（2）砌体填充墙应嵌砌在框架平面内，并与框架梁、柱紧密结合，墙厚不应小于 240mm，砂浆强度等级不应低于 M5；

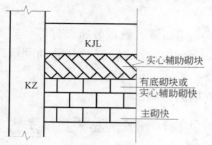

图 8-1 墙体与框架梁的刚性连接之一

（3）砌墙时，不得一次砌到平顶或框架梁底，应预留倾斜度为 60°左右的斜砌实心小砌块（砖）的高度，稍后或在抹灰前几天再补砌挤紧，且砌筑砂浆必须饱满。斜砌小砌块下须砌一皮填实小砌块或 1～3 皮实心小砌块（见图 8-1）；

顶皮砌块也可以采用有底砌块或用同材料实心辅助砌块封堵孔洞，顶面距梁底 50～80mm，一周后，在一侧支设模板，采用干硬性膨胀混凝土捣实并加强养护（见图 8-2）；

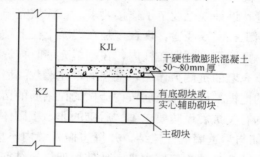

图 8-2 墙体与框架梁的刚性连接之二

（4）砌体填充墙应沿框架柱的高度每隔 500mm 或砌体皮数的倍数，配置 2φ6 钢筋与框架拉结，钢筋由框架柱伸出，进入填充墙内长度：非抗震设防地区不小于 500mm；6、7 度时不应小于墙长 1/5，且不小于 700mm；8 度时宜沿墙长通长设置，如图 8-3 所示；

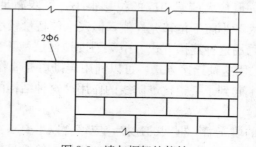

图 8-3 墙与框架柱拉结

（5）砌体填充墙高度超过 4m 时，宜在墙高的中部设置与框架柱连接的通长钢筋混凝土水平圈梁；

（6）砌体填充墙长度超过层高 2 倍时，宜设置钢筋混凝土构造柱；

（7）砌体填充墙长度大于 5m 时，墙顶部与框架梁底宜有拉结措施，如图 8-4 所示。

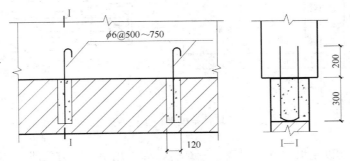

图 8-4　梁跨度较大时墙与框架梁连接

2. 柔性连接

仅作填充用的砌体填充墙，不考虑填充墙的抗侧力作用，可采用柔性连接方式。填充墙体顶部与框架梁留有一定的缝隙，且墙与柱脱开，但墙与柱之间同样用拉结锚固。试验研究表明，柔性连接时开裂位移和最大荷载相应位移均分别比小震和大震位移允许值大，因此侧向变形能力很强，可以保证墙体在大震和小震下层间位移的要求，还可以降低墙体对整体结构刚度的影响，施工较为方便。设计时，墙只对框架产生荷载作用，墙不改变框架的计算简图。

这种连接方式是一种很好的抗震结构体系，我国抗震规范特别推荐使用。柔性连接的具体构造要求如下：

（1）墙体与柱边应留有不小于 30mm 缝隙，内填以有防水隔声性能的柔性填料；沿高度每隔 1.5～2.0m 设置一道现浇混凝土卧梁，梁高 120～180mm，宽与墙厚同，配筋不小于 $4\phi12$，$\phi6@200$，梁端用角钢与柱相连接，如图 8-5 所示；

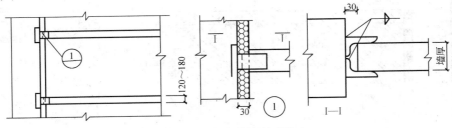

图 8-5　墙体与框架柱柔性连接之一

墙体与柱边也可以采用拉结筋的方式连接，沿墙高每 500mm 配置 $\phi6@200$ 拉结筋，如图 8-6。

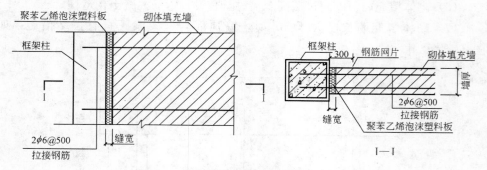

图 8-6　墙体与框架柱柔性连接之二

（2）墙体砌至梁底并与梁底紧密结合，如采用留缝隙方案时，亦可用角钢两边卡住墙体，角钢与梁底预埋件焊接，角钢间距取 $0.75 \sim 1.50m$，如图 8-7 所示。

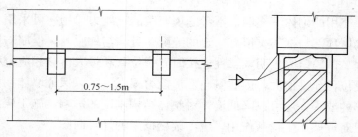

图 8-7　墙体与框架梁柔性连接之一

墙顶与框架梁的连接也可以按图 8-8 方式连接。

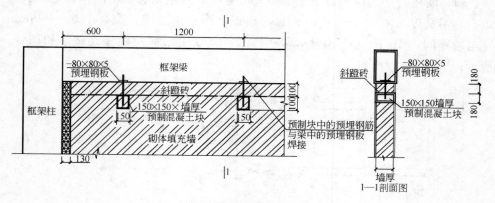

图 8-8　墙体与框架梁柔性连接之二

【禁忌 8.4】 框架填充墙采用与砌体结构中的后砌隔墙相同的拉结措施

【后果】 框架填充墙的拉结可能不够。

【正解】 砌体墙应采取措施减少对结构体系的不利影响，并按要求设置拉结筋、水平系梁、圈梁、构造柱等加强自身的稳定性和与结构体系的可靠拉结。混凝土结构中的砌体填充墙与砌体结构中的后砌隔墙的拉结措施是不同的，规范规定：

砌体结构中的后砌隔墙（包括填充墙与填充墙的拉结）。隔墙应沿墙高每隔 500mm 配置 2φ6 拉结钢筋与承重墙或柱拉结，每边伸入墙内不应少于 500mm；8 度和 9 度时，长度大于 5m 的后砌隔墙，墙顶尚应与楼板或梁拉结。

混凝土结构中的砌体填充墙。墙顶应与框架梁密切结合；填充墙应沿框架柱全高每隔 500mm 设 2φ6 拉筋，拉筋伸入墙内的长度，6、7 度时不应小于墙长的 1/5 且不小于 700mm，8、9 度时宜沿墙全长贯通；当墙长大于 5m 时，墙顶与梁宜有拉结；当墙长超过层高 2 倍时，宜设置钢筋混凝土构造柱；当墙高超过 4m 时，墙体半高宜设置与柱连接且沿墙全长贯通的钢筋混凝土水平系梁。

【禁忌 8.5】 框架中刚性连接填充墙布置不均匀

【后果】 结构形成刚度和强度分布上的突变，不利于抗震。

【正解】 我国钢筋混凝土框架结构房屋量大面广，砌体填充墙材料大多采用砖和各种砌块，而用这些材料砌筑的填充墙，对于框架结构的抗震要求有着不利和有利两方面的影响。若填充墙的布置及构造合理，可以减轻地震对框架的作用，增强框架的吸能能力。若填充墙布置及构造不恰当，将对框架结构的抗震产生负效应，其主要表现为：

（1）减低结构振动的自然周期，因而改变地震能量的吸收和结构的地震反应；

（2）重新分配结构的侧向刚度，因而改变应力分布状态；

（3）致使结构过早地发生通常是剪切或撞击的破坏；

（4）由于剪切与撞击，它们将受到极度的破坏。

我国 1976 年唐山大地震、1999 年台湾 921 大地震和日本 1995 年阪神地震，均有因砌体填充墙不合理布置导致钢筋混凝土房屋严重破坏和倒塌的实例。

主体结构越柔，上述影响就越严重。当这种非结构性构件的分布是非对称的或在相邻的每一层上分布得彼此不相同时，将会使结构产生扭转或造成结构的应力分布集中。据有关资料，某一栋 20 层的框架结构，在四层以上有砖砌填充墙，在四层以下空旷，砌墙前，自振周期 $T_1 = 1.96s$，基底剪力 $Q_0 = 21MN$；砌墙后，$T_1=1.2$s，$Q_0=31$MN，四层以上填充墙承受大部分地震剪力，四层以下由于地震剪力增大且无填充墙，因此，框架承担的地震剪力增大了50%左右，这只是按静力分析，还未考虑由于刚度突变带来的塑性变形集中的动力效应。

刚性非承重墙体的布置，应连续、均匀，避免使结构形成刚度和承载力沿高度分布上的突变或造成扭转。

【禁忌8.6】 嵌砌的框架柱间砖填充墙不到顶或房屋外墙在框架柱间局部高度砌筑

【后果】 使框架柱处于短柱状态，震害表明，短柱破坏明显。

【正解】 为满足在框架中开设洞口，砌体只填充到框架的局部高度。填充墙的约束作用降低了柱的有效计算高度，增加了该部分柱的侧移刚度。地震作用按抗侧力构件刚度的比例分配，这部分增加了刚度的柱子必将分配较大的地震剪力，甚至超出其承载能力。另外，柱有效计算高度的降低，可能会形成短柱。台湾921地震中一钢筋混凝土结构，由于窗台墙体对柱子的约束作用，使柱子的有效高度减小，成为短柱，地震作用下，柱子严重破坏，见图8-9。

图8-9 框架柱变成短柱导致的剪切破坏

如果不考虑填充墙的作用，而对框架按照设计水平地震作用力的延性进行设计，则塑性铰预计会出现在柱子的顶部或者底部，这些塑性铰可能在不是最大地震设计荷载时就会出现，表现出较好的延性性质。这时，柱中的设计剪力值为：

$$V_c = \eta(M_c^b + M_c^t)/H_n \tag{8-2}$$

式中 η——不同抗震等级框架柱设计值的调整值；

M_c^t、M_c^b——分别为框架柱上、下端截面组合的弯矩设计值。

H_n——柱净高。

如果框架中加入图 8-10 所示的填充墙后，框架中填充墙会阻止梁中出现塑性铰，并且使左边的柱子刚度变大（在图示荷载作用方向时），而在柱的顶部和填充墙的顶部附近出现塑性铰，柱中的剪力明显增大。柱中剪力设计值为：

$$\overline{V}_c = \eta(\overline{M}_c^b + \overline{M}_c^t)/(H_n - \mu l_0) \tag{8-3}$$

式中　$\overline{M}_c^b$、$\overline{M}_c^t$——分别为框架柱上、下端截面组合的实际弯矩设计值；

　　　μ——约束系数，与填充墙厚度、连接方式等有关；

　　　l_0——填充墙的高度。

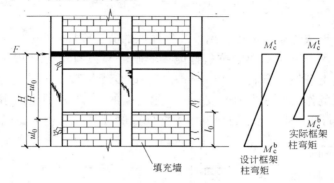

图 8-10　框架柱受力示意图

由于柱内纵向钢筋相同，则不论在柱内何截面出现塑性铰，其极限弯矩值是差不多的，因此，比较式（8-2）和（8-3），显然 $\overline{V}_c > V_c$，也就是说，在框架内设置图 8-10 所示的填充墙后，其柱内截面的剪力值会增大，不利于柱子的抗剪，不利于"强柱弱梁"的抗震设计原则。

在建筑设计中，若碰到必须设置图 8-10 所示的填充墙时，可以采用两种方法来设计：

（1）墙体与框架的连接采用柔性连接，墙体仅看成是荷载，框架仍按普通框架设计。

（2）墙体与框架的连接采用刚性连接，根据填充墙和框架各自所承受的地震作用来进行设计。

此类结构框架柱的侧移刚度应按下式计算：

$$\overline{K}_c = \alpha \frac{12E_c I_c}{(H - \mu l_0)^3} \tag{8-4}$$

水平荷载下框架柱承担剪力设计值按楼层各自的侧移刚度进行分配，此类框架柱上、下端剪力和弯矩设计值按下式计算：

$$\overline{V}_c = \frac{\overline{K}}{\sum(K + \overline{K})} V_c \tag{8-5}$$

$$\overline{M}_c = \overline{V}_c [(H-\mu l_0)-y] \tag{8-6}$$

$$\overline{M}_c^b = \overline{V}_c y \tag{8-7}$$

式中　y——框架柱（$H-\mu l_0$）的反弯点高度。

框架柱设计剪力值根据式（8-3）～（8-7）可以求出柱内剪力设计值$\overline{V}_c$，然后用该剪力值进行设计，以免发生剪切破坏。

【禁忌 8.7】 刚性连接填充墙上开门窗洞口，设计框架梁时不考虑短梁效应

【后果】 形成短梁，地震作用下产生脆性的剪切破坏。

【正解】 填充墙对框架梁抗震性能的影响一直没有引起工程设计人员的重视，在填充墙上开设门窗洞口（如图 8-11），改变了框架梁的受力性能，两侧填充墙对框架梁的作用可视为两个铰支座，填充墙的存在约束了框架梁的变形。由图 8-11 可以看出，因填充墙的约束作用框架梁的计算跨度由 l 变成了 γl_0。（γ 为

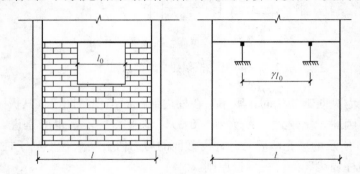

图 8-11　填充墙开设洞口示意

图 8-12　填充墙约束造成短梁破坏

支座影响系数≥1），计算跨度的减小使得框架梁变成短梁（$\gamma l_0/h_b \leqslant 4$，其中，$h_b$ 为梁高），甚至深梁（$\gamma l_0/h_b \leqslant 2.5$）。在反复弯剪作用下，斜裂缝将沿梁全长发展，从而使梁的延性及承载力急剧降低。为防止框架梁在洞口处发生剪切破坏（图 8-12），建议增加抗震构造措施，沿梁全长按梁端剪力配置箍筋。

【禁忌 8.8】 单层工业厂房的围护墙构造措施不当

【后果】 地震时，围护墙对主体结构产生附加作用，使主体结构承受的作用加大。

【正解】 单层工业厂房的围护墙构造措施应注意以下几个方面：

（1）混凝土结构和钢结构的非承重墙体优先采用轻质墙体材料。

（2）刚性围护墙沿纵向宜均匀对称布置。

（3）砌体隔墙与柱宜脱开或柔性连接，并应采取措施使墙体稳定，隔墙顶部应设现浇钢筋混凝土压顶梁。

（4）围护墙宜采用外贴式并与柱可靠拉结；不等高厂房的高跨封墙和纵横向厂房交接处的悬墙采用砌体时，不应直接砌在低跨屋盖上。

（5）砌体围护墙在表 8-2 所列部位应设置满足构造要求的现浇钢筋混凝土圈梁；厂房砌体围护墙的圈梁宜闭合，构造应满足表 8-3 的要求。

钢筋混凝土柱厂房圈梁设置要求　　　　　　　　　　　　表 8-2

位置	设 置 要 求
屋盖	梯形屋架端部上弦和柱顶标高处应设一道,但屋架端部高度不大于 900mm 时可合并设置
围护墙	8 度和 9 度时,应按上密下稀的原则每隔 4m 左右在窗顶标高处设一道
封墙和悬墙	不等高厂房的高低跨封墙和纵墙跨交接处的悬墙,竖向间距不应大于 3m
山墙	沿屋面应设钢筋混凝土卧梁,并应与屋架端部上弦标高处的圈梁连接

钢筋混凝土柱厂房圈梁构造要求　　　　　　　　　　　　表 8-3

项目	要 求
尺 寸	截面宽度宜与墙厚相同,截面高度不应小于 180mm
一般部位配筋	6～8 度时纵筋不应少于 4Φ12,9 度时不应少于 4Φ14
转角处柱顶	端开间范围内的纵筋,6～8 度时不宜少于 4Φ14,9 度时不宜少于 4Φ16;两侧各 1m 范围内的箍筋直径不宜小于 $\phi 8$,间距不宜大于 100mm;尚应增设不少于 3 根且直径与纵筋相同的水平斜筋
连接	圈梁应与柱或屋架牢固连接,山墙卧梁应与屋面板拉结; 顶部圈梁与柱或屋架连接的锚拉钢筋不宜少于 4Φ12,且锚固长度不宜小于 35 倍钢筋直径,防震缝处圈梁与柱或屋架的拉结宜加强

（6）砌体围护墙的基础，8度Ⅲ、Ⅳ类场地和9度时，预制基础梁应采用现浇接头；另设条形基础时，在柱基础顶面标高处应设置连续的现浇钢筋混凝土圈梁，其配筋不应少于4Φ12。

（7）单层钢筋混凝土柱厂房的墙梁宜采用现浇；当采用预制墙梁，梁底应与砖墙顶面牢固拉结并应与柱锚拉；厂房转角处相邻的墙梁应相互可靠连接。

（8）单层钢结构厂房的砌体围护墙，不应采用嵌砌式，8度时尚应采取措施使墙体不妨碍厂房柱列沿纵向的水平位移。

【禁忌8.9】　钢筋混凝土柱厂房采用山墙或砌体隔墙承重

【后果】　不利于抗震。

【正解】　钢筋混凝土柱厂房不采用山墙（砌体隔墙）承重，理由如下：

（1）山墙和钢筋混凝土排架柱结构材料不同，不仅侧移刚度不同，而且承载力也不同。在地震作用下，山墙和钢筋混凝土排架柱的受力和位移不协调，不利抗震。而且由于山墙墙肢较长较高，而且约束较弱，地震时山尖墙极易掉角甚至倒塌。如以山墙作为屋架承重，势必引起屋盖塌落。

（2）屋盖系统（屋面板、屋架和支撑）在两个端部不封闭，如以山墙作为承重，山墙受到平面外地震作用，容易破坏并引起屋盖塌落。

【禁忌8.10】　　出屋面女儿墙太高，或不设构造柱，或设得太稀，或在地震设防地区不进行抗震验算

【后果】　屋顶女儿墙单位面积承受的风压最大，地震时由于鞭梢效应，承受的地震作用也很大，若设计不合理将带来不安全隐患。

【正解】　砖砌女儿墙，地震时最易遭受破坏，而设计时又容易疏忽。实际工程中通常有以下几种设计失误：

（1）女儿墙变形缝的宽度不够或女儿墙上端的混凝土压顶、铁管扶手没有断开，地震时在变形缝处发生碰撞，造成墙体开裂、外闪或局部倒塌。

（2）屋面板伸入墙内削弱了墙体与主体结构的连接，或因屋面防水油毡嵌入墙体而使女儿墙根部截面削弱，地震时常在女儿墙根部与屋面交接处出现局部水平裂缝和通圈水平裂缝，严重者整体墙体外闪。

（3）女儿墙设计太高，又不进行设计计算，导致风荷载或地震作用下产生倒塌。

（4）砖砌女儿墙不设置构造柱，或构造柱设置得太稀，整体性差，地震时女儿墙倒塌。

（5）砖砌女儿墙开裂，屋面雨水浸入，砖砌体长期受冻融而破坏，强度降低，地震时女儿墙与屋面交接处出现通长裂缝，朝北一侧破坏尤为明显。

（6）砖砌女儿墙砌有屋顶平台照明混凝土灯杆，由于灯杆高，地震时灯杆位移较大而使女儿墙产生裂缝。有的女儿墙在转角处或局部突起处（如在墙内埋设旗杆等）产生斜裂缝。

要正确设计女儿墙或阳台栏板，首先必须满足一定的构造要求：

（1）无锚固的女儿墙不应高于 500mm，9 度时应有锚固；

（2）在人流出入口处，女儿墙应与主体结构锚固；

（3）防震缝处女儿墙应留有足够的宽度，缝两侧的自由端应予以加强；

（4）当女儿墙高度过大时，尚应设置构造柱和压顶，以保证其稳定性。如图 8-13、图 8-14，女儿墙不能与框架柱拉结，需每半个开间（3.6m 左右）设一构造柱，其布置如图 8-15 所示。

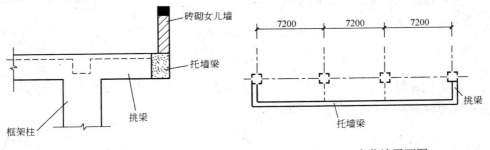

图 8-13　女儿墙剖面图　　　　　　图 8-14　女儿墙平面图

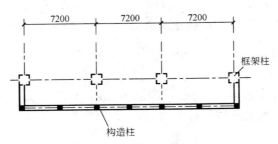

图 8-15　女儿墙构造柱平面布置图

墙顶部设 60mm 厚钢筋混凝土现浇带加 3φ8 通长钢筋。采用先砌墙后浇柱的方法进行施工。由于增设了构造柱，填充墙的侧向稳定有了可靠保障。构造柱的下端锚入托墙梁内，上部锚入钢筋混凝土现浇带中，如图 8-16 所示。

女儿墙除满足以上构造要求外，

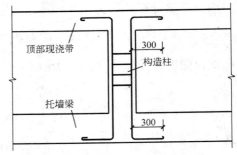

图 8-16　构造柱钢筋锚固

229

尚需验算在地震荷载作用下的抗弯强度。在多层房屋的顶部有突出屋面的电梯间、水箱等小建筑的质量、刚度与相邻结构层的质量、刚度相差很大，已不满足采用底部剪力法计算水平地震作用要求结构质量、刚度沿高度分布均匀的条件。根据按振型分解法得到突出屋面小建筑的水平地震作用与按底部剪力法相比较的分析研究，规范给出采用底部剪力法时，突出屋面的屋顶间、女儿墙、烟囱等的地震作用效应，宜乘以增大系数 3，此增大部分属于效应增大，不应往下传递。

按照底部剪力法，结构总水平地震作用标准值 F_{Ek} 按下式计算：

$$F_{Ek} = \alpha_1 G_{eq} = 0.85 \sum_{i=1}^{n} G_i \qquad (8-8)$$

各楼层的水平地震作用标准值为：

$$F_i = \frac{G_i H_i}{\sum_{j=1}^{n} G_j H_j} F_{Ek} \qquad (8-9)$$

为了计算简单起见，在计算女儿墙的地震荷载时，假设各楼层高度均为 h，等效重力荷载均为 G，则上式简化为：

$$F_i = \frac{ih}{\sum_{j=1}^{n} jh} F_{Ek} = 0.85 \frac{2i}{(1+n)n} \alpha_1 n G = 1.7 \frac{i}{1+n} \alpha_1 G \qquad (8-10)$$

顶层的楼层的水平地震荷载标准值为

$$F_n = \frac{1.7n}{1+n} \alpha_1 G \qquad (8-11)$$

若女儿墙的厚度为 t，材料容重为 γ，则顶层外墙（女儿墙）平面外方向单位面积墙体的水平地震荷载设计值为

$$q = 3\gamma_{Eh} \frac{1.7n}{1+n} \alpha_1 t\gamma = 5.1\gamma_{Eh} \frac{n}{1+n} \alpha_{max} t\gamma \qquad (8-12)$$

取女儿墙计算长度为 1000mm，女儿墙高度为 H，其底部截面弯矩和剪力为 $M = \frac{1}{2}qH^2$、$V = qH$，底部水平截面抵抗矩 $W = \frac{1}{6} \times 1000 \times t^2 = 167t^2$。墙体的弯曲抗拉强度设计值为 f_{tm}，则由砌体抗弯承载力要求有：

$$M \leqslant W f_{tm} / \gamma_{RE}$$

$$\frac{1}{2}qH^2 = \frac{5.1}{2} \frac{n}{1+n} \gamma_{Eh} \alpha_{max} t\gamma H^2 \leqslant 167t^2 f_{tm} / \gamma_{RE}$$

$$H \leqslant \sqrt{\frac{65.4(1+n)f_{tm}t}{n\gamma_{Eh}\gamma_{RE}\alpha_{max}\gamma}} \qquad (8-13)$$

砌体抗剪强度为 f_{v0}，则由砌体抗剪承载力要求有：

$$V=qH=5.1\frac{n}{1+n}\gamma_{Eh}\alpha_{max}t\gamma H \leqslant bz f_{v0}/\gamma_{RE}=1000\times\frac{2}{3}tf_{v0}/\gamma_{RE}$$

$$H \leqslant \frac{131(1+n)f_{v0}}{n\gamma_{Eh}\gamma_{RE}\alpha_{max}\gamma} \qquad (8\text{-}14)$$

（8-13）、（8-14）两式取较小值。当女儿墙厚度为 240mm，用烧结普通砖及混合砂浆砌筑时，按 6 度、7 度、8 度设防时，砌体重度为 19kN/m³，按规范取 $\gamma_{Eh}=1.3$。在抗震规范中没有砌体受弯构件的设计方法，参照自承重墙受剪构件，取承载力调整系数 $\gamma_{RE}=0.75$，可算出女儿墙最大高度，见表 8-4。

地震设防地区女儿墙最大高度表（m）　　　　　　　　　　表 8-4

层数	6 度			7 度			8 度		
	M2.5	M5.0	M7.5	M2.5	M5.0	M7.5	M2.5	M5.0	M7.5
1 层	1.83	2.16	2.44	1.30	1.52	1.72	0.92	1.07	1.21
2 层	1.59	1.87	2.10	1.12	1.32	1.49	0.80	0.93	1.05
3 层	1.50	1.75	1.98	1.06	1.25	1.41	0.75	0.88	0.99
4 层	1.45	1.71	1.91	1.03	1.20	1.36	0.73	0.85	0.96
5 层	1.42	1.66	1.88	1.00	1.18	1.33	0.72	0.83	0.93
6 层	1.40	1.64	1.86	0.99	1.15	1.30	0.70	0.82	0.92

开带形窗的外墙和阳台栏板也可参照女儿墙进行设计。

【禁忌 8.11】　框架梁上的隔墙设有构造柱时，构造柱不与上面梁连接

【后果】　该构造柱设置的目的是为了增加墙体的稳定性和结构的整体性，构造柱不与底梁和顶梁有效连接，将不能达到设置目的。

【正解】　根据《建筑抗震设计规范》（GB 50011—2001）的规定，框架结构填充墙长度大于 5m 时，墙顶部与梁应有拉结措施，墙长超过层高的 2 倍时，宜

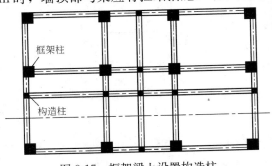

图 8-17　框架梁上设置构造柱

设置钢筋混凝土构造柱。另外，有些框架结构的办公楼、宾馆等，中间仅一列柱，内纵墙却有两道，横墙也不完全落在框架上，此时可在横纵墙交接部位放置钢筋混凝土构造柱，用于拉结填充墙，构造柱布置如图 8-17 所示。

为了增加墙体的稳定性和结构的整体性，构造柱应与底梁和顶梁有效连接，构造柱两端钢筋应插入梁内并满足锚固长度要求。

由于填充墙多采用轻质、孔洞率较大的块材，不符合墙梁对块材的要求，一般难以形成墙梁效应，只能把墙体当作荷载处理，在框架结构的设计计算中，一般也不考虑构造柱的受力作用，故设置构造柱可能会对框架梁的受力和配筋带来影响，与设计时的计算简图不符。框架结构的构造柱顶端不与梁连接，虽可避免构造柱对框架梁的受力影响，但却违背了规范有关规定的初衷，构造柱成为悬臂柱，使墙体的稳定性大大降低，无法阻止墙体在地震水平力作用下的平面外变形和破坏，墙与梁的连接仍很薄弱。

一般规则框架结构中，当未设置构造柱时，在重力荷载作用下，框架梁会各自按受荷大小和框架梁柱的刚度比值产生跨中、支座弯矩和竖向位移。设置构造柱后，若不考虑构造柱的轴向变形，则框架各层梁在构造柱处的竖向位移是相等的，这就使框架各层梁按各自抗弯刚度分配构造柱的轴向力，框架成为空腹刚架，受力情况变得复杂。

例如某单跨商业用房，6 层框架，楼面恒荷载和活荷载总值为 6kN/m^2，填充墙和双面抹灰恒荷载为 3.5kN/m^2，框架跨度为 8m，框架柱距为 4.5m，框架梁截面 $b \times h$ 为 0.25m×0.7m，框架柱截面 0.45m×0.45m，构造柱截面 0.2m×0.2m，框架混凝土采用 C25，立面如图 8-18 所示，仅横墙有填充墙。

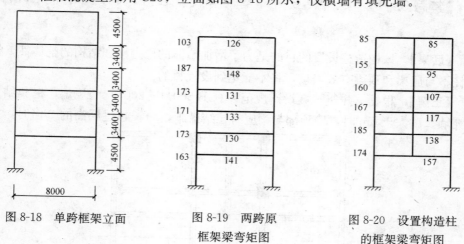

图 8-18 单跨框架立面

图 8-19 两跨原
框架梁弯矩图

图 8-20 设置构造柱
的框架梁弯矩图

通过考虑和不考虑构造柱的作用，得到框架梁的挠度和柱内最大弯矩（如图 8-19、图 8-20 所示），两者对比分析可以发现：设置构造柱的框架结构底部两层梁弯矩比不设构造柱的增大，若仍按照不设构造柱来设计，底部两层梁偏于不安全。

在实际设计中，应适当增加底部梁跨中纵向钢筋，并明确指示施工时先浇主体结构后砌填充墙，最后浇筑混凝土构造柱，尽量减少构造柱受力。

【禁忌 8.12】 框架填充墙没有有效的防裂措施

【后果】 砌块填充墙抹灰面裂缝由于施工工艺、材料、墙体与框架连接、温湿度变化等原因而时有出现，直接影响美观和使用功能，外墙处裂缝还将造成渗漏，尤其是非烧结块材砌筑的墙体，由于其干缩大，开裂更严重，必须认真对待。

【正解】 产生墙体开裂的原因和解决办法主要有：

1. 常用的砌块主要有 390mm×240mm×190mm 和 390mm×190mm×190mm 两种主规格，不少地方无小尺寸和实心辅助砌块，给墙体组砌带来不方便，砌筑不符合模数的部位时只能用黏土砖或砍凿砌块来填补；在内外墙交接处、窗台、过梁、门窗侧壁、窗间墙等部位，由于砌块规格单一，无法组砌，也用普通黏土砖和砌块混砌的方法来处理，不仅施工不便，填充墙重量增加，还会因墙体材料差异和吸水率的不同，使墙面产生裂缝。

解决措施：

（1）增加辅助砌块，按以上两种规格可增加 190mm×240mm×190mm 和 190mm×190mm×190mm 等辅助砌块；

（2）设计人员在设计门窗边和窗间墙宽度时，应符合砌块模数。

2. 由于温度、湿度变化，墙体产生收缩，沿框架梁、板与墙体交接处出现水平裂缝；沿框架柱、剪力墙与砌体交接处出现垂直裂缝，如图 8-21。

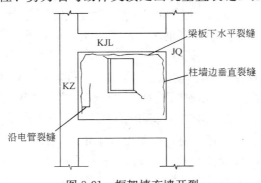

图 8-21 框架填充墙开裂

解决措施：

（1）墙体按照规范要求设置与梁柱的拉结钢筋、构造柱、圈梁或水平配筋带；

（2）沿交接缝或管道的长度方向设置宽度不小于 300mm 的钢丝网，并采取措施与墙体锚固，钢丝网距墙面 3～5mm。该部位底灰宜采用 1∶3 水泥砂浆；

（3）严格控制块材上墙时的含水率，减少墙体后期收缩；

（4）采用专用砂浆，用干砌法施工，减少块材含水率；

（5）墙体每工作日砌筑的高度应根据砌块与砂浆的材质、有底无底、高温和风压等情况确定，避免连续砌筑过高引起不均匀变形或裂缝。日砌高度宜在 1.8m 以内，雨天日砌高度不宜超过 1.2m。砌至梁板底时，应待一周后墙体收缩变形基本完成，方可进行上口斜砌或用膨胀混凝土捣实，保证墙体与框架板紧密连接。

3. 墙体沿门窗边或门窗角处出现水平或斜向裂缝。该裂缝的成因主要是门窗洞口处产生集中应力，且砌块间竖缝嵌填不实所致。

解决措施：门窗洞口除上口标高在框架梁底标高处外，均应设置门窗过梁，其锚固长度不得小于 250mm。若为连续洞口，宜设置通过梁，窗台部位应设现浇或预制钢筋混凝土窗台板，可有效防止门窗角出现斜向裂缝，同时也解决了窗台处渗水问题。

在窗台墙体中配筋以取代窗台梁，对解决窗台两角短小裂缝不如窗台梁有效，但对控制窗台墙中部的垂直裂缝有利，尤其是在地基有不均匀沉降的可能性时，应在底层窗台墙中配置此类钢筋。

4. 在预留洞周边出现闭合或不完全闭合的裂缝，其成因是后补堵洞砌体收缩，且与原砌体交接处嵌塞不实。

解决措施：砌块填充墙尽量不设临时施工洞口，如必须设置，其宽度不宜大于 1m，洞边距墙角处不得小于 600mm，上部应设置过梁，两侧设置拉结筋，一般取 2ϕ6 间距 400～600mm。填砌洞口时，砂浆强度不低于 M5，竖向灰缝要确保密实、饱满，顶皮应采用有底砌块，其上口灰缝应待下部墙沉实后用干硬性砂浆捣实。

5. 水电暖通工程往往不能与土建工程同步进行，造成在完成砌块墙体上打洞凿槽，影响墙体质量且封堵槽洞时重视程度不够，封堵材料及方法、遍数随意，致使装饰后抹灰面在槽洞部位出现不同程度的裂缝，影响工程质量和观感效果。

解决措施：在填充墙施工前，应制定施工措施，保证安装工程的预埋与土建工程同步进行，避免对墙体的打凿，封堵槽洞时应有专人按制定的技术方案处理，抹灰时在槽洞部位加设钢丝网，以防止出现收缩裂缝。

【禁忌 8.13】 大开间框架结构底层填充墙不采取合理的支承措施

【后果】 由于梁的变形大及框架的沉降，填充墙开裂。

【正解】 大开间钢筋混凝土框架结构常出现填充墙体在框架梁下转角，填充墙转角处常常因钢筋混凝土框架梁变形，施加在墙角处的压力增大；非承重墙受力很小，沉降也小，而框架结构受荷载很大，沉降也大，由于两者的不均匀沉降，也会给砌体带来较大的压力。这将导致转角处墙体两侧产生垂直向下的裂缝，甚至使得墙体整体破坏。

在基础设计时，应充分考虑地基土情况，尽量采用沉降小的基础以减小框架结构的沉降量，并且增设钢筋混凝土地下框架梁，底层填充墙砌筑在地下框架梁上，当框架梁下沉时，填充墙随之下沉，不致产生因框架柱的不均匀沉降而导致填充墙与框架柱之间的裂缝。

施工时，砌体的转角和纵横墙交界处应同时砌筑，并应隔皮纵、横砌块相互搭砌，以保证填充墙的整体性。因特殊原因不能同时砌筑及其他需留置的临时间断处，施工缝应留成斜槎，斜槎水平投影不应小于砌体高度。如留槎确有困难时，必须沿高度每 600mm 内设置 2ϕ6 拉结钢筋，钢筋伸入墙内对于普通混凝土小型空心砌块和轻骨料混凝土小型砌块，每边不应小于 500mm；对于蒸压加气混凝土砌块每边不应小于 700mm。

【禁忌8.14】 挑梁下墙体兼作上层挑梁底模

【后果】 底层挑梁承载力不足。

【正解】 多层砌体房屋中，每层悬挑梁单独承担本层挑廊（或阳台）荷载，但在实际工程中，设计者未加以专门说明，施工方出于方便施工的考虑，将挑梁上的隔墙兼作上层挑梁的底模，致使整个上层与悬挑部分形成一个整体，其实际传力模型和设计者的初衷完全不一致，使最底层挑梁实际承受了上面各层传来的荷载，导致其弯剪承载能力不足。

如某 5 层砌体结构办公楼，由于建筑设计的需要，2～5 层外挑 1.5m，开间 3.6m，每层挑梁截面尺寸 240mm×300mm，上部配筋 3$\underline{\Phi}$18，按分层荷载计算，挑梁强度及刚度均满足安全使用要求，但由于施工中将挑梁上的 240mm 厚墙体兼作上层挑梁的底模，致使底层挑梁承受弯矩过大而开裂。

此类问题将直接导致承重挑梁的破坏，危及结构的安全，设计时应予以特别注明，在结构设计中应将隔墙改为 120mm 厚的后砌隔墙，或专门说明处理方法及改变结构设计方案。

参 考 文 献

[1] 汪恒在. 多层砖房女儿墙抗震强度和楼层剪力的简化计算. 四川建筑科学研究，1984年第 3 期

[2] 沙安等. 《建筑抗震设计规范》（GB 50011—2001）问答（3）. 工程抗震，2002 年 6 月第

3 期

[3] 戴国莹. 非结构构件的抗震设计要求. 建筑科学，2002 年 12 月第 18 卷第 6 期

[4] 李社生. 钢筋混凝土框架与填充墙之间的柔性连接. 兰州工业高等专科学校学报，2003 年 9 月第 10 卷，第 3 期

[5] 王洪升. 轻质填充墙的实用拉结方法. 承德民族师专学报，1998 年第 2 期

[6] 孙伟民，张怀金. 设置框架结构构造柱的几个问题. 建筑技术，2005 年第 36 卷第 2 期

[7] 深圳市《非承重砌体与饰面工程施工及验收规范》（SJG 14—2004），2004

[8] 崇道彬. 小型砌块在框架结构中应用时应注意的几个问题. 安徽建筑，2001 年第 4 期

[9] 常业军. 影响框架填充墙结构抗震性能的几点探讨. 特种结构，2003 年 6 月第 20 卷第 2 期

第九章 砌体结构电算

随着计算机硬件技术的发展和建筑结构分析理论的日臻完善，计算机辅助设计（CAD）系统在建筑设计领域得到越来越广泛的应用，各种结构计算软件层出不穷。计算机能够完成非常复杂的计算，加快建筑设计的速度，如果利用得当，能够起到事半功倍的效果，如果利用不当，不但提高不了工作效率，甚至会使工程留下安全隐患。

【禁忌9.1】 选择的计算程序不合理

【后果】 计算误差大。

【正解】 各种结构分析软件由于其计算机模型的局限性，自身有许多基本假定，使得实际结构与计算模型之间存在差异，因此电算结果与实际情况也不完全相符。不同的软件有不同的适用范围，只有在其适用范围内，才能得到合理的计算结果。因此，结构工程师必须了解各软件的特点和计算模型的差异，根据工程本身的特点选择相应的计算软件。

实际结构是空间的受力体系，但不论是静力分析还是动力分析，往往必须采取一定的简化处理，以建立相应的计算简图或分析模型。目前，常用的结构分析模型可分为两大类：第一类为平面结构空间协同分析模型；另一类为三维空间有限元分析模型。

1. PMCAD 软件

PMCAD 软件是由中国建筑科学研究院开发的建筑结构专用软件，PMCAD是整个结构 CAD 的核心，它建立的全楼结构模型是 PKPM 各二维、三维结构计算软件的前处理部分，也是梁、柱、剪力墙、楼板等施工图设计软件和基础CAD 的必备接口软件。PMCAD 也是建筑 CAD 与结构的必要接口。

PMCAD 软件可以作砖混结构和底层框架上层砖房结构的抗震分析验算。

2. TAT 软件

TAT 是由中国建筑科学研究院开发的建筑结构专用软件，采用菜单操作，图形化输入几何数据和荷载数据。程序对剪力墙采用开口薄壁杆件模型，并假定楼板在平面内刚度无限大，平面外刚度为零。这使得结构的自由度大为减少，计算分析得到一定程度的简化，从而大大提高了计算效率。

薄壁杆件模型采用开口薄壁杆件理论，将整个平面联肢墙或整个空间剪力墙模拟为开口薄壁杆件，每个杆件有两个端点，每个端点有 7 个自由度，前 6 个自由度的含义与空间杆单元相同，第 7 个自由度是用来描述薄壁杆件截面翘曲的。开口薄壁杆件模型的基本假定为：

（1）在线弹性条件下，杆件截面外形轮廓线在其自身平面内保持不变，在平面外可以翘曲，同时忽略其剪切变形的影响。这一假定实际上增大了结构的刚度，薄壁杆件单元及其墙肢越多，则结构刚度增大的程度越高。

（2）将同一层彼此相连的剪力墙墙肢作为一个薄壁杆件单元，将上下层剪力墙洞口之间的部分作为连梁单元。这一假定将实际结构中连梁对墙肢的线约束简化为点约束，削弱了连梁对墙肢的约束，从而削弱了结构的刚度。连梁越多，连梁的高度越大，则结构刚度削弱越大。

（3）引入楼板在其自身平面内刚度无限大，而平面外刚度为零的假定。

实际工程中许多布置复杂的剪力墙难以满足薄壁杆件模型的基本假定，从而使计算结果难以满足工程设计的精度要求。如：

（1）变截面的剪力墙：在平面布置复杂的建筑结构中，常存在薄壁杆件交叉连接、彼此相连的薄壁杆件截面不同，甚至差异较大的情况。由于这些薄壁杆件的扇形坐标不同，其翘曲角的含义也不同，因而由截面翘曲而引起的纵向位移不易协调，会导致一定的计算误差。

（2）长墙、矮墙：由于薄壁杆件模型不考虑剪切变形的影响，而长墙、矮墙是以剪切变形为主的构件，其几何尺寸也难以满足薄壁杆件的基本要求，采用薄壁杆件理论分析这些剪力墙时，存在着较大的模型化误差。

（3）多肢剪力墙：薄壁杆件模型的一个基本假定就是认为杆件截面外形轮廓线在自身平面内保持不变，在墙肢较多的情况下，该假定会导致较大误差。

（4）框支剪力墙：框支剪力墙和转换梁在其交接面上是线变形协调的，而采用薄壁杆件理论分析框支墙时，由于薄壁杆件是以点传力的，作为一个薄壁杆件的框支墙只有一点和转换梁的某点是变形协调的，这必然会带来较大的计算误差。

（5）框架梁与剪力墙的连接：在一般情况下和剪力墙垂直相连的框架梁，其受剪力墙的约束并不强，梁这一端的弯矩一般并不大，但用薄壁杆件理论分析剪力墙时，梁要通过刚臂与薄壁杆件的剪心相连，其结果是强化了剪力墙对梁端的嵌固作用，使梁端弯矩的计算值偏大。

（6）柱、墙上下偏心：程序将自动在上（薄壁）柱的下端加一水平刚域，刚域的存在对结构整体刚度有较大的影响。

（7）对悬挑剪力墙、无楼板约束的剪力墙等也不适合采用薄壁杆件单元计算。

TAT 软件适合于多高层配筋砌块砌体、底部框架上部砖混结构、框架、框架—剪力墙、剪力墙及简体结构，但应用时应根据结构的实际情况对剪力墙进行处理以减小计算误差。

（1）剪力墙的输入处理：对长度超过8m的剪力墙和多肢剪力墙应在适当的位置，按照使每个薄壁柱的刚度尽量均匀的原则人为设置计算洞口，这样可使薄壁柱的受力更符合实际。当洞口较小时，在实际施工时按无洞处理。

（2）剪力墙洞口的处理：因为TAT采用薄壁柱模型，每层薄壁柱上下各有一个节点与上下层的柱、薄壁柱或无柱节点相连，通过这样的联系将上下层力传递计算，当上下层洞口不对齐时，由于洞口会切割一个薄壁柱为2个或更多，造成上下层节点不一一对应，使上下层传力混乱，这时应采用简化的方法进行处理。剪力墙洞口一般分对齐、开通、忽略三种处理方法。

（3）框支剪力墙的处理：对于框支剪力墙，用薄壁柱模拟的剪力墙就有个传力问题，上部薄壁柱只能传力给下面一个点，而下部往往是由多个点来支撑上部剪力墙的，这时应对框支梁上部的剪力墙进行离散化处理，将计算产生的误差控制在局部平面内，这样才能在结构的整体分析中得到一个比较满意的结果，然后再利用高精度平面有限元程序对关键部位进行细致的内力分析。

TBSA也是由中国建筑科学研究院开发的多、高层建筑的结构专用程序，其计算模型和原理与TAT相似。

3. SATWE软件

SATWE是专门为多、高层建筑结构分析与设计而研制的空间结构有限元分析软件，适用于各种复杂体型的底部框架上部砖混结构、高层钢筋混凝土框架、框剪、剪力墙、简体结构等，也适用于混凝土—钢混合结构和高层钢结构。

SATWE是用墙元来模拟剪力墙。SATWE中的墙元是在板壳单元的基础上构造出的一种通用墙元，它采用静力凝聚原理将由于墙元的细分而增加的内部自由度消去，将其刚度凝聚到边界节点上，从而保证了墙元的精度和有限的出口自由度，而且墙元的每个节点都具有空间全部6个自由度，可以方便地与任意空间梁、柱单元连接，而无需任何附加约束，同时也降低了剪力墙的几何描述和板壳单元划分的难度，提高了分析效率。板壳单元是目前模拟剪力墙的最理想单元，SATWE选用这一单元并对墙元的细分和墙上开洞作了自动化处理。板壳单元模型的主要特点是用每一节点6个自由度的壳元来模拟剪力墙单元。剪力墙既有平面内刚度，又有平面外刚度，楼板既可以按弹性板考虑，也可按刚性板考虑，这是一种接近实际情况的模型。该模型的特点是：

（1）具有平面内、外刚度，可与空间任何构件连接，较好地反映剪力墙真实受力状态，其刚度与实际刚度较为一致。

（2）通过静力凝聚形成的墙元来模拟剪力墙，解决了剪力墙模型化的问题。

（3）允许剪力墙洞口不对齐，适用于较复杂的结构，较真实地分析出剪力墙的内力和变形。

（4）结构自由度数目增多，计算工作量增加，计算效率有所降低。

SATWE在对楼板的处理上采用了四种不同的假定：

（1）楼板整体平面内无限刚；

（2）楼板分块平面内无限刚；

（3）楼板分块平面内无限刚，并带有弹性连接板带；

（4）楼板为弹性板。

为提高计算效率，在保证一定的分析精度的前提下，针对不同类型的工程，采用不同的楼板假定。

在使用SATWE软件时，值得注意的有两点：①墙元的划分并非越细越好。当墙元划分过细时，由于单元有一定的厚度，当单元的长、宽与单元的厚度比较接近时，墙单元就不能再作为墙单元计算。②在地震作用分析时，程序对振型分解法提供了两种解法：总刚分析方法和侧刚分析方法。两者的主要区别在于对墙元侧向节点自由度的处理上，前者将其作为子结构出口自由度，参加总刚的集成，后者将其作为子结构的内部自由度，在单元计算阶段就凝聚掉，这就造成墙元之间的变形不协调，使之在变形的过程中可以自由开裂，使得计算出的结构刚度偏小，尤其在采用弹性楼板假定以及错层结构中会产生较大的误差。

4. PK软件

PK软件是中国建筑科学研究院PKPM软件的主要模块，具有二维结构计算和钢筋混凝土梁柱施工图绘制两大功能。

模块本身提供一个平面杆系的结构计算软件，适用于工业与民用建筑中各种规则和复杂类型的框架结构、框排架结构、排架结构，剪力墙简化成的壁式框架结构及连续梁，拱形结构，桁架等。规模在30层，20跨以内。

在整个PKPM系统中，PK承担了钢筋混凝土梁、柱施工图辅助设计的工作。除接力PK二维计算结果，可完成钢筋混凝土框架、排架、连续梁的施工图辅助设计外，还可接力多高层三维分析软件TAT、SATWE、PMSAP计算结果及砖混底框、框支梁计算结果，可为用户提供四种方式绘制梁、柱施工图，包括梁柱整体画、梁柱分开画、梁柱钢筋平面图表示法和广东地区梁表柱表施工图，绘制100层以下高层建筑的梁柱施工图。

5. QIK软件

QIK是PKPM系列CAD系统中一个新的功能模块，可准确高效地完成混凝土小型空心砌块结构的设计和计算。

QIK软件利用PKPM系列中成熟的图形交互建模技术，快速建立建筑结构模型，完成楼面布置及荷载导算，并保留了PKPM系列软件的全部功能。按设防烈度及房屋层数自动确定需要布置芯柱的位置和填实孔数，自动完成芯柱的布置，用户可进行交互修改编辑。自动对芯柱的节点进行归并和编号。根据规范要求自动完成砌体结构的抗震计算及砌体的受压计算，计算中可按规范考虑芯柱及插筋的作用。

QIK 根据有关规程中对墙体排块的要求，自动完成模数或非模数平面墙体的排块设计，可绘制任意部位的墙体排块立面图。自动统计出全楼各种规格的砌块数量。自动或人工指定绘制芯柱平面图，标注芯柱大样索引号。根据芯柱归并结果，可按窗口或逐个方式自动绘制芯柱节点大样图，表达芯柱的混凝土灌孔、插筋及拉结筋网片等内容。

6. ETABS 软件

ETABS 软件是由美国 Berkeley 地震工程研究中心开发的高层建筑三维专用有限元分析软件。其特点是采用空间杆单元模拟梁、柱、支撑构件，采用膜元模型来模拟剪力墙，楼板可采用平面内无限刚假定、分块无限刚假定和弹性假定。

膜元模型是把无洞口或有较小洞口的一片剪力墙简化为一个墙板单元，把有较大洞口的一片剪力墙简化为一个由墙板单元和连梁组成的墙板—梁体系，即把洞口两侧部分作为两个墙板单元，上、下层剪力墙洞口之间部分作为一根连梁墙板单元由膜单元＋边梁＋边柱组成，膜单元只有墙平面内的抗弯、抗剪和抗压刚度，平面外刚度为零；边梁为一种特殊的刚性梁，在墙平面内的抗弯、抗剪和轴向刚度无限大，垂直于墙平面的抗弯、抗剪和抗扭刚度为零；边柱的作用为等效替代剪力墙的平面外刚度，边柱可能是实际工程中的一根柱，也可能是人为虚拟的柱。膜元模型使得剪力墙的几何描述和前处理工作得到了简化，解决了剪力墙单元划分的难题，结构自由度有所减少，分析效率也得到了一定的提高，位移的协调性介于薄壁杆件模型和有限元模型之间，分析结果也较薄壁杆件模型更合理。

膜元模型的不足之处主要是：膜元模型中是按"柱线"来把剪力墙划分为一个个墙板单元的，为了使上、下层之间的墙板单元角点变形协调，模型要求整个结构从上到下"柱线"对齐、贯通。对于复杂工程，特别是当剪力墙洞口上下不对齐、不等宽以及各层与剪力墙搭接的梁平面位置有变化时，将导致"柱线"又多又密，这不仅会增加许多墙板单元，增加计算量，更重要的是会使许多墙板单元变得又细又长，单元的几何比例不当，造成墙板单元刚度奇异，使分析结果失真。此外，将剪力墙洞口间部分模型化为一个梁单元，削弱了实际结构中连梁对墙肢的约束，其结果是结构整体计算的分析结果偏柔，这一点与 TAT 计算软件相似。

事实上，ETABS 采用空间协同工作体系，因此是准三维分析程序。其主要优点是针对建筑结构的特点进行编制，使用起来比较方便。不足之处是它并非完全三维空间分析程序，协同工作假定带来一定的计算误差，同时，对剪力墙的模型化假定也使得 ETABS 分析结果偏柔。

2003 年 10 月，由中国建筑设计研究院标准所和美国 CSI 公司联合推出符合中国规范的 ETABS V8 中文版，为我国的结构计算软件市场注入了新的活力。ETABS 软件功能十分强大，除了可以进行线性静、动力反应分析外，还可以进行非线性静、动力反应分析、推覆分析和 $P\text{-}\Delta$ 效应分析等。

7. SAP2000 软件

20 世纪 70 年代初，美国 Willson 教授等人编制了结构通用有限元分析程序 SAP5，该软件在国际上得到了极其广泛的应用。经过二十多年的发展和完善，20 世纪 90 年代中期，Willson 教授等人将美国、加拿大和新西兰等国的设计规范和常用设计材料的特性编入程序，根据计算分析结果，直接进行下一步设计，推出了被称为 21 世纪的结构分析与设计程序 SAP2000。该软件以空间杆单元模拟梁、柱、支撑，以壳元模拟剪力墙。可以进行线性静、动力反应分析，也可以进行非线性静、动力反应分析、推覆分析和 $P\text{-}\Delta$ 效应分析等。但 SAP2000 因其价格昂贵、前后处理工作量大且与我国规范不相符合等原因，在我国的应用和推广受到一定的制约。

8. PMSAP 软件

它在程序总体结构的组织上采用了通用程序技术，这使得它在分析上具备通用性，可适用于任意的结构形式。它是基于广义协调理论和子结构技术开发的能任意开洞的细分墙单元和多边形楼板单元，其面内刚度和面外刚度分别由平面应力膜和弯曲板进行模拟，可很好地体现剪力墙和楼板的真实变形及受力状态。对细分墙元，广义协调技术使得墙的剖分局部化，也即是说，任一片墙元在其边界上的由网络细分生成的节点，不必与其相邻墙边界上的节点对齐，从而任一片墙元的网格划分可以与其相邻墙元无关，这样一来，我们就能够保证墙元网格的良态，进而保证墙元刚度计算的准确性。为配合墙和楼板的细分，对梁、柱也增加了细分功能，使得梁—板、梁—墙、柱—墙等构件之间在细分之后仍能保持应有的协调性，不至于造成非法的有限元计算模型。所有构件的细分都是自动进行的，而网格的疏密则可由用户依据精度要求进行控制。

为了兼顾分析的速度与精度，楼板假定方式有三种：①楼面整体刚性；②楼面分块刚性；③ 不采用任何假定，对结构进行标准的有限元分析。

该软件可准确考虑楼板对结构整体性能的影响，把楼板用多边形楼板单元进行模拟，进入整体结构分析。严格考虑了楼层之间、构件之间的耦合作用及地震作用的 CQC 组合，因而精度更高，更能保障设计的安全性、合理性。对板柱体系、厚板转换层或一般结构中楼板较厚的部位，唯有以这种方式分析和设计，才能获得合理的结果。

目前，用于砌体结构的设计计算软件主要有：

多层砌体结构房屋：PMCAD。

底部框架—上部砖混砌体结构房屋：优选 SATWE、TAT，PK 也可。

小型砌块砌体房屋：QIK。

高层配筋砌块砌体结构房屋：SATWE、TAT、SAP2000、ETABS。

【禁忌9.2】 结构计算参数选择不合理

【后果】 计算结果错误。

【正解】 结构分析时需要确定的计算参数很多，若选择不合理，会直接影响计算结果的可靠性。常见的问题有：

（1）基本风压输入有错。如高层配筋砌块砌体结构的基本风压没有按规范规定乘以 1.1 的系数。

（2）场地类别输入有错。对多层砌体结构房屋，采用底部剪力法计算地震作用，地震影响系数取最大值 α_{max}，而 α_{max} 仅与地震烈度有关，场地土类别、设计地震分组参数对抗震设计没有影响。但对高层配筋砌块砌体，场地类别对地震作用的计算结果影响很大，一定要按《建筑抗震设计规范》的要求对场地土的类型和场地土的类别进行准确的划分。

（3）层高输入有误。输入底层层高时，应按规定确定层高，而不是从 ±0.000 标高算起。

（4）带坡屋顶（阁楼）砌体房屋及错层砌体房屋的层高和层数取值有误。建议按本书有关禁忌正解选取。

（5）带地下室或半地下室砌体房屋的层高和嵌固情况，按本书有关禁忌正解选取。

（6）材料类别输入有误。某工程发现某些梁配筋面积为零，而且这些梁断面均同，多次计算如此，查弯矩图、剪力图均不为零，最后发现是在梁断面输入中将材料类别误输为"玻璃"造成的。

【禁忌9.3】 按老规范确定结构的计算参数

【后果】 可能导致计算结果错误或结构的可靠度降低。

【正解】 现行规范的一些计算参数与原有老规范有明显不同。例如风荷载取值由原来的 30 年一遇改为 50 年一遇，与一般建筑结构基准使用期相协调。在超高层设计时，要采用 100 年一遇的风荷载；在计算风振舒适度时，要采用 10 年一遇的风荷载。所以《建筑结构荷载规范》（GB 50009—2001）（2006 年版）的附录中给出了 10 年、50 年、100 年一遇的基本风压，供设计使用。如果在电算中还采取老规范的计算参数，则会降低结构的可靠度。

【禁忌 9.4】 漏算、错算荷载

【后果】 计算结果错误。

【正解】 通常，漏算荷载的情况主要有以下几种：

（1）漏算非承重隔墙荷载。一般的 CAD 结构分析软件都需将隔墙的重量作为梁上恒载逐根输入，设计人员往往漏输或输入的梁上恒载与建筑平面图中的隔墙布置不符。

（2）漏算楼板自重。常用的三维结构分析软件（如 TAT、SATWE、TBSA等）均可自动计算梁、柱、墙的自重，但对于楼板自重，尽管程序也要求输入楼板厚度，但楼板自重需作为楼面均布恒载由人工逐块输入。如某多层砌体房屋进行整体计算时，楼面恒载仅输入了粉刷面层的自重，漏输了厚 12cm 的楼板自重。

（3）楼面活荷载取值偏小。如某住宅，楼面活荷载均按 1.5kPa 计算，而荷载规范规定，悬挑阳台的活荷载应取 2.5kPa、卫生间应取 2.0kPa。

（4）漏算突出屋面的楼梯间、电梯间、女儿墙等的荷载，或对双层屋面仅计算了一层的荷载。

（5）多层建筑未考虑风荷载。多层民用建筑风荷载在荷载组合中一般不起控制作用，部分设计人员往往因此而忽略了该可变荷载的组合，如果使用广厦CAD（7.5 版）对纯砖混或底部框架—剪力墙结构的房屋进行电算，因程序没有直接给出风荷载的输入，设计人员更容易遗忘，结果是直接导致结构设计不安全，应严格避免出现此类问题。实际设计中，如电算程序中没有直接的输入步骤，那么设计人员应按照荷载规范的要求，手算出风荷载设计值，再附加至墙体或框架上。

（6）漏算粉刷、装饰荷载。因程序是按构件净断面计算自重的，为了考虑饰面的重量应取较大的构件容重。经统计分析，现浇楼板时建议取值如下：

框架结构：$25.0 \sim 27.0 \text{kN/m}^3$；

框剪结构：$25.5 \sim 27.5 \text{kN/m}^3$；

剪力墙结构：$26.0 \sim 28.0 \text{kN/m}^3$；

普通砖砌体：$20.0 \sim 21.0 \text{kN/m}^3$。

有些设计人员，尽管考虑了荷载，但输入的荷载不准确，主要有以下几种情况：

（1）有些工程设计需要对楼面荷载进行局部的修正和输入非楼面传来的梁间荷载、柱间荷载、墙间荷载、节点荷载及次梁荷载，如 PMCAD 软件用主菜单"3. 输入荷载"来实现，在输入荷载时有的按手算的习惯输入荷载设计值是不正确的，应该输入荷载标准值。

（2）使用 PMCAD 计算时，对楼梯间的荷载的导算方法不正确。正确的方法有两种：

1）将楼梯间处理成开大洞。程序认为洞口内无荷载，用户应将楼梯间的实际荷载人工导算到周围的梁、墙上去。

例：某楼梯间的布置如图 9-1 所示，A、B、C、D 为楼梯平台梁的作用点，将整个楼梯间设为洞，把楼梯间的实际荷载人工导算到楼梯间周围的梁上，即为集中力 P 和均布线荷载 q，如图 9-2 所示。

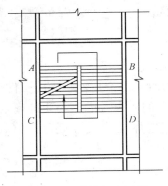

图 9-1　某楼梯间布置图

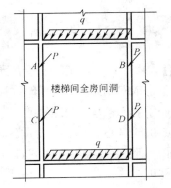

图 9-2　全房间洞方式导算楼梯间荷载

2）将楼梯间板厚设为 0，再设定导荷方式与平均面荷载。

例：如图 9-1 所示楼梯间，可在主菜单 A 中在 AB、CD 间设一平台梁，使楼梯间成为 3 个房间，在主菜单 2 中将这 3 个房间的板厚设为 0，在主菜单 3 中修正楼面荷载，并将导荷方式设为对边传导方式，如图 9-3 所示。

（3）柱、墙、基础活荷载折减系数取值错误。柱、墙、基础活荷载折减系数取值应按《建筑结构荷载规范》表 4.1.2 选取，此表仅针对住宅、宿舍、旅馆、办公楼、医院

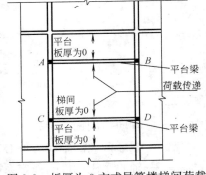

图 9-3　板厚为 0 方式导算楼梯间荷载

病房、托儿所、幼儿园。对教室、阅览室、会议室、实验室、医院门诊楼等设计墙、柱、基础时，应采用与楼面梁相同的折减系数 0.9，不另考虑按楼层数的折减。

【禁忌 9.5】　设有变形缝（防震缝、伸缩缝、沉降缝）的砌体房屋按整栋楼房建模

【后果】　地震作用不能准确分配到各墙片（肢）。

【正解】 变形缝将结构分离成两个或多个独立的单元，地震时各单元独立振动，结构分析应对各单元分别建模，整体结构分析没有意义。但为了减小建模及平面施工图时的工作量（如楼板配筋图等）应整体建模，建模完毕后保存文件，按结构单元数重新复制整体模型，删除多余部分，分别对各单体进行结构分析，并将各单体的调整处理反馈回整体模型，用整体模型出平面施工图，此方法既保证了结构单体计算的准确性和出图的方便，又可避免每个单元单独建模的重复劳动，但要特别注意整体与各单体模型的统一。

【禁忌9.6】 用 PMCAD 设计砌体房屋时，对偏心受压构件不做二次验算

【后果】 软件只验算了轴心受压承载力，不安全。

【正解】 PMCAD 自动验算墙（柱）受压承载力时，不论是轴心受压构件还是偏心受压构件，全部是按照轴心受压构件进行验算的，未考虑偏心距的影响。对于需要按单向偏心受压计算的墙（柱）可以按《砌体结构设计规范》（GB 50003—2001）附录 D 或下列各式计算影响系数 φ：

当 $\beta \leqslant 3$ 时

$$\varphi = \frac{1}{1 + 12\left(\dfrac{e}{h}\right)^2} \tag{9-1}$$

当 $\beta > 3$ 时

$$\varphi = \frac{1}{1 + 12\left[\dfrac{e}{h} + \sqrt{\dfrac{1}{12}\left(\dfrac{1}{\varphi_0} - 1\right)}\right]^2} \tag{9-2}$$

$$\varphi_0 = \frac{1}{1 + \alpha\beta^2} \tag{9-3}$$

式中　e——轴向力的偏心距；

　　　h——矩形截面的轴向力偏心方向的边长；

　　　φ_0——轴心受压构件的稳定系数；

　　　α——与砂浆强度等级有关的系数，当砂浆强度等级大于或等于 M5 时，α 等于 0.0015；当砂浆强度等级等于 M2.5 时，α 等于 0.002；当砂浆强度等级 f_2 等于 0 时，α 等于 0.009；

　　　β——构件的高厚比。

在墙体受压承载力计算结果图中，将鼠标停留在某一墙段上，程序就会弹出一个 Tip 窗口，在窗口中可以查到该墙段的受压承载力的各项计算参数，用上面得到影响系数取代窗口中的影响系数，按下式手工复核偏心受压构件的承载力：

$$N \leqslant \varphi f A \qquad (9\text{-}4)$$

【禁忌9.7】 两墙肢相交形成 T 形截面，不对该截面承载力进行
手工复核

【后果】 软件只提供矩形截面轴心受压构件承载力验算，不提供 T 形截面承载力验算。

【正解】 如图 9-4 所示的 T 形截面墙体，由①、②两个墙段组成，程序分别对①、②两个墙段作了受压承载力验算，未对整体 T 形截面墙体的受压承载力进行复核。

①、②两个墙段中的某一墙段不满足受压要求，并不等于由①、②两个墙段组成的 T 形截面墙体不满足受压要求。所以，应对 T 形截面墙体重新复核，并以复核结果为准。

T 形截面墙体受压承载力的步骤如下：

（1）计算 T 形截面的形心、面积 A、惯性矩 I；

（2）在墙体受压承载力计算结果图中将鼠标分别放在 T 形截面的①、②墙段上，读取两个墙段的轴力设计值 N_1、N_2 和砌体抗压强度设计值 f；

（3）计算 N_1、N_2 对 T 形截面产生的偏心距 e；

（4）计算回转半径 $i = \sqrt{\dfrac{I}{A}}$，截面折算厚度 $h_T = 3.5i$；

（5）计算高厚比 $\beta = \gamma_\beta \dfrac{H_0}{h_T}$，影响系数 φ；

（6）复核 $\dfrac{\varphi f A}{N_1 + N_2}$ 是否大于 1。

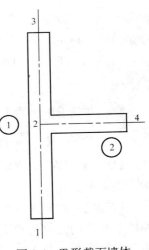

图 9-4 T 形截面墙体

【禁忌9.8】 对连续梁中部支座下砌体不进行局部受压手工验算

【后果】 PMCAD 对连续梁中部支座下砌体未进行局部受压验算，可能不安全。

【正解】 PMCAD 对连续梁中部支座下砌体未进行局部受压承载力验算，结构工程师应该利用 PMCAD 计算得到的梁下反力，按下面方法进行中部支座的局部受压承载力手工验算。

连续梁中部支座处的砌体局部受压分为连续梁中部支承在墙体端部和中部两种情况，如图 9-5。

连续梁中部支座处的砌体局部受压承载力计算可采用《砌体结构设计规范》

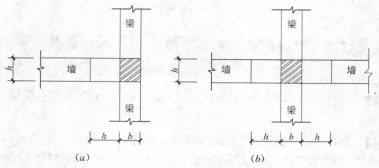

图 9-5 连续梁中部支座局部受压

（GB 50003—2001）中梁端支座处砌体局部受压承载力计算相同的公式。但由于梁是贯穿墙体的，其有效支承长度为墙体厚度，即 $a_0 = h$，另外由于是中部支座，梁下砌体的压应力可以看成是均匀受压，即梁底面压应力图形完整系数取 $\eta = 1.0$。

【禁忌 9.9】 **梁支承在垫梁（圈梁）端部时，不手工验算砌体局部受压承载力**

【后果】 PMCAD 未验算梁支承在垫梁（圈梁）端部时砌体局部受压承载力，不安全。

【正解】 对布置在墙段端部的柔性梁垫（如图 9-6），把梁垫看作是支承在弹性地基上的无限长的梁，梁下的应力分布可近似看成是三角形分布，垫梁下应力分布长度为 $0.93h_0$，最大压应力可按下式计算

$$\sigma_{max} = 2.14 \frac{N_l}{h_0 b_b} \tag{9-5}$$

考虑上部结构传来的压应力，则有

$$\sigma_0 + \sigma_{max} \leqslant 1.5f \tag{9-6}$$

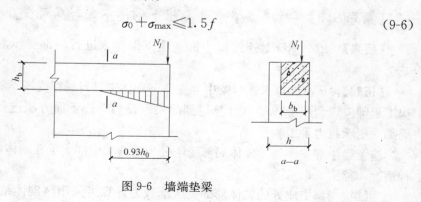

图 9-6 墙端垫梁

手算时，根据 PMCAD 得到的梁下压力，按照公式（9-6）进行验算。

【禁忌 9.10】 不符合抗震墙要求的墙体参与抗震验算

【后果】 计算不准确。

【正解】 在砌体结构或底部框架－上部砌体结构设计时，由于结构设计软件 PMCAD 的平面参数是和建筑设计图相接的，很容易疏忽将墙厚不满足规范要求的墙体当作承受水平地震力的结构构件来计算。凡墙厚大于 240mm 的墙，才能对房屋的刚度有一定的贡献，才能算抗震墙。而小于 240mm 厚的墙，如：180mm 墙、120mm 墙，不能作为结构墙体参与结构计算，只能作为荷载输入，否则计算将不够准确。

底层剪力墙（抗震墙）的布置应用概念设计的思路"均匀、对称、分散、周边"的原则进行调整。特别是临街面的剪力墙，其剪力墙厚度不小于 1/20 层高，即是地坪面到楼面的高度，而不是计算高度的 1/20，这是两个概念，要引起重视。另外，为了满足剪力墙承载力验算的要求，同时又符合侧移刚度比限值的要求，应设置结构洞。为了避免矮墙效应，可在墙上开竖缝，使剪力墙成为高墙，以提高整体结构的延性。

【禁忌 9.11】 对软件总信息理解错误和填写错误

【后果】 造成整个结构计算结果的不合理甚至错误

【正解】 例如梁端弯矩的调幅系数，它只对垂直荷载下的梁端，对现浇结构，且是在防水要求不高的结构才调幅。它对悬臂杆、风载、吊车、地震荷载作用并不调幅。又例如周期折减系数，纯框架时不折减，只是在足够多的填充墙时，且这填充墙具有一定的抗侧刚度时才调。其他诸如抗震等级、建筑结构安全等级、连梁折减系数、梁扭矩折减系数等，这些系数都有一定量的内涵范围，应用时要准确。

【禁忌 9.12】 对电算结果的正确性缺乏判断

【后果】 结构分析软件由于其计算模型的局限性，自身有许多基本假定，使得实际结构与计算模型之间有差异存在，过分迷信计算机的电算结果，将带来计算错误。

【正解】 对结构分析软件的计算结果，要求结构工程师在设计时应根据其模型的缺陷和实际情况进行调整，尤其是对于复杂结构。一般可从以下几方面来判断计算结果：

1. 检查原始数据是否有误，特别是荷载数据。
2. 计算简图是否与实际相符，计算程序是否选择正确。

计算底框结构的上部砖砌体，采用 PMCAD 计算时，按照无筋砌体结构进行计算，但由于墙与底部框架的组合作用以及上下部结构的刚度差异，因此，底层框架结构上部的砖房的构造措施比多层砖房的构造措施要严格一些，要求构造柱的纵向钢筋不宜小于 4φ14，箍筋间距不宜大于 200mm 等，不能按砖房的抗震措施来设计，也不能单凭计算结果来判断结构的可靠性。

计算程序的选取在【禁忌 9.1】已作了说明。

3. 设计参数选择是否合适。

4. 运用概念设计的理念得到易于手算的结构基本体系，通过简单的手算结果与电算结果对比，判断电算结果可靠与否。

5. 同时运用两种或两种以上的符合结构实际情况的计算软件进行对比计算。

6. 对软件技术条件认真分析。

如某 6 层砖混结构，其中第 6 层为大空间会议室，而且第 6 层沿纵墙外挑 1200mm。也就是说，第 6 层的屋面、墙体等荷载最终传于 5 层的外挑梁上。而挑梁的计算数据是由 PMCAD 软件生成的，其配筋是经过 PK 软件计算的，第 6 层的屋面和墙体荷载传不上去。因此，若不考虑第 6 层屋面和墙体传来的荷载，挑梁向内的平衡长度不够或挑梁上的平衡荷载不足，显然挑梁的抗倾覆能力不足，导致计算结果错误。

7. 通过计算结果中的基本特征，如结构自振周期、地震剪力、振型曲线、结构位移、结构的对称性和内力分布的渐变性等规律来判断结构计算的合理性，尤其是底框砌体结构和高层配筋砌块砌体结构。

（1）剪重比控制：剪重比指结构任一楼层的水平地震剪力与该层及其上各层总重力荷载代表值的比值，一般是指底层水平剪力与结构总重力荷载代表值之比。它在某种程度上反映了结构的刚柔程度。剪重比应在一个比较合理的范围内，以保证结构整体刚度的适中。剪重比太小，说明结构整体刚度偏柔，在水平荷载或水平地震作用下将产生过大的水平位移或层间位移；剪重比太大，说明结构整体刚度偏刚，会引起很大的地震内力，不经济。

（2）位移比控制：位移比是指楼层的最大弹性水平位移（或层间位移）与该楼层两端弹性水平位移（或层间位移）的平均值之比。位移比的大小是反映结构平面规则与否的重要依据，它侧重控制的是结构侧向刚度与扭转刚度之间的一种相对关系，而非其绝对大小，它的目的是使结构抗侧力构件的布置更有效、更合理。

（3）周期比控制：周期比是指结构扭转为主的第一周期 T_t 与平动为主的第一周期 T_1 的比值，其主要目的是控制结构在地震作用下的扭转效应。周期比实际上反映了结构的扭转刚度和侧向刚度之间的一种对应关系，同时也反映了结构抗侧力构件布置的合理性和有效性。《高层建筑混凝土结构技术规程》（JGJ 3—

2002）第4.3.5条规定，结构扭转为主的第一周期T_t与平动为主的第一周期T_1之比，A级高度高层建筑不应大于0.9。此条是限制结构的抗扭刚度不能太弱。

（4）层刚度比控制：我国规范对结构的侧向刚度比作出了规定，尤其是底框结构，其主要目的是为了保证结构竖向刚度变化的均匀性，防止出现刚度突变的情况。层刚度比较直观地反映了结构楼层侧向刚度沿竖向分布的均匀程度，它是衡量结构竖向规则与否的重要标志。

【禁忌9.13】 平面建模时输入了构造柱，构造措施却不按组合砖墙设计

【后果】 组合砖墙不能充分发挥作用。

【正解】 在平面建模时，如在平面中输入了构造柱，则PKPM程序就自动考虑了构造柱的作用，按照砖砌体和钢筋混凝土构造柱组成的组合墙进行验算墙体的受压承载力。因此，对这类构件就应该按组合砖墙的要求设计，按组合砖墙的构造要求采取抗震构造措施。

若不按组合砖墙设计，可采取下列方法：在进行墙体抗剪承载力验算时，把构造柱输入到所建模型的结构平面中进行验算，满足抗震要求；在进行墙体受压承载力验算时，在结构平面中不输入构造柱，进行验算，根据结果判定，在墙体受压不满足要求的地方布置构造柱，重新计算，直到受压满足要求，然后对所加构造柱的局部墙体按组合砖墙设计，其他部位可不按组合墙对待。

【禁忌9.14】 底部框架上部砖混结构分析时有关参数选择错误

【后果】 影响分析结果。

【正解】 PMCAD软件对底框砖房结构进行抗震计算时，应注意几个参数的输入：

（1）PMCAD中有"底框结构剪力墙侧移刚度是否考虑边框柱的作用"选项，若选择此项，则程序在计算侧移刚度比时，与边框柱相连的剪力墙将作为组合截面考虑。否则程序分别计算墙、柱的侧移刚度。一般来说，对钢筋混凝土剪力墙可选择考虑边框柱的作用，但对于砌体抗震墙可选择不考虑边框柱的作用。

（2）在PMCAD中有"混凝土墙与砖墙弹性模量比"输入项。该项只有在该结构的某一层既输入了混凝土墙又输入了砖墙才填入数值而起作用。如果两种墙体是同等厚度，则混凝土墙的刚度是砖墙的10倍以上。但实际结构设计时，一方面混凝土墙的厚度通常要比砖墙小，另一方面，在实际地震作用下混凝土墙所受地震力是否就是砖墙的10倍以上还很难讲，因此该值不能填得过高，一般填3～6之间。

三维软件SATWE对底框结构分析时有关参数选取也应注意：

（1）由于在 PMCAD 主菜单 8 中，计算地震剪力时已乘以放大系数，故在用 SATWE 进行三维分析，选取结构体系时，选择"框架结构"或"框剪结构"对计算结果无影响。

（2）在 SATWE 的"总信息"中的"结构材料信息"选项中，对底框架进行空间分析时应将其设定为"砌体"。

（3）在"砌体结构信息"中"底框结构空间分析方法"，软件给出了两种计算方法："接 PMCAD 主菜单 8 的规范算法"和"有限元整体算法"。这两种算法的区别如下："接 PMCAD 主菜单 8 的规范算法"，程序仅对底框部分进行空间分析，在生成 SATWE 数据文件时，程序只形成底框部分的几何信息和荷载信息，自动滤掉上部砖房部分信息；"有限元整体算法"是将上部砖房和底框作为一个整体来处理，采用空间组合结构有限元方法进行分析。在工程应用中，对一般的砖混底框结构建议采用"接 PMCAD 主菜单 8 的规范算法"，因为它是根据现行规范要求编制的。对一些特殊的底框结构，如多塔或有抗震缝的底框结构，可采用第二种算法。

（4）有关砖混底框结构风荷载的计算，SATWE 软件目前不能直接计算风荷载，需要设计人员在特殊风荷载菜单中人为输入。

【禁忌 9.15】 非抗震区底部框架上部砖混结构分析不正确

【后果】 PMCAD 软件不能进行非抗震地区的砖混底框结构的设计，不做处理将带来错误。

【正解】 可以按 6 度设防进行计算，砖混抗震验算结果可以不看，砖混验算完成后取得上部荷载的传导后再执行三维空间软件或二维 PK 软件进行底框部分的分析，只能这样处理。之所以能这样处理原因在于：

（1）一般来说，砖混底框结构按 6 度设防计算时，地震作用并非控制工况。

（2）对于构件的弯矩值，基本上是恒＋活载控制；剪力值，有可能某些断面由地震作用控制，但该剪力值的大小与恒＋活载作用下的剪力值相差也不会很大，直接用该值设计首先肯定安全，其次误差也小。

【禁忌 9.16】 在底部框架抗震砖房中底部混凝土抗震墙墙体厚度参数比上部砖房墙体厚度小

【后果】 受力不好，不便施工。

【正解】 底部框架抗震砖房中底部混凝土抗震墙墙体厚度参数应大于等于上部砖房墙体厚度。如上部砌体墙厚 240mm，则混凝土抗震墙墙厚取 250mm 或 300mm，既符合规范规定，又可使上部砖砌体（墙厚 240mm）直接砌筑在剪力墙上。

【禁忌9.17】 荷载分项系数取值输入错误

【后果】 存在安全隐患。

【正解】 有的底层框架抗震砖房的挑梁支承上部层挑出部分砖砌体和对应部分楼面荷载，有的结构设计人员在进行荷载组合计算时，永久荷载的分项系数为1.2，可变荷载的分项系数为1.4。结果由于挑梁较大的负弯矩在弯矩分配中的作用，导致与此挑梁相邻跨的底框梁跨中弯矩包络图偏小。实际工程中在此框架梁跨中位置的下部易出现下宽上窄的微裂缝。正确的计算方法应按《建筑结构荷载规范》（GB 50009—2001）（2006年版）第3.2.5条（强条）的规定：当永久荷载效应对结构不利时，对有可变荷载效应控制的组合，分项系数应取1.2；当永久荷载效应对结构有利时，一般情况下分项系数应取1.0。即对于底框其他结构构件应按永久荷载的分项系数为1.2计算；对于此底框梁跨中弯矩应按挑梁上永久荷载的分项系数为1.0，其他永久荷载的分项系数为1.2的情况，并适当考虑挑梁上部砖砌体传导荷载的扩散作用而单独计算。

【禁忌9.18】 底层框架的计算高度取值错误

【后果】 计算结果错误，有可能产生安全隐患。

【正解】 底层框架的计算高度的取值应根据工程的实际情况确定，而不是简单地取从地坪下1m或0.5m，主要是以嵌固情况而定。当基础埋深不多时，可算至基础顶，如基础埋深太多，可将基础做成高杯基础，当下部柱线刚度与上部柱线刚度比大于9时，可认为在高杯基础顶视为嵌固。

【禁忌9.19】 该考虑扭转耦联的结构没有进行考虑扭转耦联的计算

【后果】 结构存在不安全。

【正解】 《建筑抗震设计规范》规定：不规则的建筑结构应考虑扭转影响。同时规定，规则结构不进行扭转耦连计算时，平行于地震作用方向的两个边榀，其地震作用效应应乘以增大系数。由于SATWE在计算底层框架结构时没有考虑边榀的增大系数，故底框计算无论是否规则，为了保证安全应增加扭转耦连计算，并与不考虑扭转计算时比较，取配筋较大者。

【禁忌9.20】 结构计算振型数选取不足

【后果】 可能导致地震作用明显不足，造成安全隐患。

【正解】 《建筑抗震设计规范》和《高层建筑混凝土结构技术规程》提出了"振型参与质量"的概念和运用原则。用户可以在输出结果中查到计算各地震方向的有效质量系数，保证有效质量系数超过0.9。超过0.9说明振型数够了；否则，振型数不足。振型数不足说明后续振型产生的地震作用效应不能忽略。如果忽略，将使地震作用减小。按此地震作用设计的结构将偏不安全，所以应增加振型数重新计算。

【禁忌9.21】 该考虑双向地震力作用的砌体结构建筑未考虑双向地震作用

【后果】 可能造成安全隐患。

【正解】 在是否考虑双向地震力作用信息时，一般工程中不需要考虑双向地震力作用，但在下列情况下，须考虑双向地震力作用：

(1) 复杂的高层建筑；

(2) 水平/竖向不规则的建筑；

(3) 位移比大于 1.4 以上的建筑。

参 考 文 献

[1] 陈岱林，金新阳，张志宏. 砌体结构 CAD 原理及疑难问题解答. 北京：中国建筑工业出版社，2004

[2] 乔冠峰. 浅谈砖混结构建模时的一些问题. 山西建筑，2006 年 1 月第 32 卷第 1 期

[3] 郝进锋，孙建刚，刘洋. 正确应用 CAD 软件提高建筑结构设计质量. 工业建筑，2002 年第 32 卷第 6 期

[4] 赵海洲. 多高层结构分析软件及其正确使用. 重型汽车，2002.4

[5] 常林润，罗振彪. 常用结构计算软件与结构概念设计. 工业建筑，2005 年第 35 卷第 5 期

[6] 吴露萍. 用 PMCAD 软件输入荷载、导算荷载时出错原因分析. 重庆建筑高等专科学校学报，2001 年 6 月第 11 卷第 2 期

[7] 王振远，王笑盈. 应用 PKPM 系列设计软件须注意的问题. 建筑，2004 年第 5 期

[8] 范小平. PKPM 软件在砖混底框结构设计中的应用. 建筑技术开发，2006 年 9 月第 33 卷第 9 期

[9] 金新阳，陈岱林，黄立新，顾维平. PKPM 系列 CAD 软件中砌体结构的辅助设计. 建筑科学，1999 年第 15 卷第 4 期

[10] 金旭. 底框结构设计若干问题的探讨. 四川建筑科学研究，2005 年 6 月第 31 卷第 3 期

[11] 龚思礼. 建筑抗震设计手册（第二版）[M]. 北京：中国建筑工业出版社，2002

[12] 中国建筑科学研究院 PKPMCAD 工程部. PKPM 系列结构平面计算机辅助设计软件 PMCAD 用户手册及技术条件 [R]. 2002

[13] 郑山锁，薛建阳. 底部框剪砖砌体房屋抗震分析与设计 [M]. 北京：中国建材工业出版社，2002

[14] 中国建筑科学研究院 PKPMCAD 工程部. PKPM 系列结构设计软件 2002 规范版本修改要点 [R]. 2003

[15]　全国民用建筑工程设计技术措施（结构）[M]. 北京：中国计划出版社，2003

[16]　张时滋. 浅谈底部框架—剪力墙砌体结构的几种计算方法. 四川建筑，2003 年 8 月

[17]　陈岱林，李云贵，魏文郎. 多层及高层结构 CAD 软件高级应用. 北京：中国建筑工业出版社，2004

[18]　贾秉胜. 底部框架—抗震墙结构设计中有关问题的探讨. 山西建筑，2005 年 7 月

[19]　伊新富，方鸿强.《高层建筑混凝土结构技术规程》（JGJ 3—2002）的学习体会. 浙江建筑，2003 年第 5 期

[20]　郑世华. PKPM 软件中 TAT，SATWE 程序的参数设计. 工程建设与档案，2005 年第 2 期

[21]　邓藩荣，陈远椿. 建筑结构电算存在的问题与质量控制. 工程设计 CAD 与智能建筑，2001（12）

[22]　皮海霞，莫涛涛. 高层建筑结构设计如何体现新规范的要求. 广东建材，2005 年第 2 期